饮食智道

林永匡◎著

中国社会出版社
国家一级出版社★全国百佳图书出版单位

图书在版编目（CIP）数据

饮食智道／林永匡著．--北京：中国社会出版社，2012.4
（中国古代智道丛书/王熹主编）
ISBN 978-7-5087-3978-6

Ⅰ.①饮… Ⅱ.①林… Ⅲ.①饮食—文化—研究—中国—古代 Ⅳ.①TS971

中国版本图书馆 CIP 数据核字（2012）第 061209 号

饮食智道

丛 书 名：中国古代智道丛书
主　　编：王　熹
著　　者：林永匡
责任编辑：牟　洁
出版发行：中国社会出版社　　邮政编码：100032
通联方法：北京市西城区二龙路甲 33 号
编辑部：（010）66063028
发行部：（010）66085300　（010）66080300
（010）66083600
邮购部：（010）66061078
网　　址：www.shcbs.com.cn
经　　销：各地新华书店
印刷装订：中国电影出版社印刷厂
开　　本：170mm×235mm　1/16
印　　张：15.5
字　　数：210 千字
版　　次：2012 年 7 月第 1 版
印　　次：2012 年 7 月第 1 次印刷
定　　价：36.00 元

图一 品饮与陶冶心性

图二　古代中秋节的饮宴食风

图三　清代满族的饮宴与乐舞

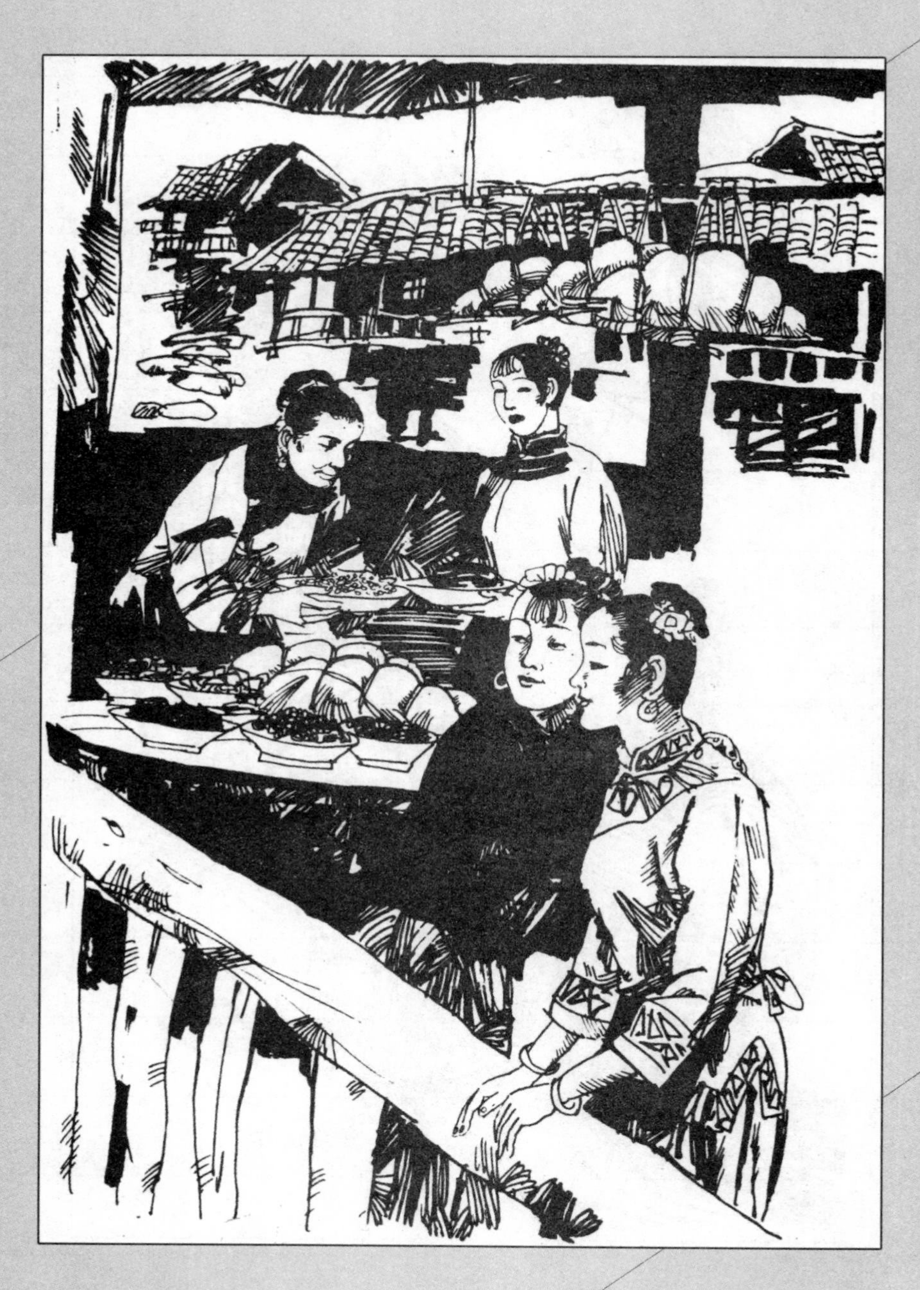

图四　古代壮族的饮宴与娱乐

图五　美食与美器的和谐统一

图六　名士醉仙　千姿百态

总 序

中国有五千年的发展历史，是一个文献典籍资源极为丰富的国度，国人以此为荣耀和骄傲。我们的先人怀着对中国历史发展无比崇敬的热忱，特别注重对历史过程的探索，注重历史发展规律和经验教训的总结及借镜。他们以继承和发展、开拓与创新为重，以赴汤蹈火、前仆后继的大无畏民族精神，不顾身家安危，敢于向皇权和邪恶势力作斗争，直面千夫指，捍卫了历史的尊严与神圣，载述了历史发展的轨迹，极大地丰富了历史科学的内涵，进而使我们拥有了二十五史、地方志、实录、文集等林林总总、无与伦比的历史文化遗产，为我们继往开来、建设更加繁荣强盛的国家提供了科学依据。

历史是不能假设的，否则就是荒谬；现实是需要面对的，否则就是逃避，而沟通历史、现实与未来的桥梁，恰恰就是文化与智慧。历史为我们提供了动力的源泉，使我们懂得伟大源自平凡，崇高源自执着，魅力源自孤独，成功源自独创，生存源自选择。中华人民共和国成立后，毛泽东等老一代革命家将历史研究与认识国情、建设新中国紧密联系，赋予历史科学新的生命活力，使中国的史学研究和发展有过一段前所未有的辉煌时期，涌现出许许多多像范文澜、郭沫若、翦伯赞、白寿彝、蔡美彪等在海内外都享有盛名的历史学家，他们撰写的中国通史、断代史、专门史以及普及教育的历史著作，培养造就了一大批专业史学工作者和历史爱好者，使中国的传统史学研究有了传人和继承者，这是祖宗的恩赐，更是老一代革命家的冀盼和厚望。正是在先辈的感召和谆谆教诲下，20 世纪 90 年代的初期，一批专门从事中国历史研究颇有造诣的年轻史学工作者，因应广西教育出版社江淳女士、李人凡先生的要求，将各自在史学研究领域，钻研积累的个人心得认识贡献出来，由涓涓细流汇集为《中国古代智道丛书》系列出版，取得了较好的社会效果，赢得了读者的赞赏。这说明历史文化本身就是一种生产力，它是推动历史、现实，更是推动未来向前发展的动力。

回首往事，斗换星移，当年的年轻学者如今有的是教授、研究员、博士生导师，有的是科研部门的骨干力量；往昔出版社的独具慧眼，使我们能够捷足先登，得以充分展露自己的才华睿智，获得社会和世人的认同，的确幸莫大焉。而今中国社会出版社重新出版我们的研究成果，致力于服务大众和弘扬祖国的历史文化，他们确实具有远见卓识，令人为之振奋。这是我们著者的机缘，也是读者的幸运，更有可能"走出去"，让世界人民了解我们中国古代灿烂的文化和悠久的历史。《中国古代智道丛书》是从我泱泱中华文明之树上采撷的一批智慧之果，经由最耐得住寂寞的专家、学者的阐释、总结、提炼与升华，形成了一套关于天地、节令、宫省、君臣、治国、人际、军事、用人、饮食、服饰的中国古代智道丛书。它们自成一体，各有侧重；互相映衬、珠联璧合。这套源自中国古代人民智慧的丛书，是迄今仍具活力的灿烂奇葩。它香溢神州，芳播四海。它是古代炎黄子孙的伟大创造，更是世界文化宝库的璀璨明珠。它为全人类所仰慕，理应为全人类所利用。

有感于此，是为序。

王　熹

2012 年 5 月于澳门理工学院成人教育及特别计划中心

目　录

第一讲

吃的文化与礼教的顿悟

中华民族在自身发展的漫长历史岁月中，在创造高度繁荣的物质与精神文明的同时，还形成了一整套独具东方文化色彩的风俗礼仪。饮食文化的风习，便是其重要的组成部分，由此还体现出中国古代社会和文化的诸多特色。

两千多年前，中国古代的思想家孟子曾经说过："食色，性也。"（《孟子·告子》）即所谓"人之甘食悦色者，人之性也"。《礼记·礼运》篇亦称："饮食男女，人之大欲存焉。"意即"饮食男女，是人心所欲之大端绪也"。由此可知，中国古代的先贤圣哲们，早就把饮食看做是人类重要的"本性"之一。既然是本性，那么饮食、饮食文化本身的存在与发展，则必然与人类的生存发展相始终。同时，这种"吃"的文化活动在被纳入礼教时，通过礼教的思想文化氛围，给人以熏陶、感染和启迪，因而使人达到对礼教的顿悟。

烹饪王国与吃的文化

历史表明，一个国家和民族的饮食文化发展水平如何，与这个国家和民族的物质文明、精神文明的程度密切相关。包括技艺超群的中国烹饪在内的中国古代饮食文化，不仅是中华民族历史文明的产物，而且是我国各族人民对人类文明的一个杰出贡献。早在170万年以前，中华民族的祖先就已在神州大地上劳动、生息和繁衍。而学会用火加工食物，用恩格斯的话来说，可以看做是人类文明历史的开端。据甲骨文和金文记载，特别是近期考古发掘证明，早在元谋人时代（距今170万年）、蓝田人时代（距今60万—80万年），我们的祖先就已学会用火加工食物；50万年前用火加工食物已较普遍；距今七八千年前，就有了大量农业生产和加工工具；距今五六千年前时，已能种植多种谷物和驯养多种家畜、家禽。在中华民族崛起发展的历史长河中，中国的食品、饮食文化，以其独特的民族风格在不断发展完善；更以其精湛的技艺水准，丰富而又多姿多彩的内容和形式，著称于世，成为世界食品和饮食文化的一个有机组成部分。

人类发展的历史进程还表明，饮食与烹饪不但是提高人类自身体质和促进创造智慧的重要物质手段，而且是人类文化中不可或缺的精粹部分。特别是人类进入文明时代以后，一个国家和民族的食物构成与饮食风尚，以及饮食文化的发展水平，直接反映和体现该民族的生产状况、文化素养、智慧水准和创造才能，反映着利用自然、开发自然的特种成就和民族特质。正因如此，饮食文化与烹调技术，不仅是人类文化中最有特色的部分，而且还以其自身独有的文化共享性，成为各国人民共同享用的一笔宝贵的文化财富，大大丰富和充实了人类的物质文化生活、精神文化生活。同时，这一文化还以其自身所独具的魅力和智慧之道，成为世界各国人民彼此间进行科技、文化交流时，特殊而又重要的手段之一。

孙中山先生曾经说过："烹调之术本于文明而生，非深孕乎文明之种族，则辨味不精；辨味不精，则烹饪之术不妙。中国烹调之妙，亦足表明进化之深也。昔日中西未通市以前，西人只知烹调一道，法国为世界之冠，及一尝中国之味，莫不以中国为冠矣。"毛泽东同志在1953年曾指出："中医和中国饭是中国对世界的两大贡献。"此外，他在50年代末、60年代初，听取轻工业部负责人汇报食品工业时，也盛赞中国的传统食品"是艺术"、"是观念形态"，揭示出其中所蕴含的艺术、文化、思想、观念、哲理与智慧之道等内容。这些均是对中国饮食文化的最好概括和阐释。同时，中国的烹饪技艺出神入化，菜的色、香、味、形无与伦比，以其特有的风味，征服着世界，丰富美化着世界人民的生活。今天，中国餐馆与中国菜为世界各国人民所喜爱；中国饮食文化为世界各国人民所仰慕，盖缘于此。所以中国被世界人民称为"烹饪王国"，或赞誉"吃在中国"。许多日本朋友，不仅对中国菜赞不绝口，而且还说中国悠久的"吃"的文化正在征服全世界。据近年来一些报刊介绍，世界各地都有中国餐馆，其中，估计美国有中国餐馆25000家，仅纽约就有5000家之多；巴黎有1600家；荷兰有3000家；比利时有3000多家；英国有4000多家；马德里81家；维也纳70多家；罗马70多家，加拉加斯50多家。仅有1万华人的中美洲小国哥斯达黎加，首都圣约瑟市中心便开了中国餐馆80多家。意大利米兰市有300多名华侨，却开设了38家中国餐馆。拥有80多万人口的圭亚那，华人不下6000人，几乎包揽了全国的饮食业。在英国的10万华侨和华人，经营饮食业的占90%。美国80万华人，约有13%从事餐馆业。东亚地区的中国餐馆就更多了。如位于东京“芝”区的留园饭店，就集中了北京全聚德、同和居、鸿宾楼、东来顺和便宜坊五家有名的饭店的名菜精华为一馆，颇受日本人民和中国菜爱好者的青睐和盛赞。此外，南非、大洋洲，甚至连边远的太平洋中部的法属玻利维亚也有华人开的餐馆。在各国著名都市中，外国人除了可以在地道的粤式茶楼饮茶，品尝虾饺、烧卖、叉烧包、马拉糕等千余种美点和丰富的粤菜外，还可以在其他的餐馆酒楼尝到京菜、川菜、湘菜、沪菜、闽菜以及东江菜、潮州菜。据前驻法大使黄镇夫人朱霖回忆说：“记得我们刚到法国不久，有一次戴高乐总统请客，我们应邀出席。当时的总理蓬皮杜也在座，他和黄镇同志谈话时说：世界上要数法国菜和中国菜最好。等到我们最后离任时，蓬皮杜已当了总统。他们夫妇为我们送行，在爱丽舍宫举行了一次宴会，谈话中他说：中国菜的花样、种类真多，法国人是很会品尝食品的，每一个到中国使馆吃过饭的人都会作出这样的评论。他还说：我们爱吃中国饭，经常下中国饭馆。由此可知，中国饮食文化在世界人民心目中处于何等重要的地位。”有一位美国哥伦比亚广播公司的人曾对将去中国访问的人说：“在饭菜的烹调技术方面，中国的成就是任何一个国家都比不上的。”菲律宾《东方日报》在1977年11月11日，曾以《中国菜征服了巴黎》为题，赞扬中国饮食文化：“在巴黎，用中国菜招徕顾客的餐厅，最保守的统计有一千家，每家都生意兴隆，有一定的主顾。每逢星期假日，还有大摆长龙的镜头。让法国人排队等饭吃，只有中国菜才有这种魅力……中国菜能够在巴黎大行其道，使一向注重美食的法国人光顾，绝不是一阵热潮，而是一般法国人在吃了血淋淋的法国牛排与沾满了芥末的蜗牛之后，再吃这香味俱全的中国菜，发觉在‘吃’的文化上，确实不如具有五千年历史文化的中国。”

美国有一家杂志曾就“哪个国家的菜最好吃”的问题作过一次民意测验，结果90%的投票者认为：中国菜最好吃。有一位70年代在法国驻中国大使馆工作过的巴黎小姐埃莱纳曾对我国一位访法的记者说：“中国菜丰富多彩，就是用非常丰富的中国文学都难以形容。”日本银座亚寿多株式会社社长太田芳雄认为，中国菜式丰富多彩，不仅可以满足日本食客的要求，而且可以用中国的烹饪技术充实日本的饮食艺术。许多外国人不但喜欢吃中国菜，还想学习中国菜的烹调技艺。一位著名的外国科学家、哲学家，就曾用生动的语言称誉中国的厨师，是“最大的哲学家，既会分析，又会综合”。这是对中国烹饪技艺（食艺）的钦佩，也是对中国饮食文化中所独具的辩证法（饮德）与深刻的科学内容、智慧之道（宴道）的惊叹。不少国家的大城市中，还不时举办各种各样的中国菜烹调学习班，由华侨当教师，结果不少主妇踊跃参加。这些事实雄辩地说明：异国他乡众多的中国餐馆，就是中外饮食文化交流的重要舞台。通过这种交流，更使得中国的饮食文化与烹饪知识、烹调技术、烹调美学大大地丰富了世界饮食文化的宝库。

如果说今天的中国饮食文化是“流”的话，那么中国古代的饮食文化就是“源”。而植根于中国古代社会政治、经济、文化与科技的深厚沃土中的饮食文化这棵常青之树，既盛开出沁人心脾的绚丽花朵，又结出逸香万里的累累硕果。例如，在我国古代丰富的历史典籍与文献中，有关饮食文化与烹饪技艺的著述不胜枚举。据陶振纲等编写的《中国烹饪文献提要》一书统计，约有156种之多。其中，《吕氏春秋》卷十四的《本味篇》，记载了伊尹以至味说汤的故事，保存了世界上最古老的烹饪理论，提出了一份范围很广的食单，介绍了商汤时期天下的美味佳肴。在《盐铁论》中则有“熟食遍地，肴旅成市”的记载，表明两千多年前的西汉时期熟食的店铺已经十分普遍。及至魏晋南北朝时期，我国已开始对饮食文化和烹调技术进行专门研究，出现了世界上最早的饮食文化与烹饪技艺的著述，如西晋的《安平公食学》、南齐的《食珍录》，还有北齐的《食经》等系统研究著作。隋唐五代、宋辽金元、明代时，随着历史的发展，科技的进步，以及国内各民族间各种交往的日益密切，致使同类著述更多更为系统。到了清代，更涌现出袁枚《随园食单》、薛宝辰《素食说略》、曾懿《中馈录》、朱彝尊《食宪鸿秘》、顾仲《养小录》、王士雄《随息居饮食谱》等一系列饮食文化与烹调技术、食疗养生的高水平著述。这些都表明，经过历代的继承、创新、改革与吸收，继往开来，中国传统的饮食文化与烹饪技艺到了清代，已发展到一个新的水平和阶段，并且更加多姿多彩。它包括民族与官府饮食文化、民间饮食文化、皇室与宫廷饮食文化、贵族饮食文化、地方饮食文化、茶道酒道与茶酒文化，美食与美器、食疗与养生的理论和实践等多方面，并且形成许多新菜系、地方风味，烹制出各具特色的新风味菜、名小吃和特味食品，酿制出各种名酒佳酿。这就充分表明，中国古代的饮食文化此时已发展到巅峰状态。

若就中国古代饮食文化本身而论，一方面，正如清代著名文学家、诗人、美食家袁枚所说，它是一门须“先知而后行”、掌握各种烹饪技艺的“学问之道”；另一方面，它也是包含饮食（色、香、味、形、声）、美器与礼仪（饮宴餐具、陈设、礼仪）、食享与食用（保健、养生与食疗）等多重文化内涵的一门综合艺术。人们在进行和实践这种文化艺术活动时，不仅眼、耳、鼻、舌、身五官并用，而且在获得美味的享受之后，将有益于身心健康与长寿。经过两千多年的发展，尤其到了清代，饮食文化这种综合艺术的特色与社会功能（效益）作用，愈加突出和显著。仅以中国古代各种筵席上的珍馐佳肴为例，它们不仅色、香、味、形、声、器六美具备，做工精细，巧于心思智慧和设计，富有营养，而且命名典雅得体，文采风流，极富有诗意，体现出强烈的文化意识、美学意识与智慧之道。这些菜点的命名，大体可归纳为写实和寓意两大类。一般都具有高度的概括性，能确切地表现出某一道菜的主料、方法和特色，言简意赅，顾名而见其形神，耐人寻味。如在《诗经》的《小雅·鹿鸣》中，便载述鹿鸣宴时称：“呦呦鹿鸣，食野之苹。我有嘉宾，鼓瑟吹笙。”这首诗是人们所熟习的宴会诗，千古吟诵。古人用鹿来比拟宴会嘉宾和笙瑟构成的宴会盛况。鹿，性善温顺，喜群好客，每当独觅美味，从不贪食自吞，总要鸣群邀众，共食共尝。所以《淮南子》说：“鹿鸣兴于兽而君子美之，取其见食而相呼也。”正因如此，“鹿鸣宴”经久不衰，不断发展，一直延续至清代。再如，清末宫廷名菜“香花鸡片”和“漳茶鸭子”，不同于“芙蓉鸡片”和“盐水鸭子”，命名者黄静宁原是个读书人，后来在清宫御膳房给慈禧太后管理膳食，他潜心研究烹饪，首创了“香花鸡片”（香花即茉莉花）和“漳茶鸭子”（漳茶即福建漳州的嫩茶尖），味美名彰，流传至今。此外，中国古代菜肴的命名，不少还富有文学性，意奇思巧。“全羊席”包括108个菜名，个个典雅，却不见一个“羊”字。至于其他寓意命名，或突出菜肴某一特色加以渲染，并赋以诗情画意，如唐代画家张萱耳闻目睹杨氏姐妹真实生活写照的《虢国夫人游春图》，描写的是游春的行列，既没有饮宴的场面，也没有品肴的细节。但杜甫的《丽人行》中则有“紫驼之峰出翠釜，水晶之盘行素鳞。犀筋压饫久未下，鸾刀缕切空纷纶。黄门飞鞋不动尘，御厨络绎送八珍”等诗句。明白地告诉我们，杨氏姐妹在曲江岸边饮宴的佳肴，不仅有平民百姓不敢问津的驼峰、鱼脍之类，甚至还动用了宫廷的御厨，品尝着种种山珍海味。或抒发怀古之幽情，以富丽典雅之美名以冠其美馔之上。更有依据史实或神话传说，赋以特殊含义，如元代著名的盛宴“诈马宴”；借助隽永的诗词、诗文名句，点缀画意诗情者，不一而足，如宋代著名诗人苏轼的《真一酒》诗云：

拨雪披云得乳泓，蜜蜂又欲醉先生。
稻垂麦仰阴阳足，器洁泉新表里清。
晓日著颜红有晕，春风入髓散无声。
人间真一东坡老，与作青州从事名。

这可谓是古代文学苑地里智慧之树上的奇葩，也是古代饮食文化魅力无穷的奥妙所在。

饮德食和与万邦同乐

社会文化本身，其内涵覆盖面极广，但它主要是指那些在一个社会或一个集团、阶层的不同成员中，一再重复的情感模式、思维模式和行为模式。饮食文化也不例外，它既有一个模式更替问题，又离不开人类及其生存环境、生存状态的整体性这片沃壤。只有对其进行总体性综合研究，才能科学地揭示出中国古代的饮食习俗、就食方式、饮食礼仪与禁忌、饮食文化的心态与价值取向等一系列极其重要而又深奥的智道秘诀。如果再就文化的实质而论，它则不过是具有高级心智能力的人类劳动和有目的的活动的外化而已。人类社会发展的文明史表明：人们的衣食住行等一切物质生产与精神生活，更无不带上由种种文化象征所体现出来的“人的意义”。

中国传统封建文化的核心“礼”，也称文教或礼教。“礼”作为中国文化的高度概括，作为中国古代固定君臣、父子、夫妻、长幼、师生、尊卑等的一切社会关系的准则，贯穿中国古代社会生活的各个方面，它直接包括人的性欲、食欲、居舍、姿势、用辞、用色等个人生命活动和日常生活的一切方面，并用它来制约、限定和规范人类的诸种行为活动，所谓“非礼勿视”、“非礼勿动”、“克己复礼”等。古代的中国社会，在这种强大的整体主义文化控制下的个人，都必须将自己的生命和生命活动，包括食欲、性欲和生育，即把个人的生命和欲望、心理（如食欲、饮食心态、饮食心理）及生育，统统纳入文化规则“礼”的范畴之中，方能获取社会的安全感和社会与他人的认同。与此同时，中国古代的封建统治者，还以政治之“礼”的同样精神，规定和确认不同等级的人在享受性欲和食欲方面的资格，稍有逾越，重则斥责为犯上作乱、大逆不道、十恶不赦，轻则视为非礼、非君子之举等等。所以中国在世界文明发展史上，素来享有“礼仪之邦”、“文化古国”的美誉，与此不无关系。

正是在上述的历史条件和特定的社会文化背景下，形成了中国古代独具特色而有别于世界其他各国的饮食文化、饮食文化心态、饮食智道、饮食文化礼仪，并给予世界饮食文化的发展以重大影响，从而成为人类物质与精神文化宝库中的珍品。同时，无数生动的事例还表明：古代的中国，是世界上最重视饮食、饮食文化、饮食智道的国家之一，饮食文化在中国古代文化史上有着至高无上的地位。难怪有人认为“中国的文明渊源于饮食”，对此，西方的学者也曾给予高度评价：“毫无疑问，在这方面中国暴露出来了比其他任何文明都要伟大的发明性。”日本著名学者笠原仲二也指出，中国人原初的美意识起源于味觉，然后依次扩展到嗅、视、触、听诸觉。早在殷周时期，青铜容器的仪式功能便大多建立在饮食文化的功能之上，“三礼”中几乎没有一页不曾提到祭祀中使用的酒和食物。如《礼记·表记》称：“殷人尊神，率民以事神，先鬼而后礼。”说的是祭祀之后，要相聚而饮，食毕而散。《小雅·伐木》亦称：“伐木许许，釃酒有芎。既有肥亭羜，以速诸父……陈馈八簋。”釃（shī），即滤酒。周代讲究喝滤酒，即滤去酒糟，则酒味醇香。芎，一说是茱萸，以其制酒，则有茱萸的香味。《周礼·酒正》说：“辨三酒之物，一曰事酒，二曰昔酒，三曰清酒。”事酒，可能是一般的酒，或没有澄清，即浊醪；昔酒，可能是陈酒；清酒，则是经过澄清去糟粕的酒，亦称滤酒。宴请尊长时，多以精烹5个月左右的小羊羔为首菜，肉质鲜嫩，肥美异常。席间还要摆上八盘佳肴和羹汤。“陈馈八簋”的诗句，也与祭祀有关，祭祀后多举行宴享，常常用鼎、簋簠之器，分别盛八种谷物烹制的食品。其宴会格局之讲究，筵席之丰盛，是不言而喻的。西周时期，上层贵族宴会的场面也很大，边饮宴，边歌舞狂欢，热闹非凡。《大雅·行苇》载：

> 肆筵设席，授几有缉御。或献或酢，洗爵奠斝（音甲）。醓醢以荐，或燔或炙。嘉肴脾臄（音锯），或歌或咢。

筵席间设矮桌，盘膝而坐，旁边有专人侍候，相互敬酒，推杯换盏。用的酒器亦十分考究。这里提及的“斝”，系周代青铜制的温酒器，圆口，有鋬（pán）和三足。佳肴不但有用肉、鱼等制成的酱、肉酱的汁，还有烹制的各种珍馐美味。尤其是“臄”（牛舌）和“脾”（牛百叶）更是佐酒的佳肴，风味独特。席间赴宴者兴奋之余，载歌载舞，气氛热烈。

周代祭神祖时，明确规定要用太牢（牛）、少牢（羊）、鸡、鱼等祭祀神祇，大概是要求得吉祥的象征。祀田神时，则须“操一豚蹄”以求得丰收；祭战神时则杀犬，以祈求胜利。对此，《周颂·丝玄》诗曰：“自堂徂基，自羊徂牛，鼐鼎及燕。兕觥其觩。”这是一首描写周成王祭祀的诗。祭祀开始，先要从堂到门去查看笾豆，也要从羊到牛去查看祭牲。把大鼎、小鼎的鼎巾都揭起来，再将各祭祀用的酒器都摆放好，从而为祭礼做好一切准备。再从其他记载看，是时野禽类美味，亦为宗庙祭祀的重要食品。《大雅·凫鹥》云：“凫鹥在渚，公尸来燕来处。尔酒既湑，尔肴伊脯。”当时把神称之为“公尸”；在祭神时饮的酒叫“湑”，即经过过滤的酒。所供的菜肴除干肉脯之外，还有烹制的野味，如野鸭子、鸥鸟等。祭后，仍为贵族们饮宴所享用。此外，周时尚有春冬献鱼祭祖之俗。《周颂·潜》载称：“猗与漆沮，潜有多鱼，有鳣有鲔，鲦鲿鰋鲤。以享以祀，以介景福。”凡是王侯祭祀祖先，都要用上述的干鱼或鲜鱼，谓之鱼祭，而且用量相当大。为此，设有专门的捕鱼官员，并带领捕捞人员打鱼，这在《周礼·天官》𩞁（yǔ）人中便有记述。对春祭的情形，《豳风·七月》中云：“四之日其蚤，献羔祭韭。”周俗，每逢二月初的早晨，要以羔羊和嫩韭献祭寝庙神位之前，这是春祭的具体描述，且与祭食有关。《礼记》中说：“谓韭为丰本，言其美在根也。”可见，韭菜，是时已成为烹调中之美味。

中国古代不仅“大国累十器，小国累十器”，“目不能遍视，手不能遍操，口不能遍味”，沉湎于酒食之中，而且更赋予了它浓郁的社会、文化乃至宗教的含义。其中，食物与祭祀更是密不可分，而祭祀仪式正是中国古代“国之大事，在祀与戎”的头等大事；烹饪用的鼎正是国家的最高权力的象征。同时，饮食文化和饮食文化活动，更是中国古代士大夫的资历、身份的象征（如“钟鸣鼎食”之家）和重要体现（如“食有鱼，出有车”，“朱门酒肉臭”等）。

中国古代饮食文化的发展，虽呈现出不同的阶段性和变化，但在其特定的文化内涵方面，却有着许多基本的共同点，主要体现为：饮食（吃什么）——烹饪、烹调技艺（怎样去做、加工）——饮食文化礼仪、心态（怎样去吃）等几个方面。

在饮食（吃什么）方面，无论古代或现代，都是与国情、民情相适应的。我国古代素有“五谷为养，五果为助，五畜为益，五菜为充”的饮膳传统。然而，在我国古代社会中，民族众多，由于各自的历史文化背景、地理环境、社会发展的程度的不同，致使各民族的饮食习俗有着明显的差异，正如《礼记·王制》所云：

> 中国戎夷，五方之民，皆有其性也，不可推移。东方曰夷，被发文身，有不火食者矣。南方曰蛮，雕题交趾，有不火食者矣。西方曰戎，被发衣皮，有不粒食者矣。北方曰狄，衣羽毛穴居，有不粒食者矣。

由此可以看出，汉民族在饮食上有着区别于其他民族的特点。同时，这些不同地区的饮食习俗都有着鲜明的民族性和地区性，是一个民族的文化和共同心理素质的具体表现。这段记述还反映了一个民族的饮食习俗（吃什么），是植根于该民族所处地区的特定自然资源之中的，故受一定的经济、生产条件的制约。我国古代汉民族由于社会经济和文化的发展程度均较之各少数民族高一些，因而汉民族的饮食习俗也表现得更为成熟和丰富多彩。汉族多以五谷、熟食、素食为主，讲究五味调和，以肉食、蔬食为辅；游牧民族则多以肉食和奶制品为主，五谷为辅，这与他们地处边疆、草原，“天苍苍，野茫茫，风吹草低见牛羊”的特定地域环境，受生产和生活条件、地缘关系的制约有着密切的关联。

中国古代传统烹饪技艺（怎样去做、加工）内容丰富。其中，除烹方面的煮、蒸、烤、炖、腌和晒干外，现代烹饪术中最主要的方法，即炒与烧，古代已经出现，并被广泛采用。然而，与烹相比较，最具民族特色也最引人注目的则是“调”。所谓“调”，是指在烹饪之前备制原料的方法和各种原料结合而成不同菜肴的方式。林语堂曾认为：“整个中国的烹调艺术是要依靠配合的艺术的。”此话颇有见地。可见，烹固然是文化的表现，但烹而且调，才是饮食文化和饮食智慧之道高度发展的体现。“调”的意蕴十分丰富，且有着种种深浅不同的差异。首先是调味，即是利用菜料的配合与各种烹的手段，把菜品中的香味、本味、真味释放出来，给人以美好的感受。正如《吕氏春秋·本味篇》所云：

> 调和之事，必以甘、酸、苦、辛、咸，先后多少，其齐甚微，皆有自起。鼎中之变，精妙微纤，口弗能言，志不能喻。故久而不弊，熟而不烂，甘而不哝，酸而不酷。

且由此衍生出“本味论”的饮食智道理论，即是通过调味，要尽量保持食物自身的本味真味。而发挥本味、突出本味则是与古代哲学和美学中重自然、忌雕琢、返璞归真的审美观念相一致的。

其次，是调制，它是调味的推广。因为人们除了味觉方面的追求之外，还有色、香、形、声、情、境等各方面的需求。对此，还衍化出“适口论”、“时序论”等饮食智道理论。所谓适口，是从美食角度提出的要求，也就是通过调制，使食物的味道尽量满足人们的口感、心性品味的享受需要。至于时序论，则是指调和饮食滋味要合乎时序，顺乎自然运转变换的节律，注意时令。

最后是调和，与调味和调制不同，调和是超出菜品的工作。由此可见，中国烹饪讲究“调和鼎”，注重“鼎中之变”，目的无非是一个“和”字，即整体效应。

那么，哪些东西才能经过“调”而达到“和”的标准呢？首先是水量和火候。《周礼》烹人掌“水火之齐”；《吕氏春秋·本味篇》说：“凡味之本，水最为始，五味三材，九沸九变，火为之纪。”可见，适当的火候和恰如其分的水量、改变火候大小和增减水量多少的时间，都与“和”有关。其次，是味道。据《周礼·天官·冢宰》说：“凡和春多酸，夏多苦，秋多辛，冬多咸，调以滑甘。”而甘、酸、辛、苦、咸，称作五味，五味再益以滑，则称作六和。晏子所说的“醯、醢、盐、梅”，都是调料。古代的调味，不仅以可口为标准，还以对人体健康有益为准则，因此不同的季节偏重不同的味道。譬如，古代以五行配五味，是以味在人体中起的作用作为求“和”的先决条件的。所谓“食以养人，恐气虚羸，故多其时味，以养气也”。因此，五味之齐由食医掌管，这是含饱腹、营养、治疗等功能为一体的。在古代的烹调术中，主食和副食中的鱼肉菜也需要依据季节和身体状况来求“和”，经过长期、多次地调，也产生了许多最佳方案，例如“牛宜稌，羊宜黍，豕宜稷，犬宜粱，雁宜多，鱼宜苽”等食单，都是肉食与主食的最佳搭配方案。同时，也是古人的把调节好的、效果最佳的数量比例固定下来的“齐（剂）”即配方。

“和”是烹饪的最高标准——它是健康与生存的需要，又是享受与陶冶心性的需求手段。因此，它是物质文明，又是精神文明。在古人的眼光里，味的调和与声的和谐都有一套辩证的、相辅相成的关系，更有着一套可循的智慧之道。所以晏子以“济五味”与“和五声”相提并论。他说：以水济水，单调无味，没有心吃，就像琴瑟都是一个调儿，毫无韵味，从而没有人听一样。声和味一样，也需要“和”，即所谓“清浊、大小、短长、疾徐、哀乐、刚柔、迟速、高下、出入、周疏，以相济也”。而达到“和”的标准的食物，“君子食之，以平其心”。心平则气和，和味与和声，由此均见是可以陶冶人的心性的。可见，古人早就发现了听觉、味觉、嗅觉的相通和这些感觉与人的性情的密切关系，而这正是中国古代烹饪文化的奥妙之一。所以古人云：“饮食所以合欢也。”其真正的文化意蕴就在于此。

聚餐和宴饮往往是古代所有年节活动的最高潮；婚礼上，新郎新娘要喝交杯酒，以示感情融洽；除夕、春节、元宵要吃团圆饭，端午节吃粽子，冬至节吃饺子，其他节日，如观音节、灶王节等，也要蒸粿、改膳，用吃来纪念先人，用吃来感谢神灵，用吃来调和人际关系，用吃来敦睦亲友、邻里。“夫礼之初始于饮食”，中国人正是通过对菜品的安排、环境的设计（“闻其声不忍食其肉，是以君子远庖厨也”）、气氛的追求（“室家遂宗”），去敦睦感情（“合欢”），并且进而推行社会教化（“明君臣之义”、“辨宾客之交义”）。“技之精者近乎道”，可见，中国烹调简直是饮食之技近乎“人生之道”的楷模和缩影了，小而可以陶冶身心，敦睦伦常，提高人生的性灵格调；大则可以收团结人心、树立纲纪之效。确属多彩多姿、妙用无穷。

总之，饮德食和的“和”的境界，有着不同的层次，且包含智慧之道。这些层次是：初级与基本的是达到美食的色、香、味、形、声、触、感的“和”；中级的是美食与美器相谐为一体的“和”；较高级的则是美食、美器、美境之“和”；最高级的境界为超脱了饮食行为本身，达到一种纯精神的“心境”之悦美的“和”，此为一种审美的意境。

至于饮食文化礼仪与心态（怎样去吃）的问题，食物一旦烹调成功，从功利或营养学的角度看，饮食问题便已全然解决了。然而从饮食文化的角度而论，饮食不仅仅是延续生命的需要，更是赠送、赐予或共享等融洽感情的需要。在中国文化背景下，饮宴则是一种在严肃的气氛和严格的规则支配下郑重的社会活动，正如周代诗人在《诗经·小雅·楚茨》中所描述的：“献酬交错，礼仪卒度，笑语卒获。”而且在进餐中餐具和菜肴均有一定的摆设、增递程式，用餐更要遵循一定规则和礼仪。从《周礼》、《礼记》的有关记述看，王公贵族和不同阶级阶层在饭的种类、菜肴的食用以及饭菜的陈设、用饭等过程中，都有严格的规制和一套完整的繁文缛节。如《礼记·曲礼》曾指出，凡是陈设餐食，带骨的菜肴必须放在左边，切的纯肉放在右边；饮食靠着人的左手方，羹汤则放在右手方；细切和烧烤的肉类放远些，醋和酱放在近处；葱等拌料放在旁边；酒和羹汤放在同一方向；如果另要陈设干肉、牛脯等物，弯曲的在左，直的在右。这套程序在《礼记·少仪》有详细的记载。如上鱼肴时，如果是烧鱼，则要以鱼尾向着宾客；冬天鱼向着宾客的右方，夏天则鱼背向着宾客右方。同时，凡是用五味调和的菜肴，上菜时，则要用右手握持，而托捧于左手之上。由此可知，饮食文化活动，已成为全面而严格体现礼制、礼仪的活动之一。

在用饭过程中，也有一套繁文缛礼，这就是：

共食不饱，共饭不泽手，毋抟饭，毋放饭，毋流歠，毋咤食，毋啮骨，毋反鱼肉，毋投与狗骨。毋固获，毋扬饭。饭黍毋以箸，毋嚃羹，毋刺齿，毋歠醢。客絮羹，主人辞不能亨。客歠醢，主人辞以窭。濡肉齿决，干肉不齿决。毋嘬炙，卒食，客自前跪，撤饭齐以授相者，主人兴辞于客，然后客座。

如果是与长者在一起吃饭，更要注意规矩与礼节，《礼记·少仪》云："燕侍食于君子，则先饭而后已，毋放饭，毋流歠。小饭而亟之，数噍毋为口容。"意即与尊长一起吃便饭时，要先奉尊长者食，同时要等尊长吃完了才停止；不要落得满桌是饭，流得满桌是汤；要小口地吃，咀嚼要快，更不要把饭留在颊间咀嚼。

在与国君进食时，更要讲究揖让周旋之礼。《礼记·玉藻》载述：

若赐之食而君客之，则命之祭，然后祭；先饭辩尝羞，饮而俟。若有尝羞者，则俟君之食，然后食，饭饮而俟。君命之羞，羞近者，命之品尝之，然后唯所欲，凡尝远食，必须近食。……君未覆手，不敢餐。君既食，又饭餐，饭餐者，三饭也。君既撤，执饭与酱，乃出授从者。凡侑食，不尽食，食于人不饭。

这即是说，如果国君还没有吃饱，侍食的臣子不敢先饱。国君吃饮饱了以后，臣下还要对君劝食，但也只以三次为度。国君吃完离席之后，便须将吃剩的饭酱，拿出来分给随从的人吃。凡是陪侍尊者进食，都不得放肆，不得吃饭。同时，古代帝王进食时一般都要用音乐来调和气氛，吃完饭后，也要奏乐。如同《周礼》所云："王日一举，鼎十有二物，皆用俎，以乐侑食。""卒食，以乐撤于造。"由此可知，古代帝王的饮食生活，讲究极其严格的礼仪程序，要求社会各阶层的成员对此必须遵守，决不容许有丝毫的僭越或非礼的行为。所以，《论语·乡党》篇在记述圣人孔子的饮食观时便说，他"食不厌精，脍不厌细"，"色恶不食，恶臭不食，失饪不食，不时不食，割不正不食，不得其酱不食。肉虽多不使胜食气。唯酒无量，不及乱。沽酒市脯不食，不撤姜食、不多食"。"虽蔬食菜羹瓜祭，必齐如也。席不正不坐"。对饮食的标准既作了划分规定，同时也强调指出了饮食是一种极严肃的礼仪人生教育活动，因此人们在进行这一活动时，必须遵守一定的礼仪规范。

总之，由上述记载可知，我国古代一整套繁缛的饮食礼节的宗旨，是培养人们“尊让契敬”的精神。它要求社会不同阶层的人们都得遵照礼的规定秩序去从事饮食活动，以保证上下有礼、有别，从而达到“贵贱不相逾”的生活方式。这套饮食礼俗对后世产生过极大的影响。由于日常生活和交际的需要，饮食生活中的礼俗便被进一步固定下来，形成程式化，这正如《礼记·曲礼》所言：“凡进食之礼，左肴右胾，食居人之左，羹居人之右。”从汉代画像石、画像砖、帛画、壁画中常见的饮宴图来看，这套饮食礼俗，在汉代似普遍在遵循着。而有的礼俗，至今仍在沿袭传承，如“长者举，未釂，少者不敢饮”，“凡尝远食，必须近食”即是。这些饮食活动的繁文缛节，既反映了我国古代社会中的等级森严和不可逾越，同时，也表明政治统治的等级标准，渗透到人们社会生活的各个方面、各个层次。所以，饮食也就成为一项严格规范支配的活动，这更显示出饮食文化活动中的真正文化与智慧之道底蕴。通过对这一文化活动的研究，更为认识中国传统道德观念的形成和发展，提供了一把钥匙。

中国古代的饮食文化心态，是整个社会心理的一个重要组成部分，也是古人在进行这一活动时的精神与心理依托。它具有如下一些特点：其一，民族特征。由于中国古代各民族生产、生活环境的差异以及受宗教观念的影响和本民族传统观念的熏陶，导致饮食文化心态的不同和差异。如汉代蔡文姬远嫁匈奴，过不惯游牧生活，哀叹：“饥时肉酪兮不能餐，冰霜凛凛兮身苦寒。”晋代张翰是吴地人，在洛阳为官，见秋风起，思念故乡的莼菜、鲈鱼脍，故辞官归故里，结果传为千古美谈。其中固然有政治因素，但是他思念故乡的美味而辞官，也未尝不是原因之一。这是他们在饮食上表现出来的与本民族的人（或本地区）的共同心理素质，更是一种民族感情的流露。同一种饮食，在某些民族视为美味珍肴，而另一些民族则在忌食之列。如羊肉是古代蒙、回纥（维吾尔）、哈萨克、匈奴等族喜食的美味，而西南的傣族却将它作为忌食之列。猪肉是汉族喜食的美馔，而信奉伊斯兰教的民族，遵守《古兰经》的规定，则将它纳入禁食之列。有的民族对食物有所取舍，或者就餐方式别致，是受了传统观念的影响。如苗族中的田姓崇奉狗，作为自己的图腾信仰，故平时禁食狗肉。蒙古族尚白，认为白色象征纯洁、吉祥，故此，春节这天，白色的奶制品便成为必备的食物。壮族妇女在大年初一，天不亮就挑着水桶去河里汲新水，用此水熬煮竹叶、葱花、生姜等饮用。据说喝了它，人会变得聪明。可见各民族的饮食文化心态均带有鲜明的地区性和民族性特征，是一个民族共同心理素质的具体体现，无论任何人，均会自觉或不自觉地遵从它。

其二，阶层差异。在阶级社会中，不同的社会阶级和阶层在饮食文化活动中的需求和心态，是截然不同的。古代，一般下层人民，如农民、手工业者和市民等，他们通过饮食文化活动，首先企求实现的是生理需求，即只求温饱和生存自立。在年节和喜寿之日，偶尔交往宴请，也不过是为了社会交往的需求，保持人际关系和社会的和谐，使自身的存在、发展有某种安全感和人际的依托之情。但是，古代各统治阶级和阶层，如皇室、王公、贵族，通过饮筵等形式的饮食文化活动，则主要显示其自身的权势（“普天之下，莫非王土；率土之滨，莫非王臣”）、地位（“天下不可一日无君”、“君父”、“君王”）和荣华富贵（“金杯玉碟”、“锦衣玉食”）。而富商大贾，通过宴请官员和同僚，主要实现的是其自身的优越，富贵的社会地位，力图改变自己的不良形象（“无商不奸”）。当然，在古代的饮食文化心态中，亦有一些值得注意的逆向需求和停滞需求的现象。如两汉、魏晋、隋唐、明清时期，某些带有浓重的忧患意识和清高意识的封建知识分子，通过饮酒、品茶（唐代及唐代以后）、赋诗等饮食文化活动，往往首先追求的是自我实现需要，追求至高的精神享受、理想实现（“天生我才必有用”、“太白斗酒诗百篇”、“安能摧眉折腰事权贵，使我不得开心颜”、“醉里挑灯看剑，梦回吹角连营”、“王师北定中原日，家祭无忘告乃翁”），而对生理需求则不甚看重。

其三，时代特征。中国古代，不同时代人们的饮食文化心态颇有差异，即使对同一种饮食文化的看法，也可能由于时代嬗递而出现截然相反的评价。例如，晚清沿海地区对西餐和西式饮料的看法；以及西方来华者对中餐和中国饮食文化的接受过程与态度的变化，即表明了这一点。此外，由于不同地区的人们，在饮食文化生活习尚（食性、食习、嗜好、禁忌等）和价值取向方面的不同，还存在着饮食文化心态方面的复杂性、变异性和地域性特征。每个民族的饮食习俗都植根于一定的经济生活之中，并且受它的制约。如居住在草原的蒙古、藏、哈萨克、柯尔克孜、塔吉克、裕固等民族，主要从事畜牧业生产，因此食物以肉类、奶制品为主。而南方气候温润，土地肥沃，雨量充沛，宜于农耕，居住在那里的壮、苗、布依、白、傣、瑶、黎、哈尼等众多民族，从事农业生产，故食物以粮食为主。高原地区，气候寒冷，无霜期短，适宜种植大麦、青稞、玉米、荞子、土豆等，居住在那里的藏、彝、羌等民族的食物，就以这些杂粮为主。居住在大兴安岭的鄂伦春、鄂温克等民族，由于多从事狩猎生产，肉类和野味便成了他们的主要食物。而松花江下游的赫哲族，由于经济活动以渔业为主，食鱼肉，穿鱼皮，故衣食来源均离不开鱼类。即使同一个民族，由于分居各地，彼此的饮食习俗也存在着地域性差异。如牧区的藏族自然以奶、肉为主，而农业区的藏族则无疑以农产品为主副食便是明证。

总之，中国古代的饮食文化活动（无论是汉族还是少数民族），虽然内容丰富多彩、形式多种多样、礼仪繁简各异，参加者亦有尊卑、贵贱和严格的等级之分，规模有大小多寡之别，但是，它所要达到和追求的目标、意境，却有着共同之处，这便是通过饮食文化活动，实现不同社会阶层、集团和群体间的不同层次的真（人伦、教化、礼教、饮德）、善（和谐、共存）、美（美食、美味、食艺）、健（保健、养生）、智（智慧之道、宴道）的需求，这也正是中国古代饮食文化饮德食和与万邦同乐宴道的真谛所在。

食道宴道与礼教和谐共振

由于中国古代饮食文化活动，所奉行和追求的是实现各个社会阶层和集团、群体之间、地区之间不同层次的真、善、美、健、智的和谐统一与共振，因此，为了更好地达到并实现这些目的和需求，便采用了一系列行之有效而又内涵丰富的手段和途径，从而使中国古代的饮食文化不断得以延续发展，内容则愈来愈丰富多彩，使得食道宴道与礼教得以和谐共振。

（1）食为“政首”与“生民之本”相结合。自古以来，中国素以发达的农业（包括农副业、加工业、牧业、林果业、茶业、渔业、养殖业等，此系指社会大农业而言）著称于世，历代的执政者，都将关系民人衣食之源、国家财富岁入所依、社会安定繁荣所赖的农业，作为百业之首，视它为“本业”、“首业”，而加以倡导。故“重农”、“重本”而抑末（视商业为末业、末技）的思想观念，根深蒂固。这就从根本上为农业的发达、农业科技的昌盛，奠定了坚实的政治、思想与政策基础，创造了条件和环境。同时，也为中国饮食文化的发展和繁荣，提供了重要的物质、科技保障。立足于发达农业的中国古代，对中华民族在向自然探索同时，又进行科学的再创造产生的饮食文化，历代思想家、政治家，都将它上升至战略的高度，予以阐述：“国以民为本”、“民以食为天”、“民以食为生”、“衣食足，礼义兴”。《汉书·食货志》更有：“《洪范》八政，一曰食，二曰货。食谓农殖嘉谷可食之物，货谓布帛可衣，及金刀龟贝，所以分财布利通有无者也。”“二者，生民之本，兴自神农之世。”“食足货通，然后国实民富，而教化成。”“舜命后稷以‘黎民祖（祖，即“阻”之意）饥’，是为政首。”以上有关记载，便是明证。可见，饮食文化的状况，确与“生民之本”攸关，是“国实民富”“教化成”的基石，理所当然地处于“是为政首”、八政第一的突出地位。正是由于食为“政首”与“生民之本”的有机结合，从而为食道宴道与礼教的和谐共振，提供了理论依据和前提。

（2）品饮与陶冶心性饮德相结合。中国古代的饮茶品茗活动，既是古代茶道艺术的完成和实践阶段，也是中国古代饮食文化心态具体体现的一个重要方面。由于烹茶、煎茶的目的，最终是为了饮啜和品味。这样，它不仅是茶道艺术活动的延伸，同时又是饮食文化中饮茶艺术活动的起点。每逢闲暇之时，古人为了陶冶心性、情操，怡神自得和消闲遣暇，于是便烹茶饮茗，或自煎自饮，或邀客举杯共品，均自得其乐。因此，它是品饮与陶冶心性饮德二者之间的有机结合，也是一种饱含文化意识和丰富内容的一种艺术实践活动，是重要的社交手段之一。当然，这种活动本身也是中国古代文人儒士闲暇心态的外在表现。他们之中，不乏嗜茶之辈，或借助茶之刺激，作诗唱赋，挥毫泼墨，大发雅兴；或自视清高，退隐山林，烹茗饮茶，以求超脱；或邀友相聚，文火青烟，细品名茶，推杯移盏，以吐胸中块垒，宣泄肚中积郁；或夫妻恩爱，情深意切，“文火细烟，小鼎长泉”，花前月下，品茗共饮，以诗赋唱和，从而引出诸多或喜或悲、或愁或乐、或慷或慨、或聚或离的人间故事与情话。种种心态，溢于言表；部部心曲，通过诗词，流传后世。

（3）食道宴道与礼教相结合。在我国的历史文化遗产中，有许多方面都是粗疏的，重直感而轻理性，似宏观而又少微观。但是，在食道宴道与礼教方面，却是极严密、极系统的。如食道宴道方面，中国古代各地有各地的菜系名肴：如粤菜、鲁菜、川菜、扬菜、京菜；各地有各地的名食、美点、名小吃、名饮，如京师（北京）的烤鸭、涮羊肉、砂锅白肉，昆明的米线，镇江的汤包，符离集的烧鸡，天津的狗不理包子；再如贵州的茅台、山西的汾酒、四川的五粮液、河南的杜康等名酒；宴席则有全羊席、烧烤席、公府宴、满汉全席等。其精致，其美味，其独具的色、香、味及其特殊韵味，流传至今，甚至连外国食客也吃得咋舌不已。至于在礼教方面，古代的官吏有九品，始于魏晋。虽然各朝九品里所含的等数不一，但无论是北魏的三十等，还是元、明、清的十八等，除各品之间官俸等级有不同之外，就是对各自的官服、带、冠、色泽、鱼袋、笏等，也有极为严格的规定限制。如唐高祖，以赫黄袍、巾带为常服。“腰带者，搢垂头于下，名曰铊尾，取顺下之义。一品、二品銙以金，六品以上以犀，九品以上银，庶人以铁。既而天子袍衫稍用赤、黄，遂禁臣民服。亲王及三品、二王后，服大科绫罗，色用紫，饰以玉。五品以上服小科绫罗，色用朱，饰以金。六品以上服丝布交梭双紃绫，色用黄。六品七品服用绿，饰以银。八品九品服用青，饰以鍮石。勋官之服，随其品而加佩刀、砺、纷、帨”等物。又据载称，官员“随身鱼符者，以明贵贱，应召命，左二右一，左者进内，右者随身。皇太子以玉契召，勘合乃赴。亲王以金，庶官以铜，皆题某位姓名。官有贰者加左右，皆盛以鱼袋，三品以上饰以金，五品以上饰以银。刻姓名者，去官纳之，不刻者传佩相付”。由此可窥知食道宴道与礼教之间，确有相互激发、相辅相成、互为因果的特殊共生关系。若以中国古代的饮宴活动为例，它们不仅是官场交往、维护人际关系和谐的重要手段，而且通过这些场面盛大、觥筹交错的隆重气氛而体现出食道宴道，确是维护礼教封建等级森严、权威性的最佳场合。

礼的含义很广，既是一种政治、法律制度，又是一种仪式与行为规则，还表示人所具有的恭敬、谦让之心，以作为社会各阶层等级秩序的标志。早在西周时，周公旦制定的《周礼》就对饮食观定了很多礼仪规范，直接约束人们的行为，他将祭礼中的宴乐改为为活人而设的宴会礼仪，其名目有“乡饮酒礼”、“婚宴礼”、“公食大夫礼”、“飨燕礼”等，并且立为国家的礼仪制度，成为后来各个朝代沿袭的饮宴礼仪。如清代的“元旦宴”条云：崇德初年定制，设宴于崇政殿，王、贝勒、公等各进筵食牲酒，外藩的王、贝勒亦照例进行牲酒。顺怡十年定制，令亲王、世子、郡王暨外藩王、贝勒各进牲酒，不足，则由光禄寺增益之。御筵则由尚膳监供备。迄康熙二十三年，“改燔炙为肴羹，去银器，王以下进肴羹筵席有差”。雍正四年再定元旦宴仪，是日巳刻，内外王、公、台吉等朝服集于太和门，文武各官集午门。

设御宴宝座前，内大臣、内务府大臣、礼部、理藩院长官视设席。丹陛上张黄幔，陈金器其下，卤簿后张青幔、设诸席。鸿胪寺官引百官入，理藩院官引外藩王公入。帝（皇帝）御太和殿，升座，中和韶乐作，王公大臣就殿内，文三品、武二品以上官就丹陛上，余就青幔下，俱一叩，坐。

接着是：

赐茶，丹陛大乐作，王以下就坐次跪，复一叩。帝饮茶毕，侍卫授王大臣茶，光禄官授群臣茶，复就座次一叩。饮毕，又一叩，乐止。……展席幕，掌仪司官分执壶、爵、金卮，大乐作，群臣起。掌仪司官举壶实酒干爵，进爵大臣趋跪，则皆跪。掌仪司官授大臣爵，大臣升自中陛，至御前跪进酒。兴，自右陛降，复位，一叩，群臣皆叩。大臣兴，复自右陛升，跪受爵，复位，跪。掌仪司官受虚爵退，举卮实酒，承旨赐进爵大臣酒。王以下起立，掌仪司官立授卮，大臣跪受爵，一叩，饮毕，俟受爵者退，复一叩，兴，就座位，群臣皆坐。乐止，帝进馔。中和清乐作，分给各筵食品，酒各一卮，如授茶仪。乐止，蒙古乐歌进。毕，满舞大臣进，满舞上寿。对舞更进。乐歌和之。瓦尔喀氏舞起，蒙古乐歌和之，队舞更进，每退俱一叩。杂戏毕陈。讫，群臣三叩。大乐作，鸣鞭，韶乐作，驾（皇帝）还官。

至此，元旦宴会宣告结束。由此可见，通过饮食文化活动的饮德、规仪来体现礼教的主旨，进而使参与者们从中顿悟礼教的真谛，才是其宴道活动的真实目的所在。

在民间，食俗的礼仪也有许多种类型。若以婚礼的饮馔为例，从订亲到相亲，民间都有以食品酒类为部分礼品的，如设宴席，席上盘盏数字，菜肴名目花色，均有祝吉的含义。结婚典礼中的“交杯酒”、“食姊妹桌”、“食汤圆”，或东北的“吃子孙饽饽”，台湾的“食酒婚桌”，江南的“吃新娘菜”；或男方送的“龙凤饼”、“喜饼”，女方同送的“状元饼”、“太史饼”等，都是祝贺的形式。食馔的名称也多谐音取义，以求吉祥，如红枣（早）、花生（生）、桂（贵）元、瓜子（子）、“龙凤呈祥”等。此外，还有葬礼、祭礼、杂礼形式的饮宴、饮食风仪，亦颇为烦琐。尽管如此，人们却仍然必须努力遵循，且要从中促使人们感到饮食文化活动中礼仪、礼教的重要性、不可逾越性、神圣性、严肃性。只有如此，才能在现实社会中找准自己的位置，才能获得生存权，才能得到社会与他人的认同认可。这也是普通人通过食道宴道活动，实现的与社会礼教的和谐共振和对礼教的自身顿悟。

总之，中国古代，从皇宫到普通的官衙民间，年节与平日的饮宴活动，不仅频繁、名目甚多，而且参加者亦有规限，礼俗各有等差。酒宴的坐次排列，更与官秩、名位、爵衔、尊贵、老幼相通，一切做到昭穆有序，丝毫不得紊乱。否则，就有僭越、违制之嫌，可能被扣上大逆不道的罪名。至于官场上的诸多人际关系，也都在酒桌和筵席上获得了和谐的体现：再吝啬的人，此时都会变得慷慨豪爽；再世故的人，此刻也都会变得真诚；再卑微的人，这会儿也都会俨然成为君子。热气和香气，忙碌地在人们的脸上织出红润之色。真是好一派“酒酣耳热话官场”的热烈气氛，使得官员们人人都似乎年轻了几岁，这是心理效应；官场中，“官官相护”的人际关系之网又伸展了几络，这却是客观效果。

（4）宴道与人伦教化相结合。中国是一个具有数千年人伦教化传统的文明古国，这在人们的饮食文化活动中表现得尤为突出。而中国人的饮食筵宴等活动，更是在一定的仪礼规范指导下进行的。荀子曾说：“礼者，养也。刍豢稻粱，五味调香，所以养口也；椒兰芬苾所以养鼻也。”可见，礼主要是通过饮食文化活动来区别君臣、尊卑、长幼，以实现“讲礼于等”的基本精神，否则就会出现“无礼以定其位之患”。因而饮食也就成了礼所约束最严的人伦教化示范活动之一。因此，中国古代各种筵宴和帝后的年节饮膳，既是古代帝后达官贵人们饮膳活动的一个有机组成部分，又是进行人伦教化的最佳时机与场合。据考证，中国古代的筵宴名称和形式，在周代“乡饮酒礼”、“大射礼”、“婚礼”等制的基础上，后来又增益发展为许多新的宴饮“仪程”，诸如：天子诸侯王的游猎宴、游春宴、赐百官宴、会盟宴、百官上寿宴；官场中的送别宴、接风宴、荣升宴；文人学仕们的赋诗宴；科举中的上马宴、下马宴、鹿鸣宴、帘宴、恩荣宴、鹰巨宴、曲江宴（唯独唐代有此宴，在唐都长安曲江边由新科状元举行，宴罢即往大雁塔题诗）、同年宴；还有达官贵府豪门巨富的赏花宴、宴月宴、九九登高宴等，种类繁多，不胜枚举。再以清代为例，尽管宫廷与年节的筵宴名目颇多，礼仪繁缛，但它却具有十分明显的政治目的，即这些活动都是直接为维护与示范封建的人伦教化、礼教的尊威和巩固清王朝的封建统治服务的。同时，它也是笼络各级官员、仕绅和怀柔羁縻各少数民族上层王公贵族、首领的重要而有效的手段之一。它是食道宴道与礼教在更高层次意义上的和谐共振，其政治效应不可低估。

第二讲

千姿百态的古代食风与食仪

中国古代民间年节的食风与食仪，不但因时、因地、因朝代，因民族而异，具有很强的地区性、时代性、民族性特色，而且其内容更是包罗万象、千姿百态，几乎是政治、经济、生产、生活（衣食住行）、宗教信仰、文化艺术、社会交往、民族心理的综合反映，丰富多彩，令人目不暇接。至于世代生活在祖国边疆地区或散居内地，或入居定鼎中原的各少数民族的饮馔风尚，更是内容丰富，保持着浓郁的民族气息和特质，且进一步发展并形成为有别于中原汉族的“民族饮食文化圈”，大大丰富了中国古代的饮食文化宝库。而这两种饮食文化的差异性与互补性，正是中国古代饮食文化的重要特色。

佳肴时鲜与民间年节食风

我国是一个历史悠久的文明古国。岁时年节的划定和由此而形成的各种年节民俗事象丰富多彩，源远流长。岁时年节的最初形式，和古代科学技术的成果有着密切的关联。特别是古代天文、历法知识，直接导致了岁时年节以及与之相应的民俗的形成。由于我国各民族社会发展不平衡，生产方式和生活方式不同，岁时年节的科学确定和历法的完备程度上存在差异，因此，作为与岁时年节紧密相联系的民俗事象和年节饮食文化活动，也就自然表现为千差万别。加之我国传统的节日民俗的传承，处于不断变异之中，故许多古老的习俗和年节食风食仪，随着社会的发展，地域、民族、生产方式和生活方式的不同，内容和形式均随时在起着变化。但究其缘由，又总是与年节风俗所傅地区人们的宗教祭祀、生产活动、宗教信仰、纪念活动、社交活动、文化娱乐活动、岁时活动以及各民族间的相互影响有着密切的关系。中国古代的年节，若按其节日民俗的形成因素本身和内容而论，又可分为农事节日、祭祀节日、纪念节日、庆贺节日和社交节日五类。然而，无论何种形式的年节，有关节日的饮食风尚和习俗内容都格外丰富多彩，也最具有民族特色。

在中国古代民间年节的各种祭祀与庆祝活动中，祭祀祖先和神灵，以及相应的饮食文化活动，是其中主要内容之一。每届年节，无论是民间祭祀祖先的神灵的祭食、供品，还是互赠亲友的食物礼品和风味食品、家人团聚庆贺的宴饮，甚至文人雅士的春秋郊游，登高望远，赋诗饮酒、烤肉分糕，寻一时之快事等等，都与饮食、烹饪活动有着密切的关联。况且中国古代社会重人情、重伦理、重道德的思想观念异常强烈，因此通过这些品类繁多、风味各异的食品肴馔及饮食活动，人们不但可以更好地寄托自己的祝愿与哀思，维系社会上亲族、邻里、朋友之间的关系，而且家人与亲友邻里共同品尝美味佳肴的饮宴欢聚，更加大大地增添了民间年节的节日气氛，从而使年节活动达到高潮。中国古代地域幅员辽阔，风土民情千差万别，所谓“十里不同风，百里不同俗”即是生动的写照，故各地区在年节饮食文化活动的内容与形式上存在着巨大的差异，各年节在时令食品的享用方面也呈现出地方区域的特色。然而正是这些五光十色的各种风俗的传统风味食品，把古代民间年节的饮食文化活动装点得异彩纷呈，从而使得中国古代民间的饮食文化宝库显得更加琳琅满目，并使这种传统文化不断适应社会和历史发展的需求，传承、创新、保留至今，成为人们社会文化活动的一个有机成分。由于中国古代民间年节时，各统治阶级和阶层，在宫廷和官府中也举行类似的庆祝欢乐活动，以与民同乐，所以在论及民间年节的饮食文化活动时，对宫廷与官府的一些饮膳、饮宴习俗风尚，附带进行介绍，以便能将中国古代年节饮食文化活动的完整内容呈现在读者面前。

1. 农历正月的民间年节食风

中国古代农历正月有元旦、立春、上元、填仓四个民间年节。各年节的饮食文化活动多姿多彩，从而给年节增添了隆重、热烈、神秘和欢愉的气氛。

元旦的饮宴食风：元旦是古代多时节日风俗中最为隆重的节日。在各项庆贺活动中，饮食文化活动是其核心内容之一。

古代正月初一日的前一天，叫做除夕，又称“大年三十”。是日，民间家家户户要吃“团年饭”，又称“年饭”、“宿岁饭”。合家团聚吃年饭时，要喝分岁酒，以示喜庆。如对北京地区的除夕和吃年饭的习俗，《燕京岁时记》一书云：京师谓除夕为三十晚上，是日清晨，“皇上升殿受贺，庶僚叩谒本管，谓之拜官年。世胄之家，致祭宗祠，悬挂影像。黄昏之后，合家团座以度岁。酒浆罗列，灯烛辉煌，妇女儿童皆掷骰斗叶以为乐，及亥子之际，天光愈黑，鞭炮益繁，列案焚香，接神下界。和衣少卧，已至来朝，旭日当窗，爆竹在耳，家人叩贺，喜气盈庭。转瞬之间，又逢新岁矣”。“年饭”条下载述：年饭用金银米为之，“上插松柏枝，缀以金钱、枣、栗、龙眼、香枝，破五之后方始去之”。除此之外，在除夕夜，民间还有摆供桌和祭食，以祭祀祖先和供奉诸天圣之习俗。清代北京地区，每届除夕，列长案于中庭，“供以百分。百分者，乃诸天神圣之全图也。百分之前，陈设蜜供一层，苹果、干菜、馒头、素菜、年糕各一层，谓之全供。供上签以通草八仙及石榴、元宝等，谓之供佛花。及接神时，将百分焚化，接递烧香，至灯节而止，谓之天地桌”。

新年元旦是从夜里子时算起的，年节活动即由此时开始。元旦的首要事项是祀神祭祖，同时贺拜尊长。在亲朋互相贺岁、贺元旦、拜年时，一般要留客喝春酒，并在元旦期间，相互请客宴饮，名曰“年节酒”。

梁朝宗懔撰《荆楚岁时记》说，荆楚民人是日“鸡鸣而起，行于庭前爆竹，以辟臊（魈）恶鬼。长幼悉正衣冠以次拜贺，进椒柏酒，饮桃汤，进屠苏酒、胶牙饧，下五辛盘，进敷干散，服却鬼丸，各进一鸡子”。“凡饮酒次第从小起”。《东京梦华录》云：新年是日，北宋开封府“小民虽贫者，亦须新洁衣服，把酒相酬尔”。南宋时的《梦粱录》云：新年杭州城的民人无论贫富，“家家饮宴，笑语喧哗”。《顺天府志》载：明代顺天府的民人，正月初一日，五更时分起床，焚香，放纸炮。饮椒柏酒，吃水点心，即扁食也。或暗包银钱一二于内，得之者以卜一岁之吉。“是日互相拜”。不问贵贱，奔走往来者数日，名曰“贺新年”。所食之物“如曰百事大吉盆儿者，柿饼、荔枝、圆眼栗子、熟枣，共装盛之；又驴头肉亦以小盒盛之，名曰‘嚼鬼’，以俗称驴为鬼也”。到了清代，《天津卫志》说：元旦，民人长幼皆“盛衣冠、设香烛、拜天地、拜祖先、拜父母，以次而及，设盛馔和乐同享。各食角（饺）子，取更新交子之义”。亲戚乡里交拜，“履新互相请席，名曰‘吃年茶’”。而《天津志略》称：元旦食黍糕，曰“年年糕”，佛前亦供之。外出拜贺，见则一揖，亦有屈膝为礼者，更以吉语相祝贺。于至戚、至友处，则登堂叩头，“主人饷以百事大吉盒，中置柿饼、荔枝、桂圆、核桃、枣、栗等品。一品必佐以吉语，柿饼曰事事如意，核桃曰和和气气，更合枣、栗、花生、桂圆，而曰早生贵子”。对北京地区民间在元旦期间的各种形式的饮食文化活动和各种肴馔情况，《帝京岁时纪胜》载：

元旦系除夕之次，夜子初交，门外宝炬争辉，玉珂竞响。肩舆簇簇，车马辚辚。百官趋朝，贺元旦也。闻爆竹声如击浪轰雷，遍乎朝野，彻夜无停。更间有下庙之博浪鼓声，卖瓜子解闷声，卖江米白酒击冰盏声，卖桂花头油摇唤娇娘声，卖合菜细粉声，与爆竹之声，相为上下，良可听也。士民之家，新衣冠，肃佩带，祀神祀祖；焚楮帛毕，昧爽阖家团拜，献椒盘，斟柏酒，饫蒸糕，呷粉羹。出门迎喜，参药庙，谒影堂，具柬贺节。路遇亲友，则降舆长揖，而祝之曰新禧纳福。至于酹酢之具，则镂花绘果为茶，十锦火锅供馔。汤点则鹅油方补，猪肉馒首，江米糕，黄黍饦；酒肴则腌鸡腊肉，糟鹜风鱼，野鸡爪，鹿兔脯；果品则松榛莲庆，桃杏瓜仁，栗枣枝圆，楂糕耿饼，青枝葡萄，白子岗榴，秋波梨，苹婆果，狮柑凤桔，橙片杨梅。杂以海错山珍，家肴市点。纵非亲厚，亦必奉节酒三杯。若重戚忘情，何妨烂醉！俗说谓新正拜节，走千家不如坐一家。而车马喧阗，追欢竟日，可谓极一时之胜也矣。

所以清代江苏苏州的诗人袁景澜有感于当时元旦年节期间的各种饮宴活动，在《年节酒词》中，深有感触地说：

颂椒煎饼元旦后，新年排日宜饮酒。
隔岁藏肴出宿储，欢情共洽亲朋友。

入座先陈饷客茶，饤拌果饵枣攒花。
七种并挑馉饳菜，暖锅鲭合五侯奢。
富室珍羞咄嗟办，下箸万钱靡刍豢。
余饯分沾获与臧，拇战传钩忘日晏。
农家供具尚率真，割鸡剪韭享比邻。
竟说去岁田稻熟，开怀同醉瓮头春。
老饕征逐何知餍，近局招邀无贵贱。
唐花红发上元时，试灯更作传柑宴。

其感受体会，不仅流淌在诗章中，而且将年节酒宴上的欢情、盛物、胜景、亲朋，描绘得细致入微、栩栩如生，跃然纸上，恰似一幅欢宴图画。

元旦节庆期间，清人尚有在北方吃水饺（又名馄饨，煮饽饽）、南方吃元宵（汤圆）之习俗。史云元旦“无论贫富贵贱，皆以白面作角而食之，谓之煮饽饽，举国皆然，无不同也。富贵之家，暗以金银小锞及宝石等藏之饽饽中，以卜顺利。家人食得者，则终岁大吉”。当然，民间在元旦期间也有许多禁忌，在饮食文化活动方面，亦是如此。如元旦不食米饭，

惟用蒸食米糕汤点，谓一年平顺，无口角之忧。不洒扫庭除，不撮弃渣土，名曰聚财。人日天气清明，出入通顺，谓一年人口平安。服制之家不登贺，不立门薄。虽有亲宾来拜谒者，亦不答拜。初五日后始往叩谢，名曰过破五。春戊寅日为天赦，新葬坟墓，于戊寅前期祭扫，谚云新坟不过赦。正月不迁居，不糊窗槅，为善正月。谚云：“正五九，没处走。”

正月初五日，古代民间称为“破五”，又曰“五穷日”，民间有送穷的习俗。《藁城县志》云：初五日，俗名“五穷日”，早晨放纸炮，渭之“送穷”，“男女兴工粗饭”。而《怀来县志》则称：此地民间，初四日晚，清扫室内卧席下土，室女剪纸缚秸，作妇人状，手握小帚，肩负纸袋，内盛糇粮，置箕内，曰“扫晴娘”，又曰“五穷娘”。“昧爽有沿门呼者，‘送出五穷媳妇来’，则启门送出之；

人拾得则焚，灰于播种时和籽内，谓可免鸟雀弹食”。

正月初七日，民间谓之“人日”，据梁朝宗懔著《荆楚岁时记》云：正月初七日为人日，以七种菜为羹。剪彩为人，或镂金薄为人，以贴屏风，亦戴之头鬓。“又造华胜以相遗”。唐代诗人徐延寿的《人日剪彩》诗描述此俗称：

> 闺妇持刀坐，自怜裁剪新。
> 叶催情缀色，花寄手成春。
> 帖燕留妆户，粘鸡待饷人。
> 擎来问夫婿，何处不如真？

正月初八日，民间传为“诸星下界”，故有燃灯与陈汤点等食物以祭之的习俗。据清代《帝京岁时纪胜》一书载，正月初八日传为诸星下界，燃灯为祭，“灯数以百有八盏为率，有四十九盏者，有按玉匣记本命星灯之数者。于更初设香楮，陈汤点，燃而祭之。观寺释道亦将施主檀越年命星庚记注，于是夕受香仪，代具纸疏云马，为坛而祭，习以为常”。

立春的饮宴食风：“立春”是一个节气，更是农历正月里，继元旦之后的又一个民间节日，每岁届“立春日”，各省会府州县卫遵制进春牛，鞭春牛。如《宛平县志》说，“立春”前一日，迎春于东郊春场。“鼓吹旗帜前导，次田家乐，次勾芒神亭，次春牛台，引以耆老师儒、县正佐官而两京口列仪从其后。次晨鞭土牛，遵古送寒气之意也”。这一习俗在古代北方地区十分盛行。在饮食文化习俗方面，立春日，民间有吃春饼、萝卜、生菜等做成的春盘的传统，谓之咬春。早在隋唐五代时期，“立春”日就有食“春盘”的习俗，春盘由春饼、生菜等组成，馈赠亲友，取迎新之意。春盘多选莴笋作配料。杜甫“春月春盘细生菜”就是指的这一食俗。现在春天食“春卷”的习俗即由此承袭下来的。明代至立春日，“无贵贱皆嚼萝卜，名曰‘咬春’，互相请宴，吃春饼和菜。以绵塞耳，取其聪也”。清代《正定县志》云：立春日，设春盘、春饼，曰“尝春”。《赤城县志》说：立春的先一日，“令诸色人等扮演故事”，届日行春设宴，次日鞭春。民间造春饼，进春酒。在江南水乡杭州，立春主要备椒柏酒，以待亲戚邻里，以春饼为上供，“爇栗炭于堂中，谓之旺相；贴青龙于左壁，谓之行春；插芝麻梗于檐头，谓之节节高；签柏枝于柿饼，以大桔承之，谓之百事大吉”。在清代的京师（今北京）则有新春日“献辛盘”的习俗。虽士庶之家，“亦必割鸡豚，炊面饼，而杂以生菜、青韭芽、羊角葱，冲和合菜皮，兼生食水红萝卜，名曰咬春”。由上述记载也可看出，立春日民间吃春盘这一饮食习俗，多在北方地区流行。

上元节的饮宴食风：农历正月十五日是上元节，又称元宵节、灯节，这是民间又一个隆重的节日。在北方一般是正月十四、十五、十六日，欢庆三天。南方则持续四五日或更长时间，因地而异，各有风俗规制。

上元节的主要活动，一为张灯结彩，二为盛吃元宵（南方则称汤圆）。据梁朝宗懔撰《荆楚岁时记》的记载，古代荆楚之地，正月十五日还有祠门户、迎紫姑、卜蚕桑的习俗。关于元宵灯会的盛况，历代文人墨客诗人，多有描述。如唐代诗人卢照邻的《十五夜观灯》诗说：

锦里开芳宴，兰缸艳早年。
缛彩遥分地，繁光远缀天。
接汉疑星落，依楼似月悬。
别有千金笑，来映九枝前。

后来在观灯赏灯的同时，也多有民间杂技、杂戏及放烟火等游艺活动，为之助兴，从而使元宵节成为民间游艺娱乐的综合节日。对此，宋代孟元老撰《东京梦华录》“元宵”条中，便有详述。

古代元宵节，在观灯赏灯的同时，其饮食文化活动也很有特点，从记载看一般盛吃元宵。如在唐代就有吃“粉果”的习俗，现在的吃元宵大概就是由此演变而来的。但唐代称谓很多，因其是水煮的故叫“汤饼”，又因是米粉制成，亦曰“粉果”，还因为是圆形的，又谓“油画明珠”等。唐代宫廷里这一天还有“探宫”的习俗，即制作“面玺”。以官位帖子，卜官位高下；或赌筵宴，以为嬉笑，号为“探宫”。《云仙杂记》称“洛阳人家正月十五日食玉粱糕”，又，“各家造芋郎君，食之宜男女。仍云送鸡肉、酒，用六木贮之，于亲知门前留地而去”，当为殊俗。但吃元宵的习俗却一直保存下来。如《明宫史》云：正月初九日后，吃元宵，其制法，用糯米细面，内用核桃仁、白糖为果馅，洒水滚成，如核桃大，即为江南所称的汤圆。故明代成化年间诗人吴宽在《粉丸》、《油馅》诗中说：

净淘细碾玉霏霏，万颗完成素手稀。
须上轻圆真易拂，腹中磊块便堪围。
不劳刘裕呼方旋，若使陈平食更肥。
既饱有人频咳唾，席间往往落珠玑。

腻滑津津色未干，聊因佳节助杯盘。
画图莫使依寒具，书信何劳送月团。
曾见范公登杂记，独逢吴客劝加餐。
当筵一嚼夸甘美，老大无成忆胆丸。

迄清代，元宵时市卖“以元宵为大宗”。元宵，清人又称为汤圆、面圆、粉圆等，南方多用糯米做成，如河北《武邑县志》说，上元节，市廛村落都张彩灯、放花爆。黍面为灯，蔗糖作丸，相聚欢饮。《献县志》说，上元，该地有食浮圆子的饮俗。

需要指出的是，清代上元节期间，南北方民间不但盛吃元宵，而且还用元宵等食品作为祭食来祀神祭祖，寄托对亡灵的哀思和敬意。如清代河北《清苑县志》云：上元日，荐元宵并张灯相庆。河北《万全县志》曰：此地民人元宵节，各家皆购元宵供神，并佐饭。河南泌阳县民间“祀祖祭先，常供以外，复设汤圆、水茶、枣卷、面灯”等物。山西保德州民间，则有用“元宵拜扫先茔”的习俗。

除上述民间年节的饮食文化活动外，清代皇室与宫廷，在上元节期间，同样有廷臣宴、上元盛典赐宴群臣的娱乐与饮宴活动，每年照章照规照时举行，只是规模声势和热烈气氛的差异。例如，清嘉庆朝以前，每年的正月十六日，宫中有宴请九卿大学士之举，名为“廷臣宴”。这是清代宫中，上元节期间的一项重要的饮宴活动。

填仓节的饮宴食风：中国古代，每年农历正月二十五日，北方地区要过“填仓节”。有些地区，称正月二十日为小添仓，二十五日为大填仓。此节在许多文献和地区中还被称为“天仓节”、“添仓节”。这是一个以烹调饮食和祭仓神为主要文化内容的民间节日。

关于“填仓节”的含义、祭神、烹治饮食的文化活动内容，史书多有记载。《明宫史》云：填仓节乃是“醉饱酒肉之期”。《顺义县志》说：正月二十五日，啖饼饵，且以美食相饷，谓之“填仓”。《通县志要》称：正月二十四日夜半，撒灰庭院中为圈，中置五谷杂粮，名曰“打囤”。二十五日，晨起祭仓神，名曰“填仓”。《天津卫志》载，填仓节时，罗灰末于院中，名曰“打囤”，置诸谷少许于中，为丰登兆。河北《乐亭县志》说，正月下旬五日，农家蒸饭炊饼，置少许于仓中，曰“填仓”。五鼓时分，用灶灰画院中作囷状，内撒五谷，以砖石压之，为岁丰之兆。《滦州志》的记载说：正月二十五日早，农家于宅内画灰于梯囤形，中实五谷，并粘著糕饭于诸盛器，炷之以香，为丰盈兆，曰“填仓”。《永清县志》则说，“大填仓”节，备供献，祭仓神。祭仓神，就是在备供献的同时，从事一些烹饪饮食文化活动，既敬仓神、谷神，也为自己享用。所不同的是，各地各家的仪式有繁简之别。所以，《燕京岁时记》载：“每至二十五日，粮商米贩致祭仓神，鞭炮最盛。居民不尽致祭，然必烹治饮食以劳家人，谓之填仓。”而《帝京岁时纪胜》却说：“念五日为填仓节。人家市牛羊豕肉，恣餐竟日，客至苦留，必尽饱而去，名曰填仓。惟是京师居民不事耕凿，素少盖藏，日用之需，恒出市易。当此新正节过，仓廪为虚，应复置而实之，故名其日曰填仓。今好古之家，于是日籴米积薪，收贮煤炭，犹仿其遗意焉。”因此，清代诗人孔尚任在概括描绘“填仓节”活动的《正月二十日填仓诗》中曾写道：

西京风俗重填仓，早发厨烟万户忙。
不教千钟饱旧鼠，须将五谷换新肠。
空囊积字何堪煮，瘦腹堆愁未可量。
恰馆平原为食客，随人哺啜亦无妨。

时鲜美食与佳肴：农历正月间，在北方许多地区和京师皇宫朱门内，还有“筵九”的饮食文化活动习俗。每年农历正月十九日，北京地区民间有过“燕九节”的习俗。燕九，或称为“淹九”、“阉邱”，或曰“宴邱”。届时，百姓均往

"白云观"致祭聚宴，"致酹祠下"，名曰"会神仙"。观内游人络绎，饮酒聚宴，烂醉方归。《析津志辑佚》一书曰：十九日，都城人谓之燕九节，倾城士女曳竹杖，俱往南城长春宫、白云观，"宫观蒇扬法事烧香"，"纵情宴玩以为盛节"。

每年正月，古代北京地区尚有许多民间时令食品和花卉上市，所以这里尚有"太庙荐新"或"荐新品物"及"时品"的习俗。如《析津志辑佚》说，元代统治者春行享礼，曰祀。"四孟以大祭，雅乐先进，国朝乐后进，如在朝礼"。每月一荐新，以家国礼。喝盏药，作粉羹馒头，割肉散饭，荐时果、蔬韭、天鹅、鵽鹚。初献，"勋旧大臣怯薛完真"；亚献"集贤大学士或祭酒"；终献"太常院使"。并用法服，"宫闱令启后神龛，大案上果：菱米、核桃肉、鸡头肉、榛子仁、栗仁；菜：笋、蔓青、芹俎、韭黄、芦菔；神厨御饭不等。见下月，酥酪、鲔鱼。牺牲局养喂牛马以供祭祀，苑中取鹿。又西山猎户供祭祀野兽，后位下，牲羊和易于市。藉田署，取米以供粢盛，取水光禄寺。杜把酒、霄州葡萄酒、马妳子"。

到清代时，正月的荐新品物，"除椒盘、柏酒、春饼、元宵之外，则青韭卤馅包、油煎肉三角、开河鱼、看灯鸡、海青螺、雏野鹜、春桔金豆、斗酒双柑。至于梅萼争妍，草木萌动，迎春、探春、水仙、月季，百花接次争艳矣"。这些"时品"，不仅使古代民间年节的饮宴文化活动内容更趋充实，而且还大大增添了年节的欢愉气氛。

2. 农历二月的民间年节食风

龙头节的饮宴食风：农历二月初二日，古代民间有过龙头节的习俗。传说此日是龙抬头的日子，因此一系列的祭祀和饮食文化活动都与"龙"有关。龙头节古称"中和节"，始自唐代。据宋代张淏《云谷杂记》卷二曰：唐德宗以二月一日为中和节。南宋吴自牧的《梦粱录》卷一则载，二月朔，谓之中和节，民间尚以青囊盛百谷、瓜、果子种，互相遗送，"为献生子"。后来随着历史的发展，社会的进步，各地风俗民情的不同和差异，使得民间在祭祀方式、寓意和饮食文化的内容上，亦发生变化，但其祭"龙"避虫害的主旨却是一致的。届时民间要吃太阳糕、油煎糕点、龙须面、葱饼等，并将之作为供品。对这些节日饮食文化习俗，文献记载颇多。明代的《宛署杂记》说，中和节"乡民用灰自门外委蜿布入宅厨，施绕水缸，呼为引龙回。用面摊煎饼，熏床炕令百虫不生”。《明宫史》则称：初二日，各家用黍面枣糕，以油煎之；或以面和稀，摊为煎饼，名曰“薰虫”。是时食用河豚，饮芦芽汤以解热。各家煮过夏之酒。这时“吃鲜，名曰‘桃花鲊’也”。河北《万全县志》云：二月二日，俗谓之“龙抬头”，本日肴馔，皆以龙字取意，如食水饺者，谓之“吃龙耳”；食葱饼者，谓之“撕龙皮”；食面条者，谓之“吃龙须”。“妇女于是日切忌针凿，恐刺龙目也”。《永平府志》却说，中和节，此地农家用灰自户引至井，用糠自井引至瓮，谓之“引龙”入宅，主有财。用香油煎糕熏虫，则物不蛀，且以避虫蚁。而且“士人家塾令童子开笔，取吉兆也。是日，妇停针，俗云恐穿龙头也”。对食用太阳糕的习尚，《燕京岁时记》载：二月初一日，市人以米面团成小饼，五枚一层，上贯以寸余小鸡，谓之太阳糕。京师人“祭日”者，买而供之，“三五具不等”。此外，在东北吉林地区民间，于中和节，家家户户有“多食猪头，啖春饼”的饮食习尚。《吉林新志》载，是地民间各家，将年末所食肥猪之头、蹄留至“龙头节”食之，故有“二月二，龙抬头；天上下雨，地下流；家家户户吃猪头”之谚。而西北陕西府谷县遇此节时，却户户“或食豆面，或食菜饼，谓之骑龙头”。可见，中和节期间民间饮食文化活动的形式和内容是多样、丰富的。

春社节日的饮宴食风：中国古代南方广大地区，于每年农历二月时，民间有祭祀土地神的春祈活动，这一活动被称为春社。浙江《孝丰县志》云，社日，各村率一二十人为一社，屠牲酒酒，焚香张乐，以祀土谷之神，谓之春福。《金华府志》说，社日，四乡各有社祭，以祀土谷之神。《东阳县志》称，社日，农家用青面作果，桔叶夹之，名曰社果，以献其先，乃食之。《严州府志》记载，社日，各乡具备牲醴，祭社神以祈报，毕则饮福。湖南地方，民间每遇社日，“四邻并结彩会牲醪，为屋于树下，先祭神，然后饷其胙”。可见，古代南方的春社祀神活动，不仅是祭神祈谷的日子，而且更是人们欢聚饮宴的节日。所以，清代诗人袁景澜在《春社诗》中深有感慨地说：

紫燕衔泥遍桑野，林鸠呼雨逢戊社。
醵钱叠鼓绿杨村，梓里人来集庙下。
豚蹄果榼神筵充，巫祝投珓祈年丰。

柘枝跳舞欢儿童。

十家五家行挈队，斜阳万条远陇翠。

嘈嘈一片酣喜声，社酒治聋各沾醉。

人影倾欹扶醉同，桃花拦路开春风。

归来茅屋春睡浓，催租无吏惊邻翁。

神赐民谷福无穷，一方血食酬神功。

土偶能灵爵亦崇，田原麻麦青芃芃，

香大年年拜社公。

文昌会饮宴食风：农历二月初三日，民间传说是文昌帝诞辰的日子，而文昌帝在人间有"赏功进士"的功能，所以，官府与士人都要为他祝寿，取名为"文昌会"。据《清朝文献通考》记载，清代天下府县，处处建立文昌庙和文昌宫，故每逢"文昌会"时，儒生士子均"秩而祀之"。他们不仅供奉各种"祭食"和供品，祈求来年"金榜题名"富贵显荣，还在祭祀后作会欢宴。如清代甘肃成县地区，每年二月初三日文昌会时，儒生士人便聚集"文昌宫祝寿，作会饮酒"。而在京师地区，历年文昌会届期，民间除于文昌祠、精忠庙、金陵庄、梨园馆及各省乡祠，供献演戏外，还举行祭祀香会。史称"惜字会。香会，春秋仲月极胜，惟惜字文昌会为最。俱于文昌祠、精忠庙、金陵庄、梨园馆及各省乡祠，献供演戏，动聚千人"。可见是日节日祭庆活动之盛况，确属空前。其他地方民间的活动形式也大体基本一致。所以，清代著名诗人俞樾在《文昌生日歌》诗中曰：

春王二月月三日，世传是日文昌生。

上自京师下郡邑，一例崇祀陈牺牲。

老夫今朝亦早起，鸡鱼豕肉盘中盛。

内外诸生咸会集，衣冠罗拜当轩楹。

或言文昌乃星象，不闻入梦符长庚。

云何随俗作生日，是以非礼诬神明。

我谓文昌星有六，昭回于天同列宿。

又曰：

我歌此诗为神寿，设而为灵生为英。
传说列星古有例，何妨仍唱升天行。
起视奎光长万丈，依然照我东西荣。

花朝节的饮宴食风：农历二月十二日（有的地区为二月初三，或为二月十五日），传为花王的生日，逢此日，古代民间和士人有过“花朝节”的风俗。这一天，民间幽人韵士，有赋诗唱和、游赏、赏花、饮花朝酒、娶宴、演戏以及祈福等种种活动，但因各地风俗而有所不同。如南宋吴自牧撰《梦粱录》一书云：仲春十五日为花朝节，浙间风俗，以为春序正中，百花争放之时，最堪游赏，故“都人皆往钱塘门外玉壶、古柳林、杨府、云洞，钱湖门外庆乐、小湖等园，嘉会门外包家山王保生、张太尉等园，玩赏奇花异木。最是包家山桃开浑如锦障，极为可爱”。是日帅守、县宰还率僚佐等员出郊，“召父老赐酒食，劝以农桑，告谕勤劬，奉行虔恪”。天庆观递年设老君诞会，燃挂万盏华灯，“供圣修斋，为民祈福。士庶拈香瞻仰，往来无数”。崇新门外长明寺及诸教院僧尼，建佛涅槃胜会，罗列幡幢，有“种种香花异果供养，挂名贤书画，设珍异玩具，庄严道场，观者纷集，竟日不绝”。清代北京地区民间，每年二月十二日传为花王诞日，届时，“幽人韵士，赋诗唱和”。春早时赏阅牡丹，“惟天坛南北廊、永定门内张园及房山僧舍者最胜。除姚黄、魏紫之外，有夭红、浅绿、金边各种”，这些都是江南所无的。而地处江南的江西瑞州府地区，每岁花朝节时，学者士人则有“采百花酣饮赋诗，各学徒争饮谒长，谓之花朝酒”等习尚，较有代表性。

除民间的节日活动外，清代在宫中花朝节也有宴饮、赏花、观戏等较高层次的庆贺活动。据文献记载，光绪年间，慈禧太后每年都要驾幸颐和园“剪彩”和观戏。史云，花朝节慈禧太后至颐和园观剪彩，“时有太监预备黄红各绸，由宫眷剪之成条，条约阔二寸，长三尺”。太后取红黄者各一，系于牡丹花，宫眷太监则取红者系各树，于是满园皆红绸飞扬，而宫眷等亦盛服往来，五光十色，宛如穿花蛱蝶。系结完毕，慈禧太后便开始观剧。演唱花神庆寿事，树为男仙，花为女仙，凡扮演某树某花之神者，“衣即肖其色而制之。扮荷花仙子者，衣粉红绸衫，以肖荷花，外加绿绸短衫，以肖荷叶。余仿此。布景为山林，四周山石围绕，石中有洞，洞中有持酒尊之小仙无数”。所谓小仙者，即各小花，如有金银花、石榴花等是。接着，“群仙聚饮，有虹白天而降，落于山石，群仙跨之，虹复腾起，上升于天”。

时鲜美食与佳肴：古代二月民间的时令时品及花卉的品种为数不少，丰富了年节和平日民间的饮食文化生活内容。据载，元朝时每月有荐新进献各时令食品的习俗。如太庙荐新，果含桃、菜、笋。祭物有哈八儿鱼、鲔鱼（均由黑龙江进贡），还有神厨御饭、秃秃麻羊头、羊肺、粉羹、馒头、酪解粥等食品。

清代京师地区的二月民间鲜令食品，则有火焰赤根菜、火焰赤根菜虾仁馅饼等。时令花卉却有丁香花、寿带花、杏花、梨花等多种。对此，文献记载道：每年农历二月：

> 菠薐于风账下过冬，经春则为鲜赤根菜，老而碧叶尖细，则为火焰赤根菜。同金钩虾米以面包合，烙而食之，乃仲春之时品也。至若丁香紫、寿带黄、杏花红、梨花白，所谓万紫千红总是春。元鸟至，则高堂画栋衔泥结草以居；至秋社，城村燕各将其雏于采育东土阜，名聚燕台，呢喃竟二日而后去。

到每月下旬时，清代京师街头多有叫卖小油鸡、小鸭子者，市民争购之，喂养至秋后，则可食之。故每年春季“二月下旬，则有贩乳鸡、乳鸭者，沿街吆卖，生意畅然。盖京师繁盛，鸡鹜之属日须数万只，是皆以人力育之，非自乳也”。执此业者名曰鸡鸭房，一般分布集中在齐化门、东直门一带。

3. 农历三月的民间年节食风

古代农历三月，有“上巳”、寒食与清明等民间节日。节日期间，民间有出游踏青，架秋千戏，放纸鸢，或家家户户祭扫祖先坟茔，悼念亡灵等活动。其中，诸多活动内容，又与饮食文化活动有着极为密切的共生关系。

“上巳”节的饮宴食风：每年农历三月三日，民间认为它就是古之“上巳节”。每逢此日，民人便有携酒食出游、踏青聚饮，或寻流杯曲水之饮的饮食文化习尚。梁朝宗懔撰的《荆楚岁时记》载，“三月三日，士民并出江渚池沼间，为流杯曲水之饮”。司马彪著《礼仪志》说，当时就有上巳节，官民“并禊饮于东流水上”之习尚。所以南宋时人吴自牧著《梦粱录》一书记述上巳节时说，“曲水流觞故事，起于晋时。唐朝赐宴曲江，倾都禊饮踏青，亦是此意。右军王羲之《兰亭序》云：‘暮春之初，修禊事’。杜甫《丽人行》云：‘三月三日天气新，长安水边多丽人’”等诗句，就是形容此景。可见上巳节的民间活动有着悠久的历史，并深受民间重视。《宛平县志》说，三月三日，风和景丽，载酒出野，临流醉歌，有古代修禊遗风。河北《安次县志》说，初三日，文士雅集禊饮。《固安县志》云，上巳日，士女结队赴城外踏青。《定县志》称，初三日，士子踏青饮宴，男女踏青出游。《南宫县志》载，三日上巳，士子修禊饮宴，男女踏青出游。山西《阳城县志》说，此地民人清明前后来数日，携带酒肴，结伴郊原、花间、水际游赏，即古三月踏青，上巳修禊之遗意。在清代的京师地区，民间每年三月初三日时，则有游蟠桃宫致祭饮宴的习俗。对此，《帝京岁时纪胜》一书详载：

> 蟠桃宫在东便门内，河桥之南，曰太平宫。内奉金母列仙。岁之三月朔至初三日，都人治酌呼从，联镳飞鞚，游览于此。长堤纵马，飞花箭洒绿杨坡；夹岸联觞，醉酒人眠芳草地。

而三国时诗人张华的《上巳篇》一诗，曾对古代民间在此节的游饮赏春活动，有过生动形象的描绘，且多画龙点睛之妙笔。诗中说：

> 仁风导和气，勾芒御昊春。
> 姑洗应时月，元巳启良辰。
> 密云荫朝日，零雨洒微尘。
> 飞轩游九野，置酒会众宾。
> 临川悬广幕，夹水布长茵。
> 徘徊存往古，慷慨慕先真。

朋从自远至，童冠八九人。

追好舞雩庭，拟迹洙泗滨。

伶人理新乐，膳夫烹时珍。

八音硼磕奏，肴俎从横陈。

妙舞起齐赵，悲歌出三秦。

春醴逾九酝，冬清过十旬。

盛时不努力，岁暮将何因？

勉哉众君子，茂德景日新。

高飞抚凤翼，轻举攀龙鳞。

可见，此诗不仅言风道俗，言简意赅，而且对此时节日的饮食风尚、文化习俗亦述之甚详。

寒食节与清明节的饮宴食风：古代的清明节是农历三月的一个全国性的民间节日，而寒食节则在许多地区盛行。但在有的地区，两个节日则合二为一，且将寒食节的活动融入清明节的节日活动内容，为清明节所取代。但无论是寒食节还是清明节，二者最主要的活动内容均是“祭祀”祖先亡灵，供献祭食，祭扫亡灵坟茔，悼念缅怀故去的先人。

对寒食节的来源问题，中国古代各种文献资料的记载虽有多种推测和说法，但其“祭食”祖先亡灵的肴馔活动却是主要事项之一。无论是帝王宫寝显达贵门，还是民间各阶层，每届是日，均要赴郊外哭坟，禁火三日，制作大麦粥、醴酪以食用。据梁朝宗懔撰《荆楚岁时记》说：去冬至节一百五日，就有疾风甚雨，谓之寒食。禁火三日，“造饧大麦粥”食用。据立法记载，合在清明前二日，亦有去冬至一百六日者。陆翙的《邺中记》曰：寒食三日为醴酪，“又煮粳米及麦为酪，捣杏仁，煮作粥”。唐代的《玉烛宝典》说：“今人悉为大麦粥，研杏仁为酪，引饧沃之。”孙楚《祭子推文》对之解释道：“干饭一盘，醴酪二盂”，就是指此。对宋代各地寒食节的饮馔风尚，庄季裕著《鸡肋编》卷上说，“寒食火禁”之俗，盛行于河东地区，而“陕右亦不举爨者三日。以冬至后一百四日，谓之‘炊热日’。饭面饼饵之类，皆为信宿之具”。因为传说“以糜粉蒸为甜团，切破曝干，尤可以留久。以松枝插枣糕置门楣，呼为子推”，不但可以“留之经岁”，而且还可以治愈口疮，别有妙用。所以即使“寒食上冢，亦不设香火，纸钱挂于茔树。其去乡里者，皆登上望祭，裂帛于空中，谓之擘钱”。而京师四方因“缘拜扫，遂设酒馔，携家春游。或寒食日阴雨及有坟墓异地者，必择良辰相继而出”。在浙西，民家就坟“多作庵舍，种种备具，至有箫鼓乐器，亦储以待用者”。宋代周密《武林旧事》卷三还说，寒食节民家“上冢者，多用枣锢姜豉。南北两山之间，车马纷然，而野祭者尤多，如大昭庆九曲等处，妇人泪妆素衣，提携儿女，酒壶肴罍。村店山家，分馂游息”。这一习俗一直传承不衰。直到明代谢肇淛在《五杂俎》卷二中还感叹说：

北人重墓祭。余在山东，每遇寒食，郊外哭声相望，至不忍闻。

而南人借祭墓为踏青游戏之具：

纸钱未灰，舄履相错，日暮墦间，主客无不颓然醉矣。夫墓祭已非古，而况以熏蒿凄怆之地，为谑浪酩酊之资乎？

从而对古代南人借墓祭之际，提酒丰馔，“分俊游息”的“非礼”之举，表示不解、困惑和不敢苟同之意。

寒食节二日或三日即为清明节，它不但有民间规模盛大的祭祖活动，而且伴随着祭墓、插柳、看花、踏青、树秋千戏等活动内容，还有丰富多彩的饮食文化活动。宋代孟元老撰的《东京梦华录》卷七“清明节”条下便载：清明日凡新坟皆用此日拜扫。都城人出郊祭祖，“士庶阗塞诸门，纸马铺皆于当街用纸衮叠成楼阁之状。四野如市，往往就芳树之下，或园囿之间，罗列杯盘，互相劝酬”。都城的歌儿舞女，遍满园亭，抵暮而归。各自携带枣锢、炊饼、黄胖、掉刀及名花异果，“山亭戏具，鸭卵鸡雏，谓之‘门外土仪’。轿子即以杨柳杂花装簇顶上，四垂遮映。自此三日，皆出城上坟，但一百五日最之为盛”。而且节日期间坊市卖稠饧、麦糕、乳酪、乳饼等节令时品佳肴，供人们享用。故野祭而归，缓入都门，斜阳御柳，往往有“醉归院落，明月梨花”之感。南宋吴自牧的《梦粱录》记述都成临安清明节的风俗时也说：是日官员士庶，俱出郊省坟，以尽思时之敬。届时“车马往来繁盛，填塞都门。宴于郊者，则就名园芳圃，奇花异木之处；宴于湖者，则彩舟画舫，款款撑驾，随处行乐”。因此日又有龙舟可观，故都人无论贫富，倾城而出，笙歌鼎沸，鼓吹喧天，“虽东京金明池未必如此之佳。殢酒贪欢，不觉日晚。红霞映水，月挂柳梢，歌韵清圆，乐声嘹亮，此时尚犹未绝。男跨雕鞍，女乘花轿，次第入城。又使童仆挑著木鱼、龙船、花篮、闹竿等物归家，以馈亲朋邻里”。

对清明节的饮宴文化活动情况，古代的文豪诗人也有诸多诗赋传世，如明代万历年间诗人王思任在《扬州清明曲》诗中，就曾对扬州清明节的祭祖饮宴郊游活动有详尽的描绘，引人入胜，他说：

寒食游春共借名，扬州分外作清明。
西门笋轿千钱贵，要促爷娘早出城。
酒旆翩翩红雨沟，小杨水槛亦风流。
醇酴雪酒饶夸珀，一割鸡猪十斛油。
乐事生人暗里哀，酒迟黄鸟急相催。
去年此日谁仍在，冢冢清明醉得来。
绿女红儿踏踏肩，游人目语各心然。
莫只平山看跌博，且来法海放风鸢。
梅花烟岭接邗沟，日暮隋冈已畅游。
漫把甜红俱罄倒，还留余兴上迷楼。

至于其他地区民间清明节的具体饮食习俗的内容，在有关地方志中有翔实的载述。《宛平县志》云，清明日，“男女簪柳出扫墓，担樽榼，挂纸钱，拜者、酹者、哭者、为墓际草添土者，以纸钱置坟岭。既而，趋芳树，择园圃，列坐馂余而后归”。《顺义县志》说清明节，妇女簪柳于头，以秋千为戏。“陈蔬馔，祭祖先，各拜扫坟，添土标钱，陈馂欢饮而散”。河北《固安县志》称，清明日，各祭于先茔，加新土，供献牲醴，焚纸钱。祭祀毕，“乃焬馔享馂余，少长成集，谓之‘清明会’”。《高阳县志》载清明为“祭祀节”，各家上坟祭祖，在先人墓上增添新土。有族会者，全族人聚于一处，杀猪宰羊会食一日，俗谓之“吃会”。

《吴桥县志》云，清明节，是地民人有携酒踏青的习俗。《肃宁县志》称，该地清明节民人“插柳枝，妇女为秋千之戏，儿童辈放纸鸢，士大夫挈壶郊游踏青，挑菜”。衡水县则有清明节时，人皆戴柳，各具酒肴祭先茔的习尚。广平府更有清明日，备具酒醴、香楮，赴垄祭奠的习俗。陕西宜川地区，清明节时民间有“戏秋千、拜坟，做馒头相馈，上缀多样虫鸟，名为子推，谓晋文公焚山，禽鸟争救子推也”的风俗。地处江南的浙江云和县民间则是“清明插柳，谓之挂青；拜扫先茔，悬楮钱，谓之标墓。前期妇女采蓬叶和稻米为粗粄，揉作团子样，实以鸡豚之虀菹，以蔬笋调之，以饴祀先及馈戚好，可冷食，俗呼蓬果，又名蓬馂，盖禁火遗意也”。安徽泾县地区，清明节时，民间或“插柳于门，人簪嫩柳，谓辟邪，具牲醪扫墓，以竹悬纸钱而插焉”；“或取青艾为饼，存禁烟寒食之意”。而江西兴安县地区，逢清明时，民间更为有“妇女不上坟，粉米作粿，谓之饣卞粿，仍寒食之风”的习俗。在湖南的永州地区，每年清明节时，家家户户除插柳于门之外，还“具酒者登陇墓”，以祭奠先人。

在这些节日风俗中，有的显然已将寒食节与清明节的习俗，融汇为清明节的节日习俗了。当然，清明节时，有的地区则用祭食供祭祖先，而不是去郊外扫墓，此活动是在宗祠内进行。如安徽繁昌县地区，由于世代聚族而居，便是如此。祭祀完毕后，族人聚饮于祠，并按丁分享胙稻、胙肉。可见其节日祭祀与饮食风尚，殊于别地。

时鲜美食与佳肴：从文献记载看，北京地区作为元明清三朝的都城、经济文化的中心，年节期间，各种时鲜食品与时令花卉的供应是十分齐全的，全国各地的地方名产与时令花卉咸集市场颇为可观，大大丰富了京师年节的隆重气氛。如元代时，三月二十八日为岳帝王生辰，自二月起，倾城的士庶官员、诸色妇人，“酹还步拜与烧香者不绝”。道途买卖的时鲜食品有：诸般花果、饼食、酒饭等；太庙荐新的则有菜、韭、葑、卵和鸭。明代届三月时，圣上驾幸回龙观等处，目的在于观赏海棠花。这时窖中花树尽出，园圃、亭榭、药栏等项，都在这月修饰。富贵人家，也都观赏牡丹等，修凉棚，以备乘凉。二十八日东岳庙进香时，民间喜食的时令佳肴有烧笋鹅、凉糕、糯米面蒸熟加糖碎芝麻和雄鸭腰子。清代三月的京师不仅有黄花鱼、大头鱼上市，民间还盛行采食天坛之龙须菜、烹制香椿芽拌面筋、嫩柳叶拌豆腐、小葱炒面条鱼、芦笋脍鲙花、勒鲞和鲞等时鲜食品。届时民间还有观景赏桃花、牡丹、藤花等时令花卉之情趣。这些习俗与情趣，交织出暮春三月京师的一幅幅五彩斑斓的民俗与饮食文化的风物图画。史书描述说：京师“三月有黄花鱼，即石首鱼。初次到京时，由崇文门监督照例呈进，否则为私货。虽有挟带而来者，不敢卖也。四月有大头鱼，即海鲫鱼，其味稍逊，例不呈进”。三月的时鲜食品与时令花卉有：

> 三月采食天坛之龙须菜，味极清美。香精芽拌面筋，嫩柳叶拌豆腐，乃寒食之佳品。黄花鱼即江南之石首。至于小葱炒面条鱼，芦笋脍鳑花，勒鲞和羹，又不必忆莼鲈矣。至若桃花历乱，柳絮飞残，红白灿苹婆，荷花挂牡丹。曰西府、曰铁梗、曰垂丝，海棠之妙，韦公寺、慈仁寺，可谓甲于天下矣。蓟门烟树，为金台八景之一。吏部藤花，乃明少宰吴宽之手植也。

4. 农历四月的民间年节食风

中国古代农历四月的民间年节有浴佛节。这个节日的起源虽与佛教祭祀有关，但节日期间，仍有许多与之相关的饮食文化活动。

浴佛节的饮宴食风：农历四月初八日，民间要过浴佛节。民间传说，四月初八日是佛祖的生日，因此，要过此节，以示纪念。届时不但要浴佛、祭祀，还有禁屠宰、寺院撒豆结缘、做乌饭相馈送等饮食文化活动。

据孟元老《东京梦华录》卷八载：四月八日的佛生日，北宋开封府的十大禅院各有浴佛斋会，煎香药糖水相馈遗，名曰“浴佛水”。时值“迤逦时光昼永，气序清和。榴花院落，时闻求友之莺；细柳亭轩，乍见引雏之燕。在京七十二户诸正店，初卖煮酒，市井一新。唯州南清风楼最宜夏饮，初尝青杏，乍荐樱桃，时得佳宾，觥筹交作”。这月茄瓠初出上市，东华门争先供进，一对可值钱达三五十千者。时鲜果品有御桃、李子、金杏和林檎之类。明代浴佛节民间有吃“不落夹”和“榆钱糕”的习俗，用苇叶方包糯米，长可三四寸，阔一寸，味道与粽相同。《景物略》说，这月榆树初钱，面和糖蒸食之，曰“榆钱糕”。在方志中，对民间浴佛节的各处习俗和饮食文化活动亦多有记载，如《天津县志》说，初八日“佛诞辰”日，民人以“蠹豆饲行人”，曰“结缘”。《天津志略》也载：初八日，各寺浴佛称佛会。“佞佛者，多于是日济贫放生。尚有以榆荚和糖面蒸食之，曰‘榆钱糕’。又以玫瑰、藤萝等花和糖为馅，蒸饼食之，曰‘玫瑰饼’、‘藤萝饼’”。河北涿州地方，初八日时，民间妇女以菽豆计数念佛。煮熟置盘盂内，供之佛前，然后分给众人食之，谓之“结缘”。保定府民人浴佛节礼佛，有煮豆相馈遗，初荐瓜于祖考的习俗。徐水县地方“浴佛日”，则有食盐豆的习尚，取人遇缘之意。武强县浴佛会时，有民多茹素的风习。广平府民人在“浴佛之辰”时，浮屠设水陆大醮供佛，乡民更届时赴各寺烧香祈愿。山西文水县民人初八日，有登西山龙王庙，祀献饮赏的习俗。《孝义县志》说，此地民间初八日“具牲醴祀神；妇女作醋，谓为‘醋姑姑降祥日’，颇重此节，而未审所由”。在洪洞县地方，浴佛节有蒸枣糕，祭关帝的习尚，殊于他处。《宁乡县志》称，初八日，西关外义庙四乡的民人各奉关帝神驾朝山，分为东、西、北三舍款待乡客，邻村的商贾会集十天。陕西《靖边志稿》载称：该声地浴佛节时，城乡男女争上城内西山谒子孙娘娘庙，供献花果，求子许愿，“及生儿舍身佛案，十二岁取赎，以鸡、羊、牛犊施布僧寮，归而为子留发，僧甚利之”。米脂县地方浴佛节，民家有“以黄米面蒸饦饦（俗名‘馇儿’），食之，并互送亲友”的习俗。甘肃静宁州地方，农历四月初农人群祀山、川、湫神，以祈谷，谓之“青苗醮”。浴佛节民人朝西岩及主山，或供水，“群鼓乐礼佛”。

在南方地区的浴佛节，民间尚有做乌饭相馈送的习俗。乌饭，又有青粳饭等名称，它是用桐叶等树叶的汁蒸饭，从而使（米）饭色黑有光，呈乌亮状。每逢此节，有许多民家做乌饭相馈遗，而以佛寺尤甚，这有别于北方的民俗。如浙江《昌化县志》称：四月八日，寺僧以楝叶染米作乌饭，供佛或有分送檀越的习尚。

到明清两代，据文献记载，明朝宫廷是不浴佛的，而在清代，由于满洲贵族统治者重视佛教，所以在入关前就有浴佛的习俗，入关后仍然继续沿用此俗。每年四月初八日浴佛节时，清皇宫中煮青豆，分赐宫女、大臣等人，谓之“吃缘豆”。直至清末光绪年间时，此风仍兴盛不衰。据《清稗类钞》载述，届时宫中煮青豆，分赐宫女内监及内廷大臣享用，谓之吃缘豆，认为“有缘者”方得吃之。同时，书中对慈禧太后赏赐大臣吃“缘豆”的故事，多有描述。如光绪年间，有一次，各国驻京使节夫人，订于四月初九日在宁寿宫觐见慈禧太后。四月初八日，外部侍郎联芳先一日入宫，察看布置情况，因他在次日奉派为翻译，将陪同觐见。这日适逢宫中过浴佛节，慈禧太后与许多宫女，一面作“投琼”之游戏，一面则大吃“缘豆”。这时，联芳趋经宫外，“低首疾驰”，生怕惊扰了这位皇太后的雅致。但老佛爷慈禧太后却“遥望见之，大声呼其名”。联芳听之，只得“惊趋而入”。于是，慈禧太后便即刻“赐以缘豆一小碟，联就阶下跪啖，叩首谢恩而退”。可见，清宫中吃“缘豆”的习尚与民间并无二致。

时鲜美食与佳肴：每年农历四月份，正值春暖花开、万物俱茂的时节，这时全国各地区都有许多时令饮食与花卉上市，供人们食用与观赏。若以北京地区而论，每年四月，不但家家争尝新菜瓜果，烹制时令菜点，而且立夏日户户用粉面煎作各式果叠，往来馈送。同时，还有新鲜芦笋、樱桃与玫瑰花、芍药花等上市，贩者沿街叫卖，其声悠扬，使民间饮食文化活动的内容愈加丰富多彩。《明宫史》载称，京师民人是月“尝樱桃，以为此岁诸果新味之始”。时令佳肴有吃笋鸡、吃白煮猪肉，以为“冬不白煮，夏不熝”也。又以各样精肥肉，姜、葱、蒜剉如豆大，拌饭，以莴苣大叶裹食之，名曰“包儿饭”。而自初旬以至下旬，京师人“耍西山、香山、碧云等寺，耍西直门外之高梁桥，涿州娘娘、马驹桥娘娘、西顶娘娘进香”。二十八日至药王庙进香，吃白酒、冰水酪，“取新麦穗煮熟，剥去芒壳，磨成细条食之，名曰‘稔转’，以尝此岁五谷新味之始也”。

到清代，京师地区民间四月份的时令饮食品种主要有榆钱糕、玫瑰饼、藤萝饼、芦笋、樱桃、凉炒面等种类，届时盛开的花卉则有玫瑰卉、芍药花等，这些较之明代更形丰富和富有时代特色。如：①榆钱糕，三月，榆树初出嫩叶榆钱时，民间匽而蒸之，合以糖面，称之为“榆钱糕”。四月，以玫瑰花为之者，谓为“玫瑰饼”。以藤萝花为之者，谓之“藤萝饼”。这些都是“应时之食物”。②芦笋与樱桃，四月中旬，民人常将芦笋与樱桃同食，并认为这最为甘美。③凉炒面，四月，麦初熟时，民人常把面炒熟，合糖拌而食之，并谓之“凉炒面”。④玫瑰花与芍药花，玫瑰花，其色紫润，甜香可人，民间“闺阁之秀”多爱之。每年四月花开时，“沿街唤卖，其韵悠扬。晨起听之，最为有味”。芍药花乃丰台所产，花开时“一望弥涯”。四月花含苞时，民间小贩常“折枝售卖，遍历城坊”。

对清代江南苏州地区的蔬果、鲜鱼诸品时令食品，《清嘉录》一书的“卖时新”条描述说：蔬果、鲜鱼诸品，应候迭出。“市人担卖，四时不绝于市。而夏初尤盛，号为‘卖时新’”。对此赵筠的《吴门竹枝词》载：

山中鲜果海中鳞，落索瓜茄次第陈。
佳品尽为吴地有，一年四季卖时新。

而沈朝初《忆江南》词也有咏唱四时食物盛况的内容，词云：

苏州好，香笋出阳山。
纤手剥来浑似玉，银刀劈处气如兰。
鲜嫩砌瓷盘。

兰即兰花笋。

苏州好，光福紫杨梅。
色比火珠还径寸，味同甘露降瑶台。
小嚼沁桃腮。

杨梅。

苏州好，沙上枇杷黄。
笼罩青丝堆蜜蜡，皮含紫核结丁香。
甘液胜琼浆。

枇杷。

苏州好，葑水种鸡头。
莹润每疑珠十斛，柔香偏爱乳盈瓯。
细剥小庭幽。

鸡头。

苏州好，朱桔洞庭香。

满树红霜甘液冷，一团绛雪玉津凉。

酒后倍思量。

桔。

苏州好，玉叠结梅酸。

梦起细含消病渴，绣馀低嗅沁心寒。

青脆小如丸。

梅实。

苏州好，新夏食樱桃。

异种旧传崖蜜胜，浅红新样口脂娇。

小核味偏饶。

樱桃。

苏州好，豆荚唤新蚕。

花底摘来和笋嫩，僧房煮后伴茶鲜。

团坐牡丹前。

蚕豆。

苏州好，湖面半菱窠。

绿蒂戈窖长荡美，中秋沙角虎丘多。

滋味赛苹婆。

诸菱。

苏州好，鱼味爱三春。

刀鲚去鳞光错落，河鲀剖乳腹膨脝。

新韭带姜烹。

江鲚、河脝。

苏州好，夏月食冰鲜。

石首带黄荷叶里，鲥鱼似雪柳条穿。

到处接鲜船。

黄鱼、鲥鱼。

苏州好，莼鲙忆秋风。

巨口细鳞和酒嫩，双螯紫蟹带糟红。

菘菜点羹浓。

银鲈、紫蟹。

苏州好，冬日五侯鲭。

蜜蜡拖油鲟骨鲊，水晶云片鲫鱼羹。

糟熟截毛鹰。

鲟鳇、鲫鱼。

除上述四月的时令时品与花卉外，每年四月之夏时，民间就有相应的时令饮食与花卉上市，据载每年立夏时，民间多取平日曝晾之米粉春芽，并用汤面煎作各式果叠，往来馈遗，同时，仍将清明“柳穿之点，煎作小儿食之，谓曰宜夏”。这时的“荐新菜果”则有王瓜樱桃、瓠丝煎饼、榆钱蒸糕等。“蚕豆生芽，莴苣出笋”，也为时品。另外，青蒿为蔬菜，民间四月食之，三月则采入药为茵陈。七月时，小儿则取作星灯。所以民间谚称：“三月茵陈四月蒿，五月六月砍柴烧。”

5. 农历五月的民间年节食风

农历五月，民间最重要的节日是端午节，在这一天，不但有赛龙舟等盛大的节日活动，而且家家户户还有争饮雄黄酒、菖蒲酒、吃粽子以及家宴等丰富多彩的饮食文化活动。

端午节的饮宴食风：每年农历五月五日，无论是北方还是南方广大地区民间，都要过端午节。是日，民间不仅要赛龙舟，家家以蒲艾插户，人皆佩艾、戴符、挂香囊等物，而且民人还争饮雄黄、菖蒲酒以避虫毒，吃粽子、举行家宴以贺节。古代粽子常被称为角黍、它的种类很多，节日期间，人们除享用外，还要分赠亲朋故友，以示其和睦与融洽。

北宋孟元老著《东京梦华录》卷八载：北宋时端午的节物有“百索艾花、银样鼓儿花、花巧画扇、香糖果子、粽子、白团。紫苏、菖蒲、木瓜，并皆茸切，以香药相和，用梅红匣子盛裹。”自五月一日及端午前一日，北宋都城开封府有卖桃、柳、葵花、蒲叶、佛道艾，次日家家铺陈于门首，与粽子、五色水团、茶酒供养的习俗，届时“士庶递相宴赏”。南宋吴自牧著《梦粱录》卷三则称，端午又曰重午节，又称“浴兰令节”。届时“内司意思局以红纱彩金盝子，以菖蒲或通草雕刻天师驭虎像中，四围以五色染菖蒲悬围于左右。又雕刻生百虫铺于上，都以葵、榴、艾叶、花朵簇拥。内更以百索彩线、细巧镂金花朵，及银样鼓儿、糖蜜韵果、巧粽、五色珠儿结成经筒符袋，御书葵榴画扇，艾虎，纱匹段，分赐诸阁分、宰执、亲王。兼之诸宫观亦以经筒、符袋、灵符、卷轴、巧粽、夏桔等馈贵宦之家”。如市井看经道流，亦以分遗施主家。所谓经筒、符袋者，“盖因《抱朴子》间辟五兵之道，以五月午日佩赤灵符挂心前，今以钗符佩带，即此意也”。杭都的风俗是，自初一日至端午日，家家买桃、柳、葵、榴、蒲叶、伏道，“又并市菱、粽、五色水团、时果、五色瘟纸，当门供养。自隔宿及五更，沿门唱卖声，满街不绝”。然后以艾与百草缚成天师，悬于门额上，或悬虎头白泽。或仕宦等家以生朱于午时书“五月五日天中节，赤口白舌尽消灭”之句。此日采百草或修制药品，以为辟瘟疾等用，藏之果有灵验。端午日杭州城子是“葵榴斗艳，栀艾争香，角黍色金，菖蒲切玉，以酬佳景，不特富家巨室为然，虽贫乏之人，亦且对时行乐也”。

后来随着历史的发展，各地民间庆贺端午节的风俗略有不同，但上述的许多主要内容仍被传承保留下来，并随着各地的民俗而有所创新、发展，且寓含许多新的意义。如元大都（今北京）庆贺端午，“艾叶天师符带虎，玉扇刻丝金线缕”。市中卖艾虎、泥天师、采线符袋牌等物。而江南与此略同、南北的城人于是日赛关王会，“有案，极侈丽。貂鼠局曾以白银鼠染作五色毛，缝砌成关王画一轴，盘一金龙，若鼓乐、行院，相角华丽，一出于散药所制，宜其精也”。这时太庙荐新，果类有：桃、李、御黄子、甜瓜、西瓜、藕、林檎、李子；菜蔬类有：胎心菜、蒜、茄、韭、葱、玉瓜、苦菜，而且神位前要摆设凉糕、粇米粽、香枣糕、扇拂百索等物，一如所进仪式。“无敢有忒酒、马妳子、笋、蒲、含桃”等时令食品。明代，自五月初一日起，至十三日止，宫眷内臣等即穿五毒艾虎补子蟒衣。门两旁安菖蒲、艾盆。门上悬挂吊屏，上面画有天师或仙子、仙女执剑“降五毒”的故事，就如同是年节之门神，悬挂一月后才撤下。每届初五日午时，饮朱砂、雄黄和菖蒲酒，吃粽子，吃茄蒜过水温淘面，观赏石榴花，佩艾叶，合诸药，画治病符。这天“圣（皇上）驾幸西苑，斗龙舟，划船。或幸万岁山前插柳，看御马监勇士跑马走缵”。

可见端午节的节日活动在当时充满着迷信与神秘色彩，且后来被传承下来。但不同的则是，在祭祀与庆贺活动中，其迷信的浓重色彩开始淡化，逐渐向民间的纯粹娱乐节日转化。这可从有关民间活动的广泛载述中寻求答案。

例如，顺义县端午节，民人家家插艾，悬符，饮菖蒲、雄黄酒，以角黍相馈遗。制五色线，系儿女臂，名为“长命缕”，以求避毒。是日男子于郊原采百草，相斗赌饮。天津南皮县，端午节时，男女皆佩艾叶、朱符，户皆插艾枝，以求避五毒。小儿以彩线系臂，谓之“续命”。以竹叶，裹黍、糯作粽，亦名“角黍”，亲友交馈，或筵客宴会，谓之“解粽”。武清县地方，端午日，民间有馈送角黍、饮菖蒲酒，贴符、插艾，曰“耍端午”的习俗。迁安县地方民间，端午日，家家除食角黍、饮雄黄酒，插艾于门窗等处外。午日前，妇女则多游于河滨，谓之“走百病”。新城县重午日，除有插蒲、艾，以彩索系项背，啖角黍，饮菖蒲酒，采药的例行习俗外，还有男女已婚者，是日以仪物相馈酬，谓之“追节”。山西省孝义县有烹羊置酒，室家欢聚的习俗。长治县民间端午日，以麦面为白团，与角黍相馈送。妇女剪彩缕金为花草鸟虫相问遗，风俗较为独特。而《沁州志》则载，此地民间端午包角黍，相馈送。采艾佩戴，饮雄黄酒，悬艾虎于门首，小儿带五色线、百索，以雄黄涂于耳鼻孔，谓之“避恶”。弟子拜礼师长，同侪具酒肴携往郭外，会食欢饮，俗呼为“踏柳”。在西北地区，端午节的许多习俗与此大体相同。如陕西省《盩厔县志》载，是地民间端阳节，食角黍，饮雄黄酒。妇女、小儿多以锡及磁、石制为各种花兽，以彩丝贯之系于项下，名曰“百索”。或以绫帛缝以小角，下再缝一婴儿相联系之，名曰“耍娃娃”。因为“族党、姻戚皆为工巧”，故制此以相问遗。由此可见，端午节的古代习俗在新的时代已演化为民间较为古朴的娱乐游戏。而甘肃镇原县民间端午有悬艾、柳于门的风习外，然后以糯米作角黍，以祭祀祖先，馈赠亲友，新婚者则佐以香扇、罗绮、巾帕、艾虎等属。是日，门弟子集父兄宴师长，名曰“享节”。在江南水乡，每逢端午节，除有“为角黍骆驼蹄糕祀其先，亲戚各相馈遗”的习俗外，还有赛龙舟的游乐活动。如《杭州府志》载称：端午日，民间祀神享先毕，各至河干湖上以观竞渡。龙舟多至数十艘，岸上人如蚂蚁。“近日半山龙舟争盛，俱于朔日奔赴，游人杂沓，不减湖中”。

时鲜美食与佳肴：农历五月，新麦登场，玉米入市。瓜果菜豆，时鲜味美，均为民间餐桌上的佳肴盛馔。值此时节，榴花似火，凤草飞红，五色芬芳，万物生机，更使大自然美不胜收。全国各地届时均有许多时鲜饮食与花卉应市，美化丰富了人民的生活。如在京师（北京）民间，家家户户夏至要吃“冷淘面”这一都门美食，而且小麦登场，蒜苗为菜，草青羊肥，瓜肉羹香，正可大饱口福。同时在街头巷尾、各胡同里，“五月先儿”，甜瓜贩者，吆喝之声，声声入耳，甚为悠扬。《帝京岁时纪胜》“五月”条载述：夏至京人大祀方泽，乃系国之大典。是日京师家家俱食淘面，即俗说的过水面，此为都门美品。“向曾询及各省游历友人，咸以京师之冷淘面爽口适宜，天下无比。谚云‘冬至馄饨夏至面’。京俗无论生辰节候，婚丧喜祭宴享，早饭俱食过水面。省妥爽便，莫此为甚”。可见，过水面这一京师美食，乃为全国各地游历京师者所喜食的时令佳品之一。

至于该月的其他时鲜食品、瓜果、花卉时品，更是种类花样繁多，不胜枚举。史称，这时节“小麦登场，玉米入市。蒜苗为菜，青草肥羊。麦青作撵转，麦仁煮肉粥。豇豆角、豌豆角、蚕豆角、扁豆角，尽为菜品；腌稍瓜、架冬瓜、绿丝瓜、白茭瓜，亦做羹汤。晚酌相宜”。而瓜果等季节时品更是应时上市，其种类有西瓜、甜瓜、云南瓜、白黄瓜、白樱桃、白桑葚等。就品种而言，甜瓜之品最多，长大黄皮者为金皮香瓜，皮白瓤青为香丽香瓜，其白皮绿点者为脂麻粒，色青小尖者为琵琶轴，均味极甘美，为都人所喜。至于桃品，其品类更是繁多，如五月结实者为“麦熟桃”，尖红者为“鹰嘴桃”，纯白者为“银桃”，纯红者为“五节香”，绿皮红点者为“秫秸叶”，小而白者为“银桃奴”，小而红绿相兼者为“缸儿桃”，扁而核可作念珠者为“柿饼桃”；更有外来色白而浆浓者为“肃宁桃”，色红而味甘者为“深州桃”。杏子除香白、八达杏之外，有四道河、海棠红等杏子，仁亦甘美可品。李柰有御黄李、麝香红，又有黄皮红点者为梅杏。又，杏质而李核者，称为“胡撕赖蜜淋噙”。清代京师的五月，更是百花争妍、芳草碧绿的季节，在民间。“榴花似火，家人摘以簪头；凤草飞红，绣女敲而染指；江西腊五色芬芳，虞美人几枝娇艳，则又为端阳之佳卉也”。而且此时节，“凡居人等往往与夹竹桃罗列中庭，以为清玩。榴竹之间必以鱼缸配之，朱鱼数头游泳其中”。几乎家家如此，故京师谚云：“‘天篷鱼缸石榴树’，盖讥笑其同也。”由此可见清代民人的普遍的消闲心理与时尚。此外，在五月里，民间市民还有买尝嫩玉米（五月先儿）和甜瓜等尝新的习俗。每届五月玉米初结子时，便有小贩沿街吆卖，曰五月先儿。“其至嫩者曰珍珠笋。食之之法，与豌豆同”。至五月下旬，甜瓜已熟，亦有售者沿街吆卖，民人争购。其中有旱金坠、青皮脆、羊角蜜、哈密酥、倭瓜瓤、老头儿乐等品种。

6. 农历六月的民间年节食风

中国古代农历六月里，民间要过天贶节。在这一民间节日里，有一些特殊的饮食文化活动，与人们的生产、生活与特定信仰密切相关。

天贶节的饮宴食风：每年农历六月初时，正值烈日当空，盛夏时节，故要感戴天日给人间的造化，民间逢六月六日时，要过天贶节。在这一天，人们除曝晒衣物、书籍，以避霉变、虫蛀外，民间也有祀神祭祖、禁屠宰的习俗。如宋代陈元靓著《岁时广记》卷二十四载：“祥符四年正月，诏以六月六日天书再降日为天贶节。在京禁屠宰九日，诏诸路开禁。”所以元代诗人许月卿的《天贶》诗云：

天贶逢佳节，地灵钟异人。
今朝书上考，同人是生辰。
部使星留次，临川月半轮。
明年当此日，五马列朝绅。

天贶节民间的祭食，主要是制作尝新解暑避热的食品，以供献给土神、谷神、田祖和各自的祖先。如梁朝宗懔著《荆楚岁时记》载：六月伏日并作汤饼，名为辟恶。南宋吴自牧著《梦粱录》卷四则说，杭州的天贶节“内庭差天使降香设醮，贵戚士庶，多有献香化纸，是日湖中画舫，俱舣堤边，纳凉避暑，姿眼柳影，饱挹荷香，散发披襟，玩，姑借此以行乐耳”。清代陕西延绥镇地区，每逢六月六日，民间家家户户，“鸡初鸣，作菜豆羹，俗呼浆水。迟明各携至祖茔浇奠，名解炎热”。人以后至者为不孝。咸宁县地方有“以面汤新果荐祖先”的习俗。延长县却有“用酒浆奠坟，曰解暑”的风尚。山西大同地方，每逢六月六日，凡有菜园之处，俱敬龙神，延宾共享神福，曰“开园”。而在左云县却有“享祀龙神”，南门外龙神庙演戏，“多有妇女踏青于此”。平遥县有天贶节以新麦饭祭天地，夜哭于门外的怪俗。灵石县沿河村庄有祭河神的风尚。永宁州民间则有食花糕的风俗。《潞安府志》说此地牧养之家，天贶节有祀享于牛羊马牧中的习尚。

在北方南方的广大地区，过天贶节时，民间则有藏冰、储水、酿酱造醋等风俗。如元朝时，六月元大都中多市麻泥、科斗粉、煎茄、炒韭、煎饼等物。五更时分竞汲水，以备合酱之用，咸谓此日“水与腊水相同，仍以此日晒干肉，犹腊味也”。明人著《宛署杂记》说，天贶节各家取井水收藏，以造酱醋、浸瓜茄之用。传说水取五更初汲者，可久收不坏。再如清代直隶晋县民人此日有“汲井水贮瓮封之，以给酿酒、造面之用”的习俗。深泽县民间天贶节有储水造曲、造酱的风俗。《乐亭县志》说：此地“六日，热，五谷收；冷多雨。清晨汲井水贮之，经年不坏，可以造面（曲）、渍醋，又以水煎盐，擦牙洗目”。山西《阳城县志》云：天贶节“乡村各具蒸食，牧童陈脯击鼓，竞祀山神。城市每于立伏日合酱、造曲，较常佳甚”。《洪洞县志》称：此地民人六日“五更初各家汲井水，以需作面醋之用”。陕西《富平县志》记述，民人天贶节，取五更时水作曲，曰厌曲。又于是日作酱，曰不生虫。甘肃西河县民间，每年六月初六日天贶节时，“人家于是日汲水，可以久蓄不坏，采百草和曲以酿酒”。在江南的苏州也有合酱的习俗。《清嘉录》卷六载：苏州谓造酱馅曰“罨酱黄”，而且馅成之后，有择上下火日合酱的习俗。俗忌雷鸣，所谓谚云“雷鸣不合酱”即指此而言。

时鲜美食与佳肴：农历六月，正值盛夏，烈日酷暑，人们最喜清新凉爽，所以这一时节的民间饮食，主要以清淡爽口解暑的时令食品为主。由于全国各地的风俗物产不同，人们的饮食习尚也表现为各具特性。如北宋孟元老撰《东京梦华录》卷八便记述开封府六月的时令食品时说：巷陌路口、桥门市井，都卖大小米水饭、炙肉、干脯、莴苣笋、芥辣瓜儿、义糖甜瓜、卫州白桃、南京金桃、水鹤梨、金杏、小瑶李子、红菱、沙角儿、药木瓜、水木瓜、冰雪、凉水荔枝膏等物，“皆用青布伞当街列床凳堆垛”。“冰雪惟旧宋门外两家最盛，悉用银器”盛装。爽口解暑的时令食品有砂糖绿豆、水晶皂儿、黄冷团子、鸡头穰、冰雪、细料馉饳儿、麻饮鸡皮、细索凉粉、素签、成串熟林檎、脂麻团子、羊肉小馒头、龟儿沙馅之类。因都人最重三伏季节，故往往风亭水榭，峻宇高楼，雪槛冰盘，浮瓜沉李，流杯曲沼，“苞鲊新荷，远迩笙歌，通夕而罢”。南宋时的《武林旧事》卷三在描述杭州天贶节时的风俗时说：六月六日，“显应观崔府君诞辰，自东都时庙食已盛”。是日，都人士女，骈集炷香，接着登舟泛湖，为避暑之游。这时节，杭州的解暑佳肴食物有：新荔枝、军庭李，奉化项里之杨梅，聚景园之秀莲新藕、蜜筒甜瓜，椒核枇杷，紫菱、碧芡、林檎、金桃，蜜渍昌元梅，木瓜豆儿，水荔枝膏，金橘，水团，麻饮芥辣，白醪凉水，冰雪爽口之物。人们的时节佩饰有并扑香囊、画扇、涎花、珠佩等物。时令花卉以茉莉为最盛，“初出之时，其价甚珍，妇人簇戴，多至七插，所直（值）数十券，不过供一饷之娱耳”，可见茉莉花不仅仅作为观赏，而且还用作佩饰打扮的上乘之物。

迄至清代，盛夏的时令食品和花卉，其品种种类更加丰富。如《天津志略》载称，入伏，有饮食期，初伏面饺，二伏面条，三伏为饼，并佐以鸡蛋。故有谚“头伏饺子二伏面，三伏烙饼摊鸡蛋”之说。乡村农民，则于“初伏种萝卜，二伏种菜，三伏种荞麦”。山西《河曲县志》说，是月“市有王瓜、茄、蒜、葫芦、桃始结实”。在江南水乡苏州，三伏暑天，街坊小贩叫卖的时食解暑食品有：凉粉、鲜果、瓜、藕、芥辣索粉等“爽口之物”。茶坊以金银花、菊花点汤，谓之“双花”。面肆添卖的则有半汤大面，“日未午，已散市”。早晚卖者，则有臊子面，以猪肉切成小方块为浇头，又谓之卤子肉面。配上黄鳝丝，俗呼之“鳝鸳鸯”。沈钦道的《吴门杂咏》诗说：

流苏斗帐不通光，绣枕牙筒放息香。
红日半窗刚睡起，阿娘浇得鳝鸳鸯。

还有卖凉冰者，供解暑之享用。王鳌的《姑苏志》说：“三伏天，市上卖凉冰。”《清嘉录》对此详加叙述：

土人置窖冰，街坊担卖，谓之“凉冰”。或杂以杨梅、桃子、花红之属，俗称“冰杨梅”、“冰桃子”。鲜鱼肆以之护鱼，谓之“冰鲜”。

蔡云在《吴歈》中也说：

初庚梅断忽三庚，九九难消暑气蒸。
何事伏天钱好赚，担夫挥汗卖凉冰。

清代的京师（北京）地区，每年六月时，民间士人除争游太液池金海、莲花池和净业湖赏莲，结侣聚饮外，家家户户都以赏尝莲实、河藕、鲜菱、芡实、茨菰、桃仁、冰胡儿、酸梅汤、西瓜等解渴消暑降热食品为乐事，因而盛暑饮食甚为丰富。夏日花卉亦更艳丽诱人，令观赏者流连忘返。史载，帝京莲花盛处，内则太液池金海；外则城西北隅之积水潭，植莲极多，名莲花池。

或因水阳有净业寺，名为净业湖。三伏日，上驷苑官校于潭中浴马。岸边柳槐垂荫，芳草为茵，都人结侣携觞，酌酒赏花，遍集其下。六月朔日，各行铺户攒聚香会，于右安门外中顶进香，回集祖家庄回香亭，一路河池赏莲，箫鼓弦歌，喧呼竟日。

至于清代京师地区民间，每年农历六月时，可供民人争相品尝的时鲜佳肴更繁多。据载，京师“盛暑食饮，最喜清新，是以公子调冰，佳人雪藕。京师莲实种二：内河者嫩而鲜，宜承露，食之益寿；外河坚而实，宜干用。河藕亦种二：御河者为果藕，外河者多菜藕。总以白莲为上，不但果菜皆宜，晒粉尤为佳品也。且有鲜菱、芡实、茨菰桃仁，冰湃下酒，鲜美无比。其莲藕芡菱，凉水河最胜，有坊曰十里荷香”。承德“避暑山庄金莲映日处，广庭数亩，金莲万本，天下无二”。京师之人，常将“茉莉花、福建兰，摘以薰茶；六月菊、白凤仙，俱堪浸酒”。庭院之中，“夜兰香、晚香玉，落日香浓；勤娘子、马缨花，平明蕊放”。好一派盛夏景象。还有冰胡儿、酸梅汤、西瓜等消暑解渴之物，沿街叫卖，方便路人。所谓“冰胡儿”，是指清代京师暑伏以后，则常有贫家“寒贱之子担冰吆卖，曰冰胡儿。胡者核也”。另一消暑之物“酸梅汤”，多以“酸梅合冰糖煮之，调以玫瑰木樨冰水，其凉振齿。以前门九龙斋及西单牌楼邱家者为京都第一”。至于西瓜，六月初旬，即已登市，有三白、黑皮、黄沙瓤、红沙瓤各品种。其“沿街切卖者，如莲瓣，如驼峰，冒暑而行，随地可食。既能清暑，又可解酲”。民间誉为“清凉饮”。

7. 农历七月的民间年节食风

每年农历七月，中国古代民间要过“七夕”和中元节，在这两个民间节日里，除乞巧和祭拜祖先等风习外，还有丰富的饮食文化活动。

“七夕”的饮宴食风：农历七月初七日晚，民间有姑娘、童女乞巧的风俗。故此日是民间的“乞巧节”或七夕。它的主要活动是家家陈瓜果食品，焚香于庭以祭祀牵牛、织女二星乞巧。其瓜果等供品，种类颇多，因朝代和地区不同而异。如周密的《武林旧事》卷三称，临安府七夕的节物是多尚果食和茜鸡。元代七夕节时，宫廷宰辅以及士庶之家都作大棚，张挂七夕牵牛织女图，盛陈瓜、果、酒、饼、蔬菜、肉脯等品，邀请亲眷、小姐、女流等，作巧节会，称曰“女孩儿节”。有“觇卜贞咎，饮宴尽欢，次日馈送还家”之俗。清代时，江南地区乞巧用的巧果很有特色。如苏州民间，每年七夕前，“市上已卖巧果，有以面白和糖，绾作苎结之形，油氽令脆者，俗呼为苎结。至是，或偕花果，陈香蜡于庭或露台之上，礼拜双星以乞巧”。蔡云在《吴歈》中说：

几多女伴拜前庭，艳说银河驾鹊翎。
巧果堆盘卿负腹，年年乞巧靳双星。

沈朝初的《忆江南》词则说：

苏州好，乞巧望双星。果切云盘堆玉缕，针抛金井汲银瓶。新月桂疏棂。

吴曼云《江乡节物词》小序也说：杭俗，七夕节设时果祀双星，谓之“巧果”。或以花俪之，为“闺房韶事”。而安徽繁昌地区，清代民间七夕时，则有“闺秀设茶果于露台乞巧”的风习。在北方地区，七夕节时，民间除乞巧外，还有设果酒、豆芽，具果鸡、蒸食相馈，街市卖巧果、家人设宴欢聚等节日饮食文化活动。如直隶正定县七夕节有“陈瓜果祀天孙，士女穿针乞巧”的习俗。怀来县七夕节有“市上蒸卖面人，与孩童分食，谓遇凶年不至人相食，以此厌之”的习尚。《邯郸县志》载称，七日，儿女设瓜果于庭前，穿针乞巧。前后数日，蒸面羊馈子孙，曰“送羊”，盖取羊羔跪乳之意，教以孝也。陕西《兴平县志》曰：七夕节时，幼女设果酒、豆芽，祀告织女神。民间亦“具果鸡，蒸食相馈”。《石泉县志》说，此地民间乞巧节时，“若女之家，供七姑水主于院落中，献以瓜桃枣梨。月上星辉，招贫家女未笄者，击瓦坯唱歌”。而甘肃镇原县民间七夕节有“妇女以果茶酒、绣刺针工夜乞巧于天女”的习俗。在京师地区，七夕节时，“街市卖巧果，人家设宴，儿女对银河拜，咸为乞巧”也。此外，清代皇宫中，生逢七夕节，也有设果桌祭牛女，皇后亲行拜祭祀之习。

由此可见，在中国古代，无论是民间还是宫中，七夕节时都有陈瓜果祭牛女以乞巧的风尚，故清代浙江余杭女陈炜卿（名尔士）曾赋七夕诗一首：

梧桐金井露华秋，瓜果聊因节物酬。
却语中庭小儿女，人间何事可干求。

诗中生动而形象地描绘出清代七夕的节日习俗与饮食文化活动的景况，其实它也是对古代七夕乞巧习俗的高度概括与总结。

中元节的饮宴食风：每年农历七月十五日，是人们祭祀祖先、怀念亡灵孤魂的日子，民间称之为“中元节”、“鬼节”、“七月半”或“麻谷节”。古代民间向有“中元祭扫，尤胜清明”的说法。节日期间，家家户户制作各类“祭食”，以奠祭圣贤亡灵。如南宋临安民间此日祀先，例用新米、新酱、冥衣、时果、彩缎、面棊，而茹素者几十八九，屠门也为之罢市。明代宫中中元节时，甜食房进供佛菠萝蜜；西苑做法事，放河灯；京都寺院咸做盂兰盆追荐道场，亦放河灯于临河去处。此外还有吃鲥鱼，赏荷花和斗促织的习俗。

清代全国各地仍然保留了远古的许多风俗。如《南皮县志》曰：中元节，民间携瓜果、脯醴、楮钱、登丘陇，持麻谷至陇上，谓之“荐新”。《蓟县志》说，此地民间中元节有设麻姑于堂，荐时物，祭祖先，“亦有至坟前上供并焚纸钱者，且有撒河灯、擂鼓、击钹以逐疫”的习俗。直隶龙门县中元节时，有“外家送面人，长尺许，与其女之子抱以嬉，旋蒸食之。上冢祭奠祖考，各以祭祖蒸食馈遗”的习尚。《曲周县志》说，中元节时，为佛民盂兰之辰，是日民间祭祀祖先，上暮挂纸。民间有以面蒸羊馈女若姊妹之子，曰“送羊”的风尚，较为特殊。鸡泽县民间，每逢七月十五日，民人便取麻谷祀神、祭墓。外祖父母、母舅以面蒸羊遗其甥，曰“送羊”，答元旦之礼。而山西平遥县民间却有七月十五日，以瓜果、肴蔬祭于墓，夜哭于门外的习尚。高平县民间中元节时，祭扫如清明节，有以麻谷挂门上之习。《长子县志》称：中元时，民家各荐麻谷于先祖，以楮帛制寒衣焚化之；或修斋诵经，曰“追荐”。还有旧俗牧羊之家于是日屠羊赛神，颁胙亲戚，贫穷而无羊者蒸面似羊形以代之的习俗，寓意较为特殊别致。《城固县志》说，中元夜，农家会饮，曰挂锄，即“告穑事成也”。

对江南苏州地方的中元节风俗，江震志皆载，民间中元日，多以五更素食享先，新亡者之家尤早。《清嘉录》说：“中元，农家祀田神，各具粉糰、鸡黍、瓜蔬之属，于田间十字路口再拜而祝，谓之‘斋田头’。”此俗有别于他处，具有代表性。

清代京师地区，每逢中元节时，民间除了制作各种祭祀供品祀祖外，寺观普设盂兰会，超度亡灵，并燃河灯，以普度慈航。而都中小儿于是夕也“执长柄荷叶，燃烛于内，青光荧荧，如磷火然。又以青蒿缚香烬数百，燃为星星灯。镂瓜皮，掏莲蓬，俱可为灯，各具一质。结伴呼群，遨游于天街经坛灯月之下，名斗灯会，更尽乃归”。

时鲜美食佳肴：每逢农历七月，全国许多地方正是秋高蟹肥、瓜果飘香的季节，也是收获的时季。瓜果中，尤以桃、枣、梨最为著称，还有其他时鲜季节性的食品上市，供人们采买享用。迄七月中、下旬，菱角、鸡头，枣儿、葡萄纷纷上市，贩者沿街呼卖，不绝于耳，向人们展示黄金收获时节的来临。如早在北宋时期，孟元老撰写的《东京梦华录》说立秋日，开封都府，“满街卖楸叶，妇女儿童辈，皆剪成花样戴之。是月，瓜果梨枣方盛，京师枣有数品：灵枣、牙枣、青州枣、亳州枣。鸡头上市，则梁门里李和家最盛。中贵戚里，取索供卖。内中泛索，金合络绎。士庶买之，一裹十文，用小新荷叶包，糁以麝香，红小索儿系之。卖者虽多，不及李和一色拣银皮子嫩者货之”。又南宋吴自牧撰《梦粱录》也称，临安府是月时“瓜桃梨枣盛有，鸡头亦有数品，若拣银皮子嫩者为佳，市中叫卖之声不绝”。

清代苏州地方的立秋西瓜也很著名，《清嘉录》描述说：立秋的前一月，街坊已担卖西瓜，至是“居人始荐于祖祢，并以之相馈贶，俗称‘立秋西瓜’。或食瓜饮烧酒，以迎新爽。有等乡人，小艇载瓜，往来于河港叫卖者，俗呼‘叫浜瓜’”。据说此俗由来已久，盖本源于《豳风》“七月食瓜”之意。在京师地区，每届立秋前一日，北京民间就有陈冰瓜，蒸茄脯，煎香薷饮，院中露宿，至次日合家欢宴食之，以除暑疟之习。

在时鲜美食方面，清代京师尤为繁盛。史载此时正是“禾黍登，秋蟹肥，苹婆果熟，虎嗽槟香”的季节，而都门枣品尤多，大而长圆者为“璎珞枣”，尖如橄榄者为“马牙枣”，质小而松脆者为“山枣”，极小而圆者为酸枣。还有赛梨枣、无核枣、合儿枣、甜瓜枣；外来之密云枣、安平枣，博野、枣强等处之枣。其羊枣黑色，俗呼为软枣，即“丁香柿”。红子石榴之外有白子石榴，其味“甘如蜜蔗，种出内苑”。梨类则有秋梨、雪梨、波梨、密梨、棠梨、罐梨、红绡梨等，外来供者更有常山贡梨、大名梨、肉绵梨、瀛梨、洺梨。其能消渴解酲者，又莫如西苑之截梨，北山之酸梨。山楂种有二，京产者小而甜，外来者大而酸，可以捣糕，可糖食。又有蜜饯榅桲，质似山楂，而香美过之，出自辽东。迄七月中旬，“菱芡已登，沿街吆卖，曰：‘老鸡头才上河。’盖皆御河中物也”。七月下旬，“枣实垂红，葡萄缀紫，担负者往往同卖。秋声入耳，音韵凄凉，抑郁多愁者不禁有岁时之感矣”。

8. 农历八月的民间年节食风

中国古代每年农历八月，民间都要过中秋节这一重要节日。节日期间，家家户户不但要赏月、拜月，而且还要聚吃月饼、瓜果等食品，并有相互馈赠月饼的习俗，饮食文化活动颇为丰富。

中秋节的饮宴食风：每年农历八月十五日是中秋节，民间称“八月节”或“八月半”。每届此时，家家户户要合家团聚，共赏明月，度过最美好的时刻，因此，此节也被称为团圆节。据史载中秋节时，民间普遍有吃月饼和各种瓜果的风俗。而且月饼的品类繁多，有时也被称为团圆饼。

对中国古代民间中秋节的各种饮食文化活动习俗，史籍中记述甚为翔实而生动。如《明宫史》说，明代京师自初一日起，就有卖月饼者，加以西瓜、藕，相互馈送。至十五日，家家供月饼瓜果，候月上焚香后，即大肆饮啗，“多竟夜始散席者”。如有剩月饼，“仍整收于燥风凉之处，至岁暮合家分用之，曰‘团圆饼’也”。

到了清代，中秋节时，民间完全承袭了古代拜月、赏月、合家吃月饼与瓜果的习俗。拜月时，清人有“男不拜月，女不祭灶”的说法，故多由妇女儿童进行。拜祭前，人们先将月饼、瓜果供月，然后参拜。如天津卫中秋节时，有“戚里馈送月饼，设瓜饼拜月，亲友相率醵饮”的习俗。《天津志略》说，此地民间，十五夜至月圆时，设月光码（上绘太阴星像，下绘月宫及执杵作人立形之捣药玉兔像，大者三四尺，小者尺余），供以瓜果、月饼、毛豆、鸡冠花、萝卜、荷藕，妇女向之下拜，男则否。拜毕，焚纸码，撤供品，即家人团坐，饮酒赏月，谓之“团圆节”。然后将祀月之月饼按人数切块分食，谓之“团圆饼”。商人家亦于是夜设宴，饷客同饮。在直隶深泽县民间，中秋节有“设香案迎月出，陈瓜饼，设酒宴玩月”的习尚。《盐山县志》称：此地民间，中秋节时，亲友、乡邻以月饼、瓜果、酒脯诸仪互相馈送。农家杀猪羊，宴乐醉饱。不禁屠沽，谓之“乱市”。

陈瓜果、品肴于庭，以拜月，尔后是家人、邻里彻夜欢饮的景象。山西高平县民间中秋节时有“戚友以瓜、饼相馈遗，月下剖瓜佐饮”的风习。阳城县民间，届中秋时，“咸备月饼、瓜果祀月，以是交馈。夕陈酒肴延客，拇战纵饮，欢呼达旦”。陕西《高陵县志》称，中秋“具酒肴会饮，曰赏月”。而在延绥镇却有中秋节，以瓜果香饼赏月，并以月饼相馈赠的习俗。对江南中秋节的各种风俗习尚，史书也多有描述：如嘉兴府民间，中秋时有以百果为大饼名月饼，以百果和糖名俸糖，赏月达曙的习尚。台州府地方中秋节时有“玩月酌酒，俗以十六为重”的风尚。而在金华府民间，届八月十五日时，“家各置酒燕集，祭祠庙”。苏州民间，俗称中秋为“八月半”，是夕，家家各有宴会以酬佳节，并以“馈贻月饼为中秋节物”的习俗。十五夜，则偕瓜果以供祭月筵前。在京师地区民间，每逢中秋佳节时，人们供月和品尝的月饼、瓜果则颇丰盛。除各种月饼外，还祀以切成莲花瓣形的西瓜、苹果、枣、李、葡萄、梨、毛豆、石榴、丹柿、莲藕、鸡冠花等。中秋月夜，“皓魄当空，彩云初散，传杯洗盏，儿女喧哗，真所谓佳节也”。除民间外，清宫内廷也与民同庆同乐，拜月供月饼、瓜果外，还“例用九节藕”。而“西瓜必参差切之，如莲花瓣形。”

时鲜美食与佳肴：农历八月，中秋月圆，桂子飘香，正是大好秋光的时节，素有“金色之秋”或“金秋”收获季节的美誉。届时，桂花东酒溢香，诸种瓜果、香水梨、银丝枣、葡萄、石榴等纷纷应市，而各种时食美品如南炉鸭、烧小猪、挂炉肉等供人们享用，可谓妙不可言。如元代，《析津志辑佚》说元大都是月“市中设瓜果、香水梨、银丝枣、大小枣、栗、御黄子、频婆、柰子、红果子、松子、榛子诸般时果发卖”。明代此时：

> 始造新酒，蟹始肥。凡宫眷内臣吃蟹，活洗净，用蒲包蒸熟，五六成群，攒坐共食，嬉嬉笑笑。自揭脐盖，细细用指甲挑剔，蘸醋蒜以佐酒。或剔蟹胸骨，八路完整如蝴蝶式，以示巧焉。食毕，饮苏叶汤，用苏叶等件洗手，为盛会也。

并有红白软子大石榴，是时各剪离枝。甘甜大玛瑙葡萄，亦于是月上市。若在磁缸内生着少许水，将葡萄枝悬对之，可留至正月，“尚鲜甜可爱焉”。

到清代，京师民间八月金秋时节的各种应时食品愈益丰富，除有“中秋桔饼”之外，还有“卤馅芽韭稍麦，南炉鸭，烧小猪，挂炉肉，配食糟发面团，桂花东酒”。鲜果品类繁多，难以详举，而最美者莫过葡萄。其中，圆大而紫色者为玛瑙，长而白者为马乳，大小相兼者为公领孙葡萄。又有朱砂红、棣棠黄、乌玉珠等类，味俱甘美。其小而甜者为琐琐葡萄，性极热，“能生发花痘”。至于街市小儿叫卖小而黑者为酸葡萄，“品斯下矣”。盖柿出西山，大如碗，甘如蜜，冬月食之，“可解炕煤毒气”。每年白露节时，蓟州生栗初来，用饧沙拌炒，乃系“都门美品”。其中尤以正阳门王皮胡同杨店者更佳，久负盛名。其余清新果品，如苹婆、槟子、葡萄之类；若用巨瓷瓮藏贮冰窖，经冬取出食之，则仍鲜美依然。

9. 农历九月的民间年节食风

每年农历九月，民间有“重阳节”这一重要节日。节日期间，古代民人要进行一系列与节日有关的饮食文化活动。

重阳节的饮宴食风：每年农历九月初九日是重阳节，民间也叫“重九”。每逢此节，无论南方还是北方，民间均有插茱萸，饮茱萸、菊花酒，吃重阳糕，登高赏菊等习尚。古书对重阳节的饮食文化活动内容及各种习尚的寓意均有详尽记述。如唐代陈元靓撰《岁时广记》引用《皇朝岁时杂记》的说法称：

> 二社、重阳尚食糕，而重阳为盛。大率以枣为之，或加以栗，亦有用肉者，有面糕、黄米糕，或为花糕。

又引用《岁时杂记》的载述：“民间九日作糕，每糕上置小鹿子数枚，号曰食禄糕。”宋代金盈之《醉翁谈录》卷四说：

> 重阳，以酒果糕等送诸女家，或遗亲识。其上插菊花，散石榴子、栗黄，或插小红旗长二三尺。又以泥为文殊菩萨骑狮像，蛮人牵之以置糕上。或以圣象不可亵渎，每糕上作小狮子形数个，或为泥鹿。是日，天欲明时，以片糕搭儿头上，乳保祝祷之云：“百事皆高”。

南宋吴自牧撰《梦粱录》一书卷五称：

> 日月梭飞，转盼重九。盖九为阳数，其日与月并应，故号曰重九。……今世人以菊花、茱萸，浮于酒饮之，盖茱萸名“辟邪翁”，菊花为“延寿客”，故假此两物服之，以消阳九之厄。……是日都人店肆，以糖面蒸糕，上以猪羊肉鸭子为丝族钉，插小彩旗，名曰重阳糕。禁中阁分及贵家相为馈送。蜜煎局以五色米粉塑成狮蛮，以小彩旗簇之，下以熟栗子肉杵为细末，入麝香糖蜜合之，捏为饼糕小段，或如五色弹儿，皆入韵果糖霜，名之狮蛮栗糕。供衬进酒，以应节序。

因为古人早就认识到菊花酒具有“治头风，明耳目，去痿痹，消百病”的疗效，故在秋高气爽的节日里，尝重阳糕，品菊花酒，确有心旷神怡之感，因而这一习俗一直沿袭下来。

对各地民间重阳节的饮宴活动，方志文献中多有记述。如直隶的《真定县志》说：九月重阳民人以面、枣蒸糕，称之为菊花糕；以新黍酿酒，称之为菊花酒；亲友相馈遗，出郭野饮，谓之登高。深州地方，重阳节有登高，泛萸，酿菊花酒的习俗。民人用枣合面蒸糕，谓之“花糕”。《邢台县志》称：此地民间有馈糕、酒于嫁女，曰“迎九”的习尚。士人携酒肴，登城聚饮。山西怀仁县民间也有重九日，采菊蒸糕，携酒登高，饮茱萸酒的风尚。平遥县民间则有重阳节，蒸花糕，祭天地，馈婿以糕，夜哭于门外的殊俗。《平定直隶州志》云：此地民人，重阳节“炊花糕，酿菊酒，佩茱萸，登高以为避火灾”。对江南重阳节的饮食文化活动，浙江《象山县志》载述，“重阳，士人登高燕赏，以茱萸泛酒，各家制牡丹糕、方粽，亲戚转相馈遗”。新昌县民间，重阳登高时，“蒸米作五色糕，佩萸泛菊，府城剪彩旗，供小儿嬉戏。诸暨饮茱萸酒，必配以豆荚”。分水县民间却有“重阳炊滋饼荐先，饮茱萸酒”的风俗。而在福建，重九日作糕，自是古制，但闽人却有以是日作粽的怪俗。

清代京师民间，除喜吃花糕外，都人文士也有“提壶携榼，出郭登高”赏菊的习尚。这是一种与饮食文化有关的旅游文化活动。其登高地，“南则在天宁寺、陶然亭、龙爪槐等处，北则蓟门烟树、清净化城等处，远则西山八刹等处。赋诗饮酒，烤肉分糕，洵一时之快事也”。同时，也有的都人文士结伴相邀，或西山看红叶，或“治肴携酌”，“痛饮终日”以“辞青”。至于更多的民人，是日做酒食，前往道院寺观献供祭拜。此时“各道院立坛礼斗，名曰九皇会。自八月晦日斋戒，至重阳，为斗母诞辰，献供演戏，燃灯祭拜者甚胜。供品以鹿醢东酒、松茶枣汤，炉焚茅草云蕊真香”。有的合家团聚，皆谓“重阳时以良乡酒配糟蟹等而尝之，最为甘美”。鸭儿广梨、柿子、山里红等也是京师重阳节民间的喜食之物。

时鲜美食与佳肴：诸多城乡，每届九月，不仅有各种时令饮食，而且有秋日夜宴享用美馔佳肴的风尚。如清代京师，每逢九月秋日，街市楼馆，除白日酬人宴客，车马盈门外，霜降后亦设夜座，南来贸易之商人，则喜入园聚饮休憩，谓之“夜八出”。据称每年九月：

> 帝京园馆居楼，演戏最胜。酬人宴客，冠盖如云，车马盈门，欢呼竟日。霜降节后则设夜座。昼间城内游人散后，掌灯则皆城南贸易归人，入园饮酌，俗谓听夜八出。酒阑更尽乃归。散时主人各赠一灯，哄然百队，什伍成群，灿若列星，亦太平景象也。

时届九月，京师民间所尝时鲜甚多，或新黄米包红枣作煎糕，或用荞麦面和秦椒以压合酪。至于富贵之家，则板鸭清煮，嫩蟹香糟，细品其味。若概观此时京师的时品，饮食则有：

> 萸囊辟毒，菊叶迎祥，松榛结子，韭菜开花。新黄米包红枣作煎糕，荞麦面和秦椒压合酪。板鸭清煮，嫩蟹香糟。草桥荸荠大于杯，卫水银鱼白似玉。

霜降后，家家户户还都有腌制咸菜之习，以为平日居家必备之物。史称“霜降后腌菜，除瓜茄、芹芥、萝卜、擘蓝、箭干白、春不老之外，有白菘菜者，名黄芽菜，乃都门之极品，鲜美不减富阳冬笋。又出安肃者，每棵重至数十斤，为安肃黄芽菜，更佳”。

10. 农历十月的民间年节食风

每年农历十月初一日，为寒衣节。这是一个以祭食祭祀祖先，并为祖先亡灵送寒衣的民间节日。

寒衣节的饮宴食风：每逢此节，民间有许多祭食祭祖活动。如清代直隶《真定县志》说：十月一日，民人携酒脯登陇祭奠，剪采纸为衣裳焚之，谓之“送寒衣”。《深泽县志》称：十月一日，扫墓与寒食同，剪纸为衣焚冢上，曰“献寒衣”；“时好集客，号曰‘试酒’，以多醉者为荼”。《武强县志》载：十月朔日，“具香楮、牲醴祭墓，如清明、中元仪”。山西永宁州民间十月朔日，祭墓，有以彩纸为衣，具酒肴、楮钱，焚于茔地的风俗。《阳城县志》记述说：此地民间，十月朔，造面饺祭先，上墓焚冥资，剪楮象衣，熟米作羹，遍祀游魂，俗日“送寒衣”。陕西《临潼县志》云：十月一日民间“鸡鸣，焚纸献馄饨祭先，谓之送寒衣”。由此可见，古代此节祭祖的“祭食”供品，则与中元节大致相同。

时鲜美食与佳肴：每年农历十月，天气渐寒，北方广大地区，已是寒风凛冽，人着棉衣了。家家户户忙于冬贮、冬藏和制备冬装。富贵之家，则皮袍裘衣，服饰极为考究。这时，皮货商人，见西北风急剧，皮革肯定得价，于是争相庆贺。如在清代京师地区，每年此月，皮货商人则有“占风”饮宴之习。众商皆“治酌陈肴”，觥筹相错，通宵聚饮方散。每年“皮客于九月晦，聚众商治酌陈肴，候至三更交子，则为冬朔。望西北风急烈，则卜冬令严寒，皮革得价，交相酹酢，尽欢达旦”。

至于十月的时令饮食，文献与方志记述颇丰。据《明宫史》记载：是月始宫眷内臣“吃羊肉、爆炒羊肚、麻辣兔、虎眼等各样细糖。凡平时所摆玩石榴等花树，俱连盆入窖。吃牛乳、乳饼、奶皮、奶窝、酥糕、鲍螺，直至春二月方止”。据载，清代京师民间的时令，如干鲜果品，冬笋银鱼，就独具风味；甜食小点，满洲饽饽，水乌他、奶乌他，栗子白薯，冰糖壶芦，皆甜腻可口。届时，“铁角初肥，汤羊正美。白鲞并豚蹄为冻，脂麻灌果馅为糖。冬笋新来，黄韭才熟”。市民之家，美酒佳肴，聚亲会友，酒酣耳热，正所谓“瓮底春浓”。

酒品之多，京师为最。煮东煮雪，醅出江元，竹叶飞清，梨花湛白，窝儿米酿，瓮底春浓。药酒则史国公、状元红、黄连液、莲花白、茵陈绿、桔豆青，保元固本，益寿延龄。外制则乡贩南路烧酒，张家湾之湾酒，涞水县之涞酒，易州之易酒，沧州之沧酒。更有清河干榨，潞水思源，南来之木瓜惠泉，绍兴苦露，桂酒桔酒，一包四瓶，三白五加皮。虽品味各殊，然皆不及内府之玉泉醴酒醇且厚也。

在南国苏州，其冬酿酒最为著名。《清嘉录》载：十月间，乡田人家以草药酿酒，谓之“冬酿酒”。而且有秋露白、杜茅柴、靠壁清、竹叶清诸名。十月酿造者，名为“十月白”。以白面造曲，用泉水浸白米酿成者，名“三白酒”。其酿而未煮，旋可饮者，名“生泔酒”。所以蔡云《吴歈》说：

冬酿名高十月白，请看柴帚挂当檐。
一时佐酒论风味，不爱团脐只爱尖。

至于干鲜果杂，南糖食品，冬笋银鱼等，更是各具独特风味。《帝京岁时纪胜》载：京师十月以后，则有栗子、白薯等物。

栗子来时用黑砂炒熟，甘美异常。青灯诵读之余，剥而食之，颇有味外之味。白薯贫富皆嗜，不假扶持，用火煨熟，自然甘美，较之山药、芋头尤足济世，可方为朴实有用之材。中果、南糖到处有之。萨其马乃满洲饽饽，以冰糖、奶油合白面为之，形如糯米，用不灰木烘炉烤熟，遂成方块，甜腻可食。芙蓉糕与萨其马同，但面有红糖，艳如芙蓉耳。冰糖葫芦乃用竹签，贯以葡萄、山药豆、海棠果、山里红等物，蘸以冰糖，甜脆而凉。冬夜食之，颇能去煤炭之气。温朴形如樱桃而坚实，以蜜渍之，既酸且甜，颇能下酒。皆京师应时之食品也。

而水乌他、奶乌他，则类似现代的冰棍、雪糕，然其制法都非人工，仅靠自然之力。水乌他，其作法是“以酥酪合糖为之，于天气极寒时，乘夜造出，洁白如霜，食之口中有如嚼雪，真北方之奇味也，其制有梅花、方胜诸式，以匣盛之”。奶乌他的制法，与此“大致相同”，然味稍逊于前者。此外，十月间，“冬笋银鱼

之初到京者，由崇文门监督照例呈进，与三月黄花鱼同”。

对关外的秋令蔬食，《奉天府志》称：奉天地区及至秋末，车载秋菘，渍之瓮中，名曰“酸菜”；择其肥硕者，藏之窖中，名曰“黄叶白”。又将黄瓜、芸豆、豇豆、倭瓜之属细切成丝，曝之使干，束之成捆，名曰“干菜”，以为御冬旨蓄，兼可食至来春。又以盐渍白菜、莱菔、黄瓜、豇豆、青椒等物于缸，曰“咸菜”，为四时下饭必备之品。入冬时节，人家皆做辣菜块，切芥根煮之使熟，以萝卜丝拌之，贮于坛，严封其口，数日取食，味稍辛。这些均为北国民间特有的秋贮冬令菜蔬。

在江南水乡苏州民间，十月的煤蟹、盐菜等是主要时令佳肴，则别具地方特色，为他处所不及。《清嘉录》称：

> 湖蟹乘潮上，簖渔者捕得之，担入城市，居人买以上馈贶，或宴客佐酒。有“九雌十雄”之目，谓九月团脐佳，十月尖脐佳也。汤煠而食，故谓之“煠蟹”。

对于民间的秋令藏菜，该书“盐菜”条说：

> 比户盐藏菘菜于缸瓮，为御冬之旨蓄，皆去其心，呼为“藏菜”，亦曰“盐菜”。有经水滴而淡者，名曰“水菜”。或以所去之菜心，刳菔蘡为条，两者各寸断，盐拌酒渍入瓶，倒埋灰窖，过冬不坏，俗名“寿不老”。

11. 农历十一月的民间年节食风

中国古代农历十一月时，民间普遍要过“冬至节”。冬至以后，则开始一年中最为寒冷的“数九”寒天。古人对冬至节十分重视，此节仪如元旦，某些地方称之为亚岁，甚至也有“冬至大如年”的民谚。

冬至节的饮宴食风：中国古代文献对冬至节的庆祭与饮食文化活动颇多记载，如北宋孟元老撰《东京梦华录》载，京师开封最重此节：

虽至贫者，一年之间，积累假借，至此日更易新衣，备办饮食，享祀先祖。

庆贺往来，一如年节。周密撰《武林旧事》记述南宋临安府的节庆时说：

朝廷大朝会庆贺排当，并如元正仪，而都人最重一阳贺冬，车马皆华整鲜好，五鼓已填拥杂遝于九街。妇人小儿，服饰华炫，往来如云。岳祠城隍诸庙，炷香者尤盛。三日之内店肆皆罢市，垂帘饮博，谓之"做节"。享先则以馄饨，有"冬馄饨，年饺饦"之谚。贵家求奇，一器凡十余色，谓之"百味馄饨"。

浙江《金华府志》云此地民间，冬至节时，有各设酒肴，"以祀其先"的习俗。福建民间冬至节时，有州人不相贺，舂米为圆铺之，仍粘门楹间的习尚。在苏州民间最重视冬至节：

先日，亲朋各以食物相馈遗，提筐担盒，充斥道路，俗呼"冬至盘"。节前一夕，俗呼"冬至夜"，是夜，人家更速燕饮，谓之"节酒"。女嫁而归宁在室者，至是必归婿家。家无大小，必市食物以享先，间有悬挂祖先遗容者。诸凡仪文，加于常节，故有"冬至大如年"之谚。

此外还有祀先祭灶的"冬至团"，据《清嘉录》记述：比户磨粉为团，以糖、肉、菜、果、豇豆沙、芦菔丝等为馅。为祀先祭灶之品，并以馈贻，名曰"冬至团"。江震志解释说苏州民间冬至节，"舂糍糕以祀先祖，并以馈贻。家家祭灶。盖犹本崔实《四民月令》'冬至，荐黍糕于祖祢'之意"。所以蔡铁翁有诗说：

大小团圆两番供，殷雷初听磨声旋。

并注释道：

有馅而大者为粉团，冬至夜祭先品也。无馅而小者为粉团，冬至朝供神品也。

广西地区民间冬至时，则喜吃粽子，送亲友，如北流县“祭祀祖先，各家多包米粽，送亲友，并给佣人”。在广东增城地区，每年冬至节，民间均“作糍以祀祖先”。云南楚雄县地区，时届冬至，民间户户皆以“食糯饼饭饵”以为贺节乐事。

对北方广大地区民间冬至节的饮宴节庆仪式与内容，史志描述颇详。如天津南皮县民间，冬至节时，互相拜节，拥炉会饮，谓之“扶阳”。《天津志略》云：遇冬至日，民间食馄饨，犹夏至之必食面条，故俗语称：“冬至馄饨夏至面。”宁河县民间却有冬至不贺节，食享馄饨，“以象子半之义”的风习。在河北怀来县民间，冬至节往拜外，还有以羊、酒相馈遗，谓之“肥冬”的习俗。《遵化通志》载：此地民间冬至日，家长率子弟拜谒祖庙，祀祭先主，名曰“作羹饮”。“以面制馄饨供神祭先，人食之，谓可不冻耳”。《唐县志》称：民人冬至拜师长，宴会如元旦。山西《河曲县志》说：冬至节，族党长幼以次序拜，谓之“拜冬”。饮食娱乐，佐以羊羹，枣酿羔羊，乃系“明酒之遗风”之意。平遥县民间冬至节，有以米糕祭天的习尚。《临县志》称，冬至节，民人“赴茔祭祖先，家各具酒食”。《奉天通志》说，奉天地区民间冬至节时，“人家以面粉蒸馒首食之，谓之‘蒸冬’”。在清代京师民间，则“预日为冬夜，祀祖羹饭之外，以细肉馅包角儿奉献。谚所谓‘冬至馄饨夏至面’之遗意也”。而“馄饨之形有如鸡卵，颇似天地浑沌之象，故于冬至日食之”。由此可知，“馄饨”一词，乃“浑沌”之转音。

时鲜美食与佳肴：古代各地的冬令食品，其品类名目繁多。如在明代，每届隆冬十一月时，糟腌猪蹄尾、鹅肫掌。吃“炙羊肉、羊肉包、扁食馄饨，以为阳生之义。冬笋到，不惜重价买之。每日清晨吃煿汤，吃生灼肉、浑酒以御寒”。清代这一季节，北置獾狸狍鹿、野猪黄羊，风干冰冻；南来橙柑橘柚，香橼佛手，蜜饯糖栖等贡物咸聚京师，供王公贵族享用。而此时民间则摘青韭以煮黄芽；祠祭鲜羹，移梅花而烹白雪，更使品茗饮宴之家，桌上增添上几分“春色”。而在苏州民间，节庆期间的冬令食品与花卉，主要有起荡鱼、乳酪、饧糖与窨花诸名目。对此，《清嘉录》一书有详尽的说明，如在“起荡鱼”条云：

畜鱼以为贩鬻者，名池为荡，谓之“家荡”，有所谓“野荡”者，荡面必种菱芡，为鱼所喜而聚也。有荡之家，募人看守，抽分其利，俗称“包荡”。每岁寒冬，毕集矢鱼之具，荡主观其具，衡值之低昂；而矢鱼之多寡，若有命而立之者，鱼价较常顿杀，俗谓之“起荡鱼”。

而“乳酪”条则说：寒冬时节，乡农“畜乳牛，取乳汁入瓶，日担于城，鬻于主顾之家，呼为‘乳酪’”。再据《苏州府志》及《吴县志》的记载，可知“牛乳出光福诸山，田家畜乳牛，冬日取其乳，如菽乳法点之，名曰‘乳饼’。别点其精者为酥，或作泡螺、酥膏、酥花”。“饧糖”条称：民间以麦芽熬米为糖，名曰“饧糖”。“寒宵担卖，锣声铿然，凄绝街巷”。据《苏州府志》记述，饧糖“出常熟直塘市者，名‘葱管糖’；出昆山如三角粽者，名‘麻粽糖’”。故蔡铁翁的《吴歈》注云：“寒宵多卖饧者，夜作人资以疗饥。”嘉善钱竹西诗也说：“饧挑夜担闻锣卖。”对冬末春初的时令花卉，该书云：苏州“虎丘花肆能发非时之品，如牡丹、碧桃、玉兰、梅花、水仙之类，供居人新年陈设，谓之‘窖花’”。对此，蔡云的《吴歈》描绘说：

牡丹浓艳碧桃鲜，毕竟唐花尚值钱。
野老折梅柴样贱，数枝也彀买春联。

12. 农历十二月的民间年节食风

每年农历十二月，已届年终岁尾之时，民间是月有过腊八节和祭灶的风俗。而在节日期间，也有一些独具特色的饮食文化活动。

腊八节的饮宴食风：据传说，十二月八日是佛祖释迦牟尼得道成佛的日子，因此，这一天寺院要作佛会，熬粥供佛或施粥贫者；在民间要作腊八粥，或阖家聚食，或祀先供佛，或分赠亲友。而腊八粥的熬制，则要根据各地的物产和家庭经济情况而论。一般用各种米、豆、果品等物，做成腊粥，作为节日的主食。除腊八食粥之外，民间与宫中还有许多其他的饮食风俗：或该节时，凿冰祀神、贮窖；或于是日家家争做腊肉、腊醋、腊酒、腊水等。

在民间过腊八节时，在日期上亦有迥异者，如河北、山西的一些地区民间，则分为腊月初五日与初八日两部分等即是。《明宫史》载："先期数日，将红枣槌破泡汤，至初八日早，加粳米、白果、核桃仁、栗子、菱米煮粥；户牖、园树、井灶之上，各分布之"，然后举家都吃；或者互相馈送，赞夸精美。《宛平县志》称：十二月八日，先期凿冰方数尺，纳窖中封如阜。是日，民间循腊祭遗风，以豆果杂米为粥供朝食，称之为腊八粥。《天津府志》说，此地十二月八日有食腊粥之俗。以米、豆、枣、栗杂煮之，曰"腊八粥"，"兼饲贫"。河北蔚州民间，腊八日有"食豆粥、作醋、腌肉、藏冰"的习尚。《阜平县志》称，此地民间"腊月八日，鬻米、菽为粥祀先，或以饲贫人"。任邱县民间，在腊月八日，有食腊粥、造腊酒的习俗。山西《朔州志》曰，此地民间腊八节，和五豆及米点粥，名曰"腊八粥"。除此而外，还有作腊醋、腌肉、藏冰之习。《潞安府志》记载，此地民间，腊月五日，吃"五豆"，同食"腊八粥"。取肉汁煮白粲，加枣、栗、榛、杏以为糜，曰"腊八粥"。以秫粉煎饼，祀祖先，相问遗。《泽州府志》说，腊月五日，和煮稻、黍、果、豆为粥，曰"五豆粥"。八日煮之，曰"腊八粥"。可见山西潞安、泽州民问的腊八节不在腊月初八日，而是在腊月五日。而在山西的安泽县，十二月朔日，炒麦、豆、玉粱，清晨食之，名曰"咬炒"。初五日以诸豆和米煮食，名曰"五豆"。初八日，以枣、黍作粥，名曰"腊八粥"。《翼城县志》曰：初五日，人家多于此日煮五种豆食之，谓之吃五豆。十二月初八日，人家多煮椿豆饭，杂以果肉、姜椒之类，早祀神祇，合家旋食之，谓之"腊八粥"。陕西《延绥镇志》说："腊月八日，谓之道德腊，用黄黍作糜，下油盐于中，谓之锛饭。"甘肃《洮州厅志》称，民间初八日，"宿为粥，五更和八宝菜，谓之'腊八粥'。凿冰祀神，大小啜粥，亦分馈亲友"。在江南苏州，腊月八日也有吃腊八粥的习尚。

清代乾隆进士顾之麟在《腊八粥歌》中对古代民间腊八节食粥的习尚，作了细致入微的刻画。他说：

饱饫不思食肉糜，清净恒愿披缁衣。

云寒雪冻了无悦，转用佛节相娱嬉。

獐牙之稻粲如玉，法喜晓来炊作粥。
取材七宝合初成，甘苦辛酸五味足。
稽首献物仰佛慈，曰汝大众共啜之。
人分一器各满腹，如优婆塞优婆夷。
呜呼！
此日曾名兴庆节，冬青树冷无人说。
何如佛节永今朝，岁岁年年有腊八。

“祭灶”的饮宴食风：每年农历十二月二十三日或二十四日晚上，民间有祭祀灶神的风俗，故称此日为“灶王节”。有的地区则称此节为小年、小年夜或小除。祭灶的日子，一般说来，北方地区多在腊月二十三日夜进行，而南方地区多在腊月二十四日夜举行。也有的地区较为特殊，如湖北宜昌府地区民间，在腊月二十二日祀灶；广东的遂溪县民间，却在腊月二十五日送灶。

此习的来历，是由于古代民间认为此日灶王爷要上天去汇报人间的善恶事，因此人们要为他送行，请他吃好的，从而为人们隐恶扬善，上天言好事，然后，下地保平安。所以家家祀灶时，都有专门的祭品。这些祭品除羹汤灶饭外，还有糖瓜糖饼以及为灶王爷所骑神马摆设的供品。而有的祭品，其用意颇深。如人们为防止灶王爷上天时说坏话，于是供祭糖饼，使之“胶牙”。更有甚者，一些地区民间竟用酒糟涂抹灶门，使灶王爷成“醉司命”，而不能胡言乱语。

对祭灶的风习，史籍多有载述。如北宋孟元老撰《东京梦华录》卷十载：开封府二十四日交年，都人至夜请僧道看经，备酒果送神，烧合家替代钱纸，帖灶马于灶上，以酒糟涂抹灶门，谓之“醉司命”。河北《元氏县志》云：腊月二十三日，以糖瓜祀灶，谓之“糊灶口”，祝福。《永平府志》曰：腊月二十三日，“暮设糖饼、果菜祀灶。俗以糖丸粘灶门，云毋得言家长短，以祈福庇”。广平府民间腊月二十三日，以糖剂饼、黍糕、枣、栗、胡桃、炒豆祀灶君时，还有以槽草秣灶君马，谓灶君翌日朝天去，白家间一岁事，各致祝辞的习尚。山西《吉县志》云：腊月二十三日晚，设饼、饧，杀鸡祀灶，名曰“胶牙饧”。《赵城县志》说，民间祀灶以糖，其目的在于“粘其口，使毋说是非”。另据浙江《云和县志》记载，该地区民间，每年十二月“二十三日夜祀灶，物用粉团糖饼，谓灶神朝天宫言人过失，用糖牙，取胶牙之意”。祭灶时，也有的地区民间用酒糟涂抹在灶门上，如湖南醴陵即有此俗。而在陕西地区民间祀灶时，还有用雄鸡的风俗，说是送神归天。与此同时，民间还要为灶神饲马，常将草剁碎，和上豆子，放在旁边，或者放在屋顶。

古代一些地区，民间每年祭灶时，还有一些特殊的习俗。如在饮食文化活动方面，南宋临安府有吃“人口粥”的习尚；湖南的永州地区民间祭灶时，更有合家同食“口数粥”的风俗。据南宋吴自牧撰《梦粱录》卷六云：“二十五日，士庶家煮赤豆粥祀食神，名曰‘人口粥’，有猫、狗者，亦预焉。”《永州府志》也记载，此地每年祭灶时，民间家家“煮赤豆作糜，合家同食，虽远出未归者，亦分贮之，小儿与童婢皆与，名曰口数粥”。《清嘉录》认为，这样做是为了避瘟气，如果“杂豆渣食之，能免罪过”，由此足见其含义之深了。

每年祭灶也为历代统治者所重视，如清代，每年农历十二月二十三日，“皇帝自于宫中祀灶以为常”。而乾隆一朝，“大内祀灶，在坤宁宫行之。室有正炕，设鼓板，后先上至，驾临，坐炕，自击鼓板，唱访贤一曲，唱毕，送神，乃还宫”。这种祭灶日，皇帝亲自击板唱吟《访贤曲》的特殊礼仪，至“嘉庆时始罢”。而对中国古代民间祀灶时的饮食文化活动，清代诗人孔尚任《祀灶歌》一诗有形象而概括地描述。他说：

风俗腊月廿三四，比户拜灶无老稚。
礼制五祀名不侔，惟灶官民通有事。
古者祭夏今祭冬，荧荧灯火设神位。
相传司命岁朝天，人间善恶注名字。
为福为祸司命权，今夕攀留劝一醉。
罗列笾豆割彘肩，饧糖尤为神所嗜。
马有刍豆仆有粮，临行金币加意馈。
家翁家众跪致辞：一年亵渎神休记，
少言过失多言功，归来广带苗与穗。
八口团圆共鼎餐，早晚粥香熏神鼻。
猘犬不啮如厕人，官长不答通贿吏。

灶君灶君竟何言，饧已胶牙酒乱志。

予为东西南北人，感君年年随旅次。

孤客无聊夜未央，爱兹古礼近于戏。

发白尚留儿女肠，串厨历庖不肯睡。

一壶沽酒饯君行，一曲骊歌将鄙意。

神保降言尔奚求？予曰循例非敢媚。

时鲜美食与佳肴：中国古代民间向有“糖瓜祭灶，大年来到”的说法。这表明民间此时家家户户该忙于备办年货，处理岁暮各种杂务了。这时的市场则也呈现出一片繁盛的景象，包括各种珍禽野味、年节食品在内的年货，真是门类齐全，应有尽有，供民人挑挑选购买享用。

古代在江南苏州民间，每当年夜已来，市肆贩置南北杂货，备居民岁晚人事之需，俗称“六十日头店”。

熟食铺，豚蹄、鸡、鸭较常货买有加。纸马香烛铺，预印路头财马，纸糊元宝、缎匹，多浇巨蜡，束名香。街坊吟卖篝灯、灯草、挂锭、灶牌、灶帘，及箪瓢、箕帚、竹筐、磁器、缶器、鲜鱼、果蔬诸品不绝。……酒肆、药铺，各以酒糟、苍术、辟瘟丹之属馈遗于主顾家。总谓之“年市”。

民间的年节饮食、祭品和供品还有年糕、冷肉、盘龙馒头、口数粥、送年盘诸名称。

按照京师（北京）地区民间的习俗，每年腊月祭灶之后，家家户户首先要忙于处理包括制作节年饮食、祭食、供品在内的各种岁暮杂务。如在清代岁暮官署封印，诸生散馆。送灶神后，扫除祠堂舍宇，糊裱窗槅，贴彩画玻璃窗眼，剪纸吉祥葫芦，还账目，送节礼，谢先生，助亲友馈炭金，整齐祭器，擦抹什物，蒸糕点，炸衬供，调羹饭，治祭品，摆供献，雕茶果，神堂悬影，院内设松亭，奉天地供桌，系天灯，挂玻璃。除夕为尊亲师长辞岁归而盥沐，祀祖祀神接灶，早贴春联挂钱，悬门神屏对，插脂麻秸，立将军炭，阖家团拜。更尽分岁，散黄钱金银锞锭，亲宾幼辈来辞岁者留饮啜，答以宫制荷包，盛以金银锞饰。出门听人言之吉凶，卜来年之休咎，名曰“听谶语”。“炉内焚松枝、柏叶、南苍术、吉祥丹，名曰煱岁。阖家吃荤素细馅水饺儿，内包金银小锞。食着者，主来年顺利。高烧银烛，畅饮松醪，坐以待旦，名曰守岁，以兆延年”等等。

每逢年岁丰稔，京师地区年终岁尾时的市场为得格外繁荣。为备办年货，人们纷纷涌向市场，而市卖更加兴隆。从腊月初一日起至岁尾，天天有市，市上百物杂陈，应有尽有。而年节必备食品，干鲜果杂，珍禽野味，则更是交易之大宗。如清代每岁腊月朔，京师街前卖粥果者成市。更有卖核桃、柿饼、枣、栗、干菱角者，肩桃筐贮，叫而卖之。其次则有肥野鸡、关东鱼、野猫、野鹜、腌腊肉、铁雀儿、馓架果罩、大佛花、斗光千张、楼子庄元宝等。初十日外则卖“卫画、门神、挂钱、金银箔、锞子黄钱、销金倒酉、马子烧纸、玻璃镜、窗户眼。二十日外则卖糖瓜、糖饼、江米竹节糕、关东糖。糟草炒豆，乃二十三日送灶饷神马之具也。”腊月诸物质价昂，盖因年景丰裕，人工忙促，故有腊月水土贵三分之谚。“高年人于岁逼时，训饬后辈谨慎出入，又有‘二十七八，平取平抓’之谚”。

清代的京师不但商业繁盛，货物充盈，“老字号”林立，而且其饮食业也十分发达兴盛，素有“饮食佳品，五味神尽在都门”之美誉。京肴北炒，苏脍南羹，一应俱全。名牌名店，名店名食，饮誉八方，每逢岁终年末，其节令食品更是名目繁多，琳琅满目，所以清代“皇都品汇”、“帝京品物”，向有海内与天下无双之叹。史载：

至若饮食佳品，五味神尽在都门。

京者北炒，仙禄居百味争夸；苏脍南羹，玉山馆三鲜占美。清平居中冷淘面，座列冠裳；太和楼上一窝丝，门填车马。聚兰斋之糖点，糖蒸桂蕊，分自松江；土地庙之香酥，饼泛鹅油，传来浉水。佳醅美酝，中山居雪煮冬涞；极品芽茶，正源号雨前春芥。猪羊分两翼。群归就日街头；米谷积千仓，市在瞻云坊外。孙公园畔，薰豆腐作茶干；陶朱馆中，蒸汤羊为肉面。孙胡子，扁食包细馅；马思远，糯米滚元宵。玉叶馄饨，名重仁和之肆；银丝荳面，品出抄手之街。满洲桌面，高明远馆舍前门；内制楂糕，贯集珍床张西直。蜜饯糖楼桃杏脯，京江和裕行家；香橼佛手桔橙柑，吴下经阳字号。

神堂供献，馓登架，果上罩，蜜饧衬供油煎；祠灶尊崇，糖作瓜，麻为饼，醴酒黄羊饭煮。晦祭碗中余粒，卜来岁之丰登；腊八釜底粥浓，验新春之祥瑞。麻秸插户，标题四序康宁；柏叶焚炉，香霭一堂和气。

纵观中国古代的民间年节饮宴食风，它具有如下的文化共性：

①社会性与阶层性。通观中国古代民间年节的饮食文化活动，其最突出的就是参加者不但人数众多，而且范围十分广泛。从宫中到民间，从城镇到乡村，从官宦之家到平民，从商贾到贩夫走卒，从富人到贫民，每逢年节，都要进行各色各式的饮食文化活动，以示庆祝。这种全社会性，还反映通过这种特定的文化活动所体现出的社会成员的共同意愿，或对丰收的祈望（如填仓节、龙头节）；或对祖先的怀念（如清明、中元、寒衣节）；或对祛病辟邪消灾、身家兴旺的渴望（如端午、重阳等节）；或对神灵的崇信（如文昌、花朝、祭灶、腊八等节）。这些年节饮食文化习尚，社会成员不仅自觉共同遵循，而且成为全社会的群体文化模式，同时还体现一种共同的文化心态。通过这些节日的饮食、饮宴活动，人们又得以接受关于人伦、亲情、天理、礼仪、尊卑诸方面的生动教育，从而更好地维护和巩固古代社会的礼教秩序、官秩、君臣之道。历代统治者对这些年节活动，不但不加以限制，而且予以大力提倡并积极参与，其真正奥秘在于，这其中蕴含着天人之间、神人之间、官民之间、上下尊卑贵贱之间不可逾越的义理和人伦的真谛。而通过带有各种宗教迷信色彩的年节饮食文化活动，以维护和巩固古代的宗法制度、神的世界，其归根结底就是为了更好地强化现实的统治秩序，以达到安民固本、巩固封建统治的根本目的。由此可见，古代的食道、宴道和君道，通过这些千姿百态的饮食年节文化活动，竟是如此巧妙而又和谐地结合在一起，不能不令人惊叹不已。

然而，应当指出的是，中国古代民间年节的饮食文化活动，还体现出深刻的阶层性特点。其中，某些年节的饮食文化活动是一些阶层所特有的。如“填五穷”多是贫寒人的活动；文昌会、花朝节几乎是士人们的节日；重阳、冬至尤为士人所重；僧侣、寺庙则重浴佛节和腊八节。此外，在文化活动的层次上，许多民间年节，不同的阶层，其饮食文化活动内容亦大相径庭。迎神赛会、耍社火，多是优伶、乞儿等贱民与贫穷之人承担；高门大户、地主富商、皇室官绅，每逢年节，大事铺张，花天酒地，美味佳肴，肉林酒池，笙歌弦舞，以炫耀和突出其权势地位之显赫。而贫穷小农、升斗小民之家，则粗茶淡饭、水酒素菜，以祭神灵，以奠先祖。这既反映出社会不同的阶层在年节饮食文化活动中的不同文化心态，又表露出不同阶层人们各自的相异的文化价值取向。而社会礼、稚、俗的三个不同层次，始终贯穿于年节饮食文化活动中。年节饮宴活动中的土俗、官俗与民俗、雅俗之别是泾渭分明的。

②多样性与综合性。中国古代民间年节的饮食文化活动，在内容方面，存在着多样性与综合性的特点。年节食品，不但品种齐全，而且花样繁多。这些饮食文化活动，更因时、因季、因节、因地而发生变化；在食品原料的选择、烹饪制作加工、调料的搭配，食品色香味形声器的兼具诸方面，更遵循着一整套吃的科学原理与饮食文化的美学原则。因此，在中国古代民间年节的饮食文化活动中，广大民间制作的节日食品，无论是北方的干鲜果杂、年节糕点，还是南方的海鲜珍禽、汤羹菜肴，都风味独具、品类繁多，而且还有很高的食用、营养、保健价值和艺术价值。这就是古代广大劳动人民的智慧在物质文明中的闪光点。

中国古代民间岁时节日饮食文化活动的综合性，则表现在这种文化活动的多种功能上。它往往融合了农事、娱乐、饮食、交际、信仰等多种功能，如大型年节元旦、立春、上元、冬至以及清明、端午、中秋等即是如此。而这些年节的饮食文化活动，往往与民间祭神祀祖、亲友团聚、社会交往、年节娱乐等活动相互有机配合，从而构成了一幅五光十色的社会生活的动态画面。

③神秘性与崇祖性。中国古代，由于社会生产力、经济和科学技术不够发达，加之人们认识水平的限制，所以古人普遍都有“万物有灵”的观念，一定程度上受着神的统治，因此在岁时节日的饮食文化活动中，表现了相当的神秘性。由于古代民间信仰诸神颇多颇杂，如有门神、喜神、路头神、星神、天神、龙神、仓神、真武神、紫姑神、土神、谷神、月神、灶神等，故每逢年节，均要通过一定仪式和饮食文化活动，对之进行神人沟通。此外，古人还盛行节日验占，如立春、上元、中秋等节日用多种方式卜问；还有些对虫蝎的迷信作法，以避虫蝎之

害。而通过一些迷信方式祛病避邪更是古人常见的习惯，如上元节的走百病、“上巳”折柳避邪，四月初八日插皂角、嫁毛娘，端午节门插蒲艾、悬门符、身佩艾虎、香囊，儿童戴续合缕等等。很多节日还有禁忌，如元旦禁倒秽物于地，二月二妇女忌针。再者，中国古代民间年节的饮食文化活动，还受一定的宗教影响，如四月八日的吃结缘豆、天贶节的翻经会等风俗，还有乞巧等特殊风仪，均充满种种不可言传的神秘性。

中国古代岁时节日的饮食文化活动，还具有浓厚的崇祖色彩。每逢年节，古人特意烹制专门的美味饮馔佳肴，一是对祖先之灵的虔诚祭祀，二是对现存的长者毕恭毕敬，以示敬诚。因而许多节日均以崇祖为主要事项，如元旦、清明、中元、寒衣诸节均是如此。这一特点还程度不同地体现在其他节日中，如“上巳”祀祖、春社祀新茔，端午、天贶、腊八等用祭食祭祖；中秋节的摸瓜、送瓜，上元节京师正阳门摸钉，就是崇祖的具体表现。由于古代男子是祖宗血缘、祖业的继承者，所以祈子（重男）正是崇祖的反映。在重血缘宗法的古代，古人可谓是“每逢佳节倍思祖”。于是，解炎热、送寒衣，焚香花楮，时享不断；家里供神牌，野外祭坟墓、定时间、有仪式，有十分严格而必须遵循的古制，有专门的祭食，把祖先作为神看待，与之对话。人们不仅要在家里用祭食祭祀高祖以下的近祖，而且还要在聚族而居的宗族祠堂里祭祀宗族的远祖（一般为始迁祖），以示其追远崇祖之意。

④区域性。中国古代民间年节的饮食文化活动还有着区域性的重要特色。古人常说“千里不同风，百里不同俗”。首先是古代一些地区有自己独特的节日。从大的方面来说，北方有填仓节、龙头节的饮食文化活动而为南方所无，南方的春社饮食文化活动北方也很少见。再有同一节日的饮食文化活动在不同地区也有不小的差异。如破五日北方的填五穷，南方的祭路头；正月初六日北方爆六甲；人日北方的“鼠嫁日”；立春北方多咬春；上元节北方多“走百病”，南方盛迎神赛会；清明节北方多“荡秋千”；浴佛节南方好做“乌饭”；端午节南方“赛龙舟”；送灶风俗北方有“赶乱岁”，南方有“口数粥”、“照田蚕”。再就城市与农村而言，同一个节日的饮食文化活动，在城市规模大、时间长、名目多，乡村则反之。同样，农村有的一些特殊的饮食文化活动，在城市里也见不到，这主要是因为经济发展水平、生活方式及人们的观念差异所致。

⑤广泛性与多层次性。中国古代民间年节的饮食文化活动，不但是中国古代社会生活的一个重要组成部分，而且我们透过这一历史剖面，还能清楚地了解到当时社会政治、经济、文化活动中的若干具体细节。同时，这些丰富多彩、五光十色的民间年节饮食文化活动，从一定意义上说，又是测试其时代精神、社会风尚的雅俗；政治、经济、文化发展水平高下的重要历史标志之一。

中国古代民间年节的饮食文化生活，还广泛而多层次地体现在古人物质与文化生活的各个方面。首先，在依时序出现的岁时节日饮食文化活动中，尚有许多古人人生礼仪的民俗。其次，民间年节的饮食文化活动，更是古人家庭生活、宗教生活、社会生活的一部分。每逢节日，合家团聚，欢庆一堂；宗族成员在祠堂中祭祖、分胙肉，祠堂届时对族人进行管理。遇到重大节日，则整个社会作出反应，社会各阶层的人们互相拜贺、宴饮、交际往来，不同于常日。再次，民间年节的饮食文化活动，更是古人整个物质生活发展水平的集中体现。喜庆的节日，食品富有特色，并日丰富。与此同时，人们新衣盛装，祭祀则衣著庄重、肃穆；居室的布置、卫生也有变化，人们还要走亲串友，互相拜贺，可见其饮食文化活动的文化氛围非同平日。还有，古人民间年节的饮食文化活动，正是古人闲暇心理的一个重要反映。它与其他活动一起，构成古人集体的娱乐活动。古人通过宴饮，通过观社火、看烟火和龙灯、放风筝、荡秋千，以调剂生活、理顺人际关系，以求社会的和谐。最后，民间年节饮食文化活动，更与古人的精神生活密切相关。古人迷信自然、信奉神灵、崇拜祖先，思想认识水平低下，有其愚昧落后之处。通过年节饮食文化活动表现出的信仰，既是行为方式与生活准则，又是人们的特定文化心态与价值取向的生动体现。这充分表现出建立在传统的血缘社会组织与小农自然经济相结合基础上的古代社会中，古人普遍愚昧迷信、墨守成规、因循守旧、苟且偷安的精神面貌。由此亦可见整个自然和人类的创造力被扭曲、被人为地颠倒的一面。

羊羔美酒与民族饮馔食仪

我国自古以来就是一个多民族国家，各族人民在长期的历史发展过程中，共同缔造了祖国光辉灿烂的过去和绚丽多彩的文化。在中国古代历史文明发展的进程中，众多少数民族虽地处边陲，且东南西北四邻各地区经济发展水平不等，各民族的经济生产方式和生活方式有所差异，各民族的宗教信仰与思想观念亦存在巨大区别，复杂多样，再加上各地区各民族传统风俗习惯的影响作用，许多边疆地区各民族还处于相对落后的状态，但是各民族人民都用自己的辛勤劳动与智慧，共同开发了边疆地区；并且在这一过程中，使自身的经济文化取得了进步。同时，无数生动事例表明，边疆地区各族人民与内地各族人民之间的政治、经济和包括饮食文化在内的文化交流，始终没有间断过。愈到后来，这种交流和联系就愈加密切和频繁。

在饮食文化方面，古代各民族的饮食文化，不仅源远流长、内容宏富，而且独具民族文化特色和传统，从而形成了有其特定的意义的“民族饮食文化圈”，进而保持着浓郁的地方特色和民族的风格情调。如果将古代我国少数民族的饮食文化作一个简略的分类的话，那么便可分为如下几个类型：

①采集、狩猎型的民族饮食文化。如鄂伦春、独龙族、苦聪人等。在这种类型的饮食文化中，食物来源主要是靠采集和狩猎所得，燃料基本上是树枝、干草，炊具、食具极为简陋，只有极少量的粗陶器和罕见的铁器，在烹饪上基本是放在火上或火烬中烤，以及由此发展而来的叉烤、悬烤、炙烤。然后是煮等方法，极少或是尚不会蒸、炸（油炸）、煎（油煎）炒，用的调味品中除食盐以外，基本上是自然界的植物（如野葱、辣椒等）。在人类的饮食文化发展历程中，这种类型的饮食文化属于早期的或是初期的饮食文化。

②游牧、畜牧型的饮食文化。属于这一类型饮食文化的民族，有匈奴、乌孙、蒙古族、乌兹别克、哈萨克、裕固族，部分羌族和藏族等。在这种类型的饮食文化中，食物来源主要靠这些民族牧养的牲畜（另有少量的通过与其他民族交换获取的粮食等），炊具虽较简单，但已开始采用少量的铜、铁烹饪器皿（铁锅、铁桶、铜壶等），燃料主要是牛、羊粪、草皮等。其烹饪方法，主要采用各种形式的烤（火烤、叉烤、悬烤、炙烤等）和煮。此外，对肉食以外食品的蒸、炸、炒等烹饪手法，亦开始运用，但不甚普遍。这种饮食文化在人类饮食文化发展史上，属于从初级饮食文化向中级饮食文化的过渡。它属于草原文化的范围之内，颇具地区与民族特色。

③粗细农耕型的饮食文化。属于这一类型饮食文化的民族，有黎族、部分藏族、苗族、瑶族、锡伯族、布依族等民族。这类饮食文化的特点是：其食物来源，主要是农耕的收获物以及家庭饲养的牛、羊、猪、鸡等家畜家禽；用的燃料主要是柴、干草等；在炊具中，已经有锅、碗、瓢、勺、蒸笼等相应的一整套，较之畜牧民族复杂。其中，黎族、苗族、瑶族、部分藏族等粗农耕民族，炊具比较简单，且不配套；而相对来说精耕细作的民族如布依族，其炊具便较复杂，可用于烤、煮、炸、煎、炒的炊具一应俱全，配套亦较为合理和科学；在烹饪方法上也较畜牧民族复杂，能进行烤、煮、蒸、炸、煎、炒等多种烹饪工艺操作，可对不同种类的蔬菜和肉食进行分别处理加工。由于我国古代的农耕民族数量多，人口众，分布区域广，所处的自然环境又极为复杂，差别很大，物产丰饶，这就为他们加工、制作多种多样的民族风味食品创造了极为有利的条件。他们在历史上创制出来的品类繁多、味道鲜美的各种民族美食，是各民族在各个历史时期所创造的物质文明与精神文明的生动体现。

④清真饮食文化——即中国古代信奉伊斯兰教的回、维吾尔、撒拉、哈萨克、乌兹别克、柯尔克孜等民族的饮食文化。这种饮食文化的重要特点，是在肉食和饮食习惯方面遵奉教规并受之约束。比如在肉食中以牛羊肉为主，禁吃猪肉、狗肉、驴肉、自死动物的肉、禽畜血等。独特的清真菜谱就是这种饮食文化的结晶。这种饮食文化既吸收了汉族等饮食文化以及国外伊斯兰饮食文化的各种优势和长处，又发挥了我国古代信奉伊斯兰教的各民族自身的聪明和智慧。因此，进而形成了一种带有中国民族特色、民族独特烹饪技艺、民族文化内涵的伊斯兰饮食文化。它不仅是中国古代饮食文化重要的构成部分，也是对世界饮食文化的独特贡献。

现按地区对中国古代的民族饮馔食仪进行具体的勾绘和叙述。

1. 古代东北蒙古地区的民族饮馔食仪

古代的东北地区包括今辽宁、吉林、黑龙江三省，蒙古地区则包括内外蒙古，即大漠南北和漠西。这一地区地域辽阔，自然资源十分丰富，对发展农牧业生产具有得天独厚的优越条件，自古以来就是中国少数民族生息繁衍的一个古老摇篮。夏、商以来，在白山黑水的哺育下，在蒙古高原的怀抱里，该地区的少数民族逐步形成、兴盛和发展。最早见于记载的是夏、商、周时的肃慎、猃狁、东胡、林胡和楼烦等族；战国时猃狁发展成匈奴，东胡的大部分发展成乌丸和鲜卑。两汉之时，继肃慎而起的是挹娄、夫余和高句丽。南北朝时勿吉兴起，柔然崛起，契丹和室韦出现。隋唐时勿吉发展为靺鞨，其中最著名的是黑水靺鞨和粟末靺鞨，与此同时契丹勃兴，奚族出现。宋辽之时，黑水靺鞨又发展成女真。金末室韦发展成为蒙古族，明代建州女真发展形成为满族。清代以后，东北内蒙地区除早已形成的蒙古族、满族外，赫哲族、锡伯族、鄂温克族、鄂伦春族、达斡尔族相继形成，朝鲜族也迁入定居，从而形成了东北内蒙地区当代少数民族分布的格局。

世代生活与游牧于东北蒙古地区的各少数民族，在漫长的历史发展进程中，尽管其各自的生产方式、社会发展阶段不同，所处的自然条件亦有差异。但他们都为开发边疆做出了不可磨灭的贡献，而且在此过程中，还形成了具有强烈民族文化特色的饮馔食仪。

肃慎挹娄　肃慎是中国东北地区最早见于记载的少数民族之一。他们居住在不咸山（今长白山）北，东滨大海以及黑龙江流域的广大地区，在传说中的舜、禹时代就与中原地区建立了联系。禹定九州时，周边各族各以其职来贡，其中包括东北夷、肃慎。周武之时，肃慎人贡献过“楛矢石砮”。之后，肃慎与中原王朝的政治经济联系日益密切频繁。早期肃慎族的史籍资料只记载了其以狩猎为生，在他们居住的地区出产一种叫“麈”的动物。近年考古学者研究了长白山西侧、黑辽分水岭北侧整个松辽平原中的原始文化后认为：商、周时，本区居民的社会经济以农业为主，家畜饲养也相当发达。猪也是当时普遍饲养的家畜之一。迄战国秦汉时，肃慎称为真番，魏晋又复称肃慎，长期活跃在东北地区。唐代时被渤海国所灭。挹娄的历史也很悠久，兴于东汉、三国，魏晋南北朝时虽不见于史，但唐代多见，除称挹娄以外，还称为虞娄，初朝于唐，后归渤海国。

由于肃慎挹娄的社会经济发展处于比较落后的状态，获取物质生活资料的能力手段有限，所以表现在食仪方面，其内容十分简单。史称挹娄，古肃慎之国，其地有五谷麻布，处于山林之间，土气极寒，好养豕，食其肉，衣其皮“冬以豕膏涂身，厚数分，以御风寒”。《晋书》曰：肃慎氏——名挹娄，在不咸山北，该民族“无牛羊，多畜猪，食其肉，衣其皮，……无井灶，作瓦鬲，受四五升以食，坐则箕踞，以足挟肉而啖之，得冻肉，坐其上令暖。土无盐铁，烧木作灰，灌取汁而食之”。

契丹 契丹是我国古代北方少数民族之一，公元10世纪初至12世纪初，由契丹贵族建立的辽王朝，曾统治我国北方长达200余年。有辽一代，大多数契丹人仍从事牧猎生产，兼营农业，因此其饮馔食仪极富北方民族特色。据文献记载，辽代契丹人的主食主要有肉类、粮谷，副食有瓜果、蔬菜等，调味食品也不少，饮料则有酒和茶，内容较为丰富。

①肉类食物。辽代契丹人食用的肉类食物主要有三个来源：一是来源于家畜。契丹人用以食肉的家畜主要是羊。契丹人养羊、食羊的历史悠久。契丹羊主要有北羊和鞑靼羊两种。北羊长面多髯，无角，或有角而“大仅如指”，肋细、肉味鲜美。梅尧臣有诗云“细肋胡羊卧莞沙，长春宫使踏雪羓”，即谓此而言。鞑靼羊出鞑靼中，契丹人也有大量豢养。此外，契丹人牧养的牛马等牲畜，也有一部分供宰杀食肉。二是来源于走兽、飞禽。生活在契丹辽地的各种野兽，包括一些鸟类，都是契丹肉食的主要来源。其中鹿肉是契丹人最喜爱食用的兽肉。契丹人很善于捕鹿，这在史籍中多有记述。而大雁、天鹅和野鸭，则是契丹人经常捕食的飞禽。契丹人捕杀大雁、天鹅常用一种名叫海东青的猎鹰。有一首《契丹歌》就描绘了契丹人捕捉天鹅的场面：

平沙软草天鹅肥，契丹千骑晓打围。
皂旗低昂围渐急，惊作羊角凌空飞。
海东健鹘健入许，鞲上风生看一举。
万里追奔未可许，划见纷纷落毛羽。

貔狸动物也是契丹人的珍肴。宋人刁奉《使北语诗》云：

押燕移离毕，看房贺跋支；
饯行三匹裂，密赐十貔狸。

诗注说：“貔狸，形如鼠而大，穴居，食谷粱，嗜肉。北朝（辽）为珍膳，味如豚肉而脆。”综合记载可知，契丹人猎获食用的走兽飞禽还有野马、野羊、熊、野猪、獐、豪猪、貂、鹿子（狍子）、虎、豹、狼、狐、兔、雉、野燕等。三是来源于鱼和蟹。契丹辽地江河纵横，尔濒大海，渔业资源极其丰富。契丹人常喜食的鱼类是“牛头鱼”（即大鲟鱼），武圭《燕北杂记》载：“挞鲁河钩牛（头）鱼，以其得否占岁好恶。”契丹人食用的螃蟹则主要产于渤海国地区，对此《契丹国志》云：“渤海螃蟹红色，大如碗，蟹臣而厚，其脆如中国（中原）蟹螯。”契丹人食肉经历了一个由生食到熟食、由简单宰割饱腹到制作各种肉食佳肴的过程。契丹人早期宰杀牲畜或猎获野兽后，一般都要“生脔”，或以火“燔之”，即烤食。后来，随着社会生产力水平的提高和与汉人接触渐多，逐步改变了传统的饮食方式，改生食、烤食为烹调熟食，并开始制作各种肉食制品，但传统的许多生食方式仍被继续保留。他们的肉食制品主要有：羊肉用盐腌制成的羊羓、羊脩（即羊肉干）、鹿肉制成的鹿脯和鹿腊以及肉酱等。

②粮谷类食物。契丹建国后，由于大批中原汉人涌入辽地，辽朝的农业生产迅速发展起来，一些与汉人杂居的契丹人开始了半牧猎半农耕的生产活动，各种粮食谷物也逐渐变成了契丹人主食中的一部分。据载，契丹人食用的粮食以粟为最多。除此而外，黍、稻、稗、菽豆、粱麦、豌豆等，也是契丹人食用的粮食。辽代契丹人食用粮谷的方法是煮粥、炒米和炒面。由于受汉族人的影响，辽代契丹人还能制作、食用煎饼、馒头、水饭、于饭、糯米饭和艾糕等。这些食物的具体制作和食用方法，在《辽史·礼志》中都有详尽的描述。

③瓜果类食物。辽代契丹人已能培植各种瓜果。瓜类以西瓜为多。据胡峤《陷北记》记载，契丹人种植的西瓜是从西域引进的。此外，契丹人食用的瓜类还有产自幽州的“合欢瓜”。契丹人不论是上层统治者还是民间，都极重视果木的栽培种植。据统计，契丹辽地的水果主要有梨、枣、海棠、杏、桃、李、柿子、樱桃、葡萄等，干果有榛子、栗子、松实等。契丹人对瓜果的食用一般是鲜食，但为便于长时间保存和易于携带，还用不同的方法制成干果、冻果和果脯等果制品。因契丹辽地冬季漫长而寒冷，契丹人还将一些水果，比如梨、柿等冻起来保存，随吃随化，非常方便。据庞元英《文昌杂录》记载：

余奉使至辽，至松子岭，互置酒，三行，有北京压沙梨，冰冻不可食。伴使耶律筠取冷水浸良久，冰皆外结，已而敲去，冰皆融释。

此外，契丹人还能用蜜、酒和盐等“浸渍”水果，制成各种果脯。

④蔬菜类食物。契丹人食用的蔬菜见于史料记载的主要有：芹菜、回鹘豆、野韭菜、菱芡、葵、葱、姜、蒜等。食用的方法，除生食外，或熬汤，或用之煮羹等。

⑤调味食品。史籍记述，辽代契丹人经常食用的调味品是盐、醋、酱、油、蜜等。

⑥饮料。辽代契丹人的饮料主要是酒、茶，而且饮酒、饮茶的礼仪十分讲究，很有民族地区特色。A. 饮酒。饮酒是辽代契丹人日常饮食活动中的一项重要内容。早在建国前，契丹人已知酿酒、饮酒。建国之后，契丹酿酒业颇为发达，“官酿”有上京城的“曲院”，生产的酒供契丹皇室人员饮用。“私酿”有民间的小作坊——“酒家”。为方便饮酒，辽国自京都至乡村，到处都有为饮酒人服务的酒肆。如辽兴宗耶律宗真就“尝与教坊使王税轻等数十人，数变服入酒肆”饮酒。从记载看，契丹人在各种礼仪中均有饮酒的习尚。如祭山仪、祭天仪、欢庆胜利、巡幸渔猎、生儿育女、接待使者、赏赐下臣的场合与礼仪中，都要饮酒。B. 饮茶。契丹辽地不产茶，因此，契丹人饮用之茶全部来自中原或其他地方，通过贸易、礼赠或贡纳等渠道获得。食用的茶主要有饼茶（茶砖）和散茶两种。从记载看，在辽代契丹宫廷举行的各种礼仪中，品茶与饮酒同等重要，系不可缺少的仪项。如辽代“宋使进遗留礼物仪”，宾主“各就座，行酒淆、茶膳”。“宋使见皇帝仪”，“殿上酒三行，行茶、行肴、行膳”。“曲宴宋使仪”，“上殿行饼茶毕，教坊致语”。“行单茶、行酒、行膳、行果”。此外，在立春仪、重九仪和藏阄仪等仪式上都有行茶、赐茶的内容。在民间，契丹人已知用茶招待宾客。契丹人与客相见，“其俗先点汤，后点茶。至饮亦先水饮，然后品味叠进”。

综上所述，可见辽代契丹人的饮馔食仪的特点是：其一，辽代契丹人的饮食习俗，在很大程度上承袭了先世民族的风习。契丹源出东胡族系的乌桓与鲜卑，因此，契丹人的生活习性在许多方面与乌桓、鲜卑相近。因契丹人主要从事畜牧和狩猎，肉食在日常饮食中占有很大比重。这表明，一个民族的饮食文化生活方式有它的纵向传承性。其二，辽代契丹人饮食文化形式的变化，受到了同期相邻民族的影响，尤其是受汉族的影响更大。如早期契丹人主要以肉食为主，当中原农业大量涌入契丹辽地，契丹辽国的农业经济迅速发展起来以后，粮谷类食物便大量进入契丹人的家庭，从而改变了他们传统的、单一的食肉饮酪的习俗。同时，由于受汉人生活方式的影响，契丹人也在很大程度上改变了原始的生产和烤食方式，学会了制作各种熟食制品。而契丹人的饮茶、吃水果及使用金属和陶瓷食器等，也大都是受汉民族影响的必然结果。这也表明，一个民族之所以能改变传统、落后的生活方式，是因为有来自横向影响的缘故。其三，辽代契丹人特殊的饮食习惯和方式的形成，在很大程度上受制于契丹辽地特殊的自然地理环境作用的结果。因为，人们的物质生活方式与其所处的地理环境有密切的关联。尤其是在生产力不发达的状态下，人们的生活方式更多、更明显地受着自然条件的制约。如契丹辽地西部与北部是：大草原→游牧（生产方式）→食肉饮酪（生活方式）；北部与东部则是：山林→狩猎（生产方式）→食肉（生活方式）等等。这些都是明显不同于中原地区的北方草原与山林的地理环境，并由此造就了他们不同于中原汉人的北方民族所特有的饮食文化习俗。正如《辽史》所言：

> 长城以南，多雨多暑，其人耕稼以食，桑麻以衣，宫室以居，城郭以治。大漠之间，多寒多风，畜牧畋渔以食，皮毛以衣，转徙随时，车马为家。此天时地利所以限南北也。

女真族 女真本名朱理真，讹为女真，或曰虑直。辽道宗时，因避兴宗耶律宗真之讳，又称女直。女真是在五代时由黑水靺鞨发展而来的。五代时，契丹尽取渤海地，而黑水靺鞨附属于契丹，其在南者，编入契丹户籍，号熟女真；在北者，不入契丹户籍，号生女真。建立金朝的完颜部即属生女真。公元1115年，以完颜部为核心的女真各部落，在首领阿骨打的领导下，在反辽取得胜利的基础上，建立了奴隶制的国家金王朝。之后，在汉族封建经济的影响下，其社会经济文化迅速发展起来，并在衣食住行诸方面形成了自己的民族特色。由于女真人对农业生产高度重视，所以女真人的主食，很早就是以粮食作物为主。但是，在金代前期，东北内地农业的品种却是有限的，种植的作物主要以稗子为主，因此女真人的膳食来源不太充分，畜牧业和渔猎业仍是他们生活中的重要补充。然而女真人的饮馔食仪内容，较之其他民族而言，颇具民族特色。

①《金史》载：世祖与桓赧、散达决战于脱豁改原。当是时：

桓赧兵众，世祖兵少，众寡不敌。比世祖至军，士气衄甚。世祖心知之而不敢言，但令解甲少憩，以水洗面，饮麸水。顷之，士气稍苏息。

《三朝北盟会编》云：

女真人饮食则以糜酿酒，以至为酱，以半生米为饭，渍以生狗血及葱韭之属和而食之，笔以芜荑。食品无瓠陶，无饭箸，皆以木为盘。春夏之间，止用木盆注卤粥，随人多寡盛之，以长柄小木勺数柄回环共食。下粥肉味无多品，止用鱼生、獐生、间用烧肉。冬以冷饮，却以木楪盛饭，木盆盛羹，下饭肉味与下粥一等。饮酒无算，只用一木勺子，自上而下循环酌之。炙股烹脯，以余肉和菜捣臼中，糜烂而进，率以为常。

②《三朝北盟会编》卷四引马扩《茅斋自叙》，记述他随阿骨打出猎时的情景说：自过咸州至混同江以北，不种谷麦，所耕种止稗子。舂米，旋炊粳饭。遇阿骨打聚"诸酋"共食时：

则于炕上用矮抬子或木盘相接。人置稗饭一碗，加匕其上。列以齑韭、野蒜、长瓜，皆盐渍者。别以木楪盛猪、羊、鸡、鹿、兔、狼、麂、獐、狐狸、牛、驴、犬、马、鹅、雁、鱼、鸭、虾蟆等肉，或燔或烹或生脔，多芥蒜渍沃续供列。各取配刀，脔切荐饭。食罢，方以薄酒传杯冷饮。谓之御宴者，亦如此。自过嫔、辰州、东京以北，绝少麦面，每日各以射倒禽兽荐饭，食毕上马。

③《宣和乙巳奉使行程录》载：第十程，至清州（今河北青县）。

州元是石城县，金国新改是名。兵火之后，居民万余家。是晚，酒五行进饭，用粟抄以匕，别置粥一盂抄以小勺。与饭同不好，研芥子和醋伴肉食，心血脏瀹羹，芼以韭菜。秽污不可向口，虏人嗜之。器无陶埴，惟以木剜为盂芼，髹以漆，以贮食物。还说，第二十八程至咸州（今辽宁开原）。赴州宅，就作，乐作。酒九行，果子惟松子数颗。胡法饮酒，食肉不随下盏，俟酒毕，随粥饭一发致前，铺满几案。地少羊，惟猪、鹿、兔、雁、馒头、饮饼、白熟、胡饼之类。最重油煮面食，以密涂泮，名曰“茶食”，非厚意不设。以极肥猪肉或脂润切大片，一小盘虚装架起，间插青葱三数茎，名曰“内盘子”，非大宴不设。人各携以归舍。

又据《松漠纪闻》续卷云：

虏中待中朝使者，使副日给细酒二十量罐、羊肉八斤、果子钱五百、杂使钱五百、白面三斤、油半斤、醋二斤、盐半斤、粉一斤、细白米三升、面酱半斤、大柴三束。上节细酒六量罐、羊肉五斤、面三斤、杂使钱二百、白米二升。中节常供，酒五量罐、羊肉三斤、面二斤、杂使钱一百、白米一升半。下节常供，酒三量罐、羊肉二斤、面一斤、杂使钱一百、白米一升半。

④《松漠纪闻》正卷载：

女真人订婚，婿纳币，皆先期拜门，戚属偕行，以酒馔往，少者十余车，多至十倍。饮客佳酒则以金银器贮之，其次以瓦器，列于前以百数，宾退则分饷焉。男女异行而坐，先以乌金银杯酌饮（贫者以木），酒三行，进大软脂，小软脂（如中国寒具）、蜜糕（以松实、胡桃肉渍蜜和糖为之，形或方或圆或为柿蒂花，大略如浙中宝塔糕），人一盘，曰“茶食”。宴罢，富者瀹建茗，留上客数人啜之，或以粗者煎乳。

以上数例，从女真人日常食谱、统治者阿骨打出猎时的饮食、宋金往来使臣在驿馆中的饮馔以及对南宋使臣日给常供、女真人婚宴食谱和膳食诸方面，对女真人的饮食礼仪等情况，予以实证说明。从这些记载看，麨、粥、米饭和肉，当系一般女真人日常主要食物。麨，就是炒米、炒面之类，是北方诸民族常见的主食。茶食、肉盘子和以心血脏瀹羹等，则是富有女真特色的风味饮食。

茶食就是大软脂、小软脂以及蜜糕之类。据《松漠纪闻》描述，大软脂与小软脂，如“中国寒具”。寒具就是寒食节禁烟火，用以代餐的一种可以贮存的冷食。《本草纲目》卷二十五载：

> 寒具，即今馓子也。以糯粉和面，入少盐、牵索纽捻成环钏之形，油煎食之。

所以《奉使行程录》说，女真人“最重油煮面食”。后来特制的满族风味小吃“萨其玛”（满语即 Sacima），其制法类似寒食所食之馓子，这或许就是大软脂与小软脂之遗风。《松漠纪闻》称载的“蜜糕”正如前述。而一般蜜制的果品为蜜渍、蜜煎、蜜饯，称蜜和米面制成的糕饼为蜜饵、蜜饼。后来北方特产的果脯蜜饯类，大概是源于女真人或满族人。至于肉盘子和心血脏羹，后世虽不多见，但东北民间杀猪时，喜食白片肉与血肠之类，当与昔日女真之风不无关系。

在食品调料方面，女真人有油、醋、盐、面酱以及芥、蒜、葱、韭之类。其中对于面酱，女真人尤为珍嗜。据《金史》载，天兴二年（1233 年）三月，元帅蒲察官奴以忠孝军为乱，将杀知归德府事、参知政事石盏女鲁欢时，陈列其罪状时说：

> 汝自车架到府，上供不给，好酱亦不与，汝罪何辞。遂以一马载之，令军士拥至其家，检其家杂酱凡二十瓮，且出金具，然后杀之。

石盏女鲁欢家，蓄有杂酱二十瓮；蒲察官奴欲害女鲁欢，以上供哀宗不与好酱为罪。可见女真人对面酱的重视，竟至何等程度。这个酱，当即是《女真传》所说的“以豆为酱”的酱。后来北方也盛食豆酱，就是这一食风的遗传。

在调料中，女真人还视生姜为珍品。《松漠纪闻》续卷说：

女真人无生姜，至燕方有之。每两价至千二百，金人珍甚，不肯妄设，遇大宾至缕切数丝置碟中以为异品，不以杂之饮食中也。

至于女真人的饮料，主要有酒、茶、奶茶之类。酒，就是以糜酿之薄酒，然人人嗜酒，事事饮酒。早在景祖、世祖时，女真人饮酒已成社会风尚。《金史》称“景祖嗜酒好色，饮啖过人”。世祖则“尝乘醉骑驴入室中”。及至世宗时更为严重，如大定二十一年（1181 年）六月，世宗曰：“近遣使阅视秋稼，闻猛安谋克人惟酒是务，往往以田租人”。《女真传》称，女真人饮宴“酒行九算，醉全及逃归则已”。又说其人“嗜酒而好杀，醉则缚而俟其醒，不然杀之，虽三父母不能辨”。这虽言之过甚，但也表明饮酒几成社会公害。故自正隆以来，屡见有关饮酒禁令，但终金一朝也未能抑止这一风气。

茶是来自宋人岁贡和贸易于宋界之榷场，金国本不产茶。金初，视茶为高贵饮料，所以《松漠纪闻》正卷云：“富者瀹建茗，留上客数人啜之，或以粗者煎乳酪。”这里的煎乳酪，就是后来的所谓“奶茶”。

再者，女真地方所产的果品种类，主要有松子、胡桃、桃、李等，而以白芍药与西瓜最为有名。《三朝北盟会编》卷三引《女真传》云：女真“花果有白芍药、西瓜”。《松漠纪闻》续卷也说：“女真多白芍约花，皆野生，绝无红者。好事之家，采其芽为菜，以面煎之。凡待宾，斋素用之。其味脆美，可以久留。”又说女真人西瓜“形如匾蒲而圆，色极青翠，经岁则变黄。其瓞类甜瓜，味甘脆，中有汁，尤令。《五代史四夷附录》云：以牛粪覆棚种之。予携以归，今禁圃、乡囿皆有”。而以牛粪覆棚西瓜，系契丹人的发明。女真人则创桃李过冬防寒之法。《松漠纪闻》正卷载：“宁江州去冷山百七十里，地苦寒，多草木。如桃李之类，皆成园，至八月，则倒置地中，封土数尺，覆其枝干，季春出之，厚培其根，否则冻死。”此法亦传之于后世民间。

满族　满族是我国东北地区的一个有着悠久历史的民族。清代，满族主要从事农业生产，并以狩猎和牧畜为副业。他们笃信萨满教。在社会风俗与饮馔食仪方面，既保持了其先世女真族的民族传统，同时，又带有我国北方寒冷地带的某些地域特征。

其一，清代满族日常主食以面食为主，品种多样，风味独特。其特点是酸、粘、酥、凉。制作原料主要有麦子、玉米、高粱、粟、糜等。历史记载，远在3000多年前，满族的先世——肃慎就定居在东北地区，其社会经济以农业为主，家畜饲养业也相当发达，猪即是当时普遍饲养的家畜之一。至汉代，肃慎人改称挹娄，种植五谷，善养猪，会制作陶鬲，会织麻布。清代，满族地区的农业更加发达，农作物品种也越来越多。如满族聚居的兴京：

> 县民普通民食以秫米为大宗，玉蜀黍米次之，谷米又次之，黍米偶食之，稻米非年节与待客不用。秫通称曰高粱米，玉蜀黍米曰包米，谷米曰小米，黍米曰黄米，稻米曰粳米。

农户、平户餐食，均以“麦面为大宗，通称曰白面”。由于东北地处寒带，餐用粘食耐饿，便于从事各项经济与生产活动、军事征战等。因此，满族人民特喜种植上述黏性作物。

满族的面食主要加工成饽饽、打糕等类，品种繁多，花色多样。据《清朝野史大观》记载：

> 满人嗜面，不常嗜米，种类繁多。有炕者，蒸者，炒者，或制以糖，或以椒盐，或做龙形、蝴蝶形以及花卉形。

因满族统称面制品为饽饽，故饽饽的品种极多，计有萨其玛（满语）、豆面饽饽、搓条饽饽、苏叶饽饽、椴叶饽饽、牛舌饽饽、豆面卷子（俗称“驴打滚”）、马蹄酥、小酥合、肉末烧饼、豌豆黄、波罗叶饼等。糕点是满族的传统风味食品，也是其饮食文化的精华之一，主要有芙蓉糕、绿豆糕、五花糕、卷切糕、凉糕、风糕、打糕、馓糕、淋浆糕、豆擦糕、炸糕等多种。这些食品风味独具，制作精美，享有盛誉。后世誉为“满点汉菜”，足见烹饪技术之高超。

其二，清代满族的主食粥、饭主要有：小米饭、黄米饭、粘高粱米饭、高粱米水饭、小豆甜粥、豌豆粥、八宝粥等多种。还有一些别具风味的食品，如“酸奶子”，又称酸姜子、臭米子、酸楂子等，是用发酵后的玉米面制成的，食时略酸爽口，别有一番情趣。关于清代满族粥、饭的制作方法，据《双城县志》载：

满族食料为粟米，俗呼小米，未去皮者名谷子……入釜多饭炊时，将米淘净投釜内滚水中煮熟，用笊篱捞入盆内，再置釜中墩好，或入釜干热之，然后啖之，是名干饭。其煮熟不捞出并汁食者，则是粥矣。次则为稷米，亦曰秫米，俗呼高粱米，玉蜀黍米俗称包米楂子，其炊法与粟米同，而玉蜀黍米则多以为粥。其黍米俗呼黄米，稻米俗呼精米，南米俗呼大米，糯米俗呼江米，食用者惟殷实之家，中人之产则于年节及待客时一用之。上述之诸种米，有炊时置豆其中，则食时觉可口者。又诸米中，有可以磨粉而食者，如粟米磨粉曰小米面，可制煎饼、酸茶及各种食品。

其三，清代满族的主食不但有鲜明的季节性，而且每年秋收后，还有"荐新"祭祀的风俗。乾隆帝钦定的《满洲祭神祭天典礼》规定：

每岁春秋二季立杆大祭，则以打糕、搓条饽饽供献，正月以馓子供献，五月以椴叶饽饽供献，六月以苏叶饽饽供献，七月以新黍蒸淋浆糕供献，八月以新稷蒸饭，用木榔头打熟，作为饺子、炸油供献，余月俱用酒糕供献。

这些规定具有浓厚的宗教迷信色彩，其意在于恭请先祖在天之灵下凡尝新，尔后才轮到活着的后人食用。

其四，清代满族祭祀食品别具特色。据《双城县志》称：

满人最重祭祀典礼，无论富贵士宦，其内室必有神牌，只一木板无字，亦有用木龛者。室中西壁一龛，北壁一龛，凡室南向北，以西方上，东向西向则以南方为上。龛设于南，龛下有悬帘帏者，俱以黄云缎为之；有不以帘帏者。北龛上设一椅，椅下有木五形若木主之座。西龛上设一杌，杌下有木三，其木乃香盘也。春秋择日致祭，或因许愿致祭，谓之跳神，前一日以黍米（俗名黄米）煮熟捣作饼，曰打糕；荐享后以食合族并亲串，以族人为察玛，戴神帽摇铃持鼓跳舞，口诵吉词，众人击鼓相和，曰跳家神。及祭，磨黄米面作小饼，内实豆馅，外裹苏叶，以之奉先，曰苏子叶饽饽。祭时以达子香末酒香盘中燃之所跳之神，人多莫知，相传以为祭祖。按所奉神有三：一为观世音菩萨，一为伏魔大帝，一为土地，故用香盘三也。礼期前须斋戒，用豕必择纯黑无杂色者，及期未明，置豕神前，主祭者捧酒杯而祝之毕，以酒浇豕耳，豕动啼则吉，谓之领牲，于是全家叩首；否则复叩而祝曰斋盛不洁与斋戒不虔与或有不吉，将牲未纯与下至细事一一默祝，至豕动啼为止，即于神前割豕肉入锅，煮微熟取出，按首尾肩胁肺心列于俎，各取少许，置大铜碗名阿玛尊肉。供之行三跪三献礼主祭者前次以行，辈序立妇女后之免冠叩首，有声礼毕，即神前尝所供阿玛尊肉，盖受酢意也。将祭肉撤下，再入锅煮大熟，邀亲友来共食之，食时不饮酒，不设桌，在炕铺油布或麻席，四人一席。晚复献牲如晨礼，将肉入锅煮微熟，熄灯以祭名背灯肉，并用米酒，既毕撤肉再煮大熟，仍邀亲邻同食，曰吃背灯肉。其礼祭肉不得出门，其骨与犬，夫所余夜弃户外，亦有焚为灰而埋者。惟背灯肉则可以送亲友，云是曰馂客，客初至口道贺，食毕不谢去，亦不送，次曰祭杆乃不忘祖德之意，以其先祖当年创业艰难，曾入山采野菜，持一杆名娑腊，杆用披草莽，备杆御，项有圆碗式盖插地贮食物，以就食者也。

可见祭祀的程序礼仪复杂，食俗特别，具有浓厚的萨满教色彩。这也从一个方面表明，祭食在满族的饮食文化中占有十分特殊的地位，是它的一项重要内容。

满洲贵家有大祭祀或喜庆，则，

设食肉之会。无论旗汉，无论识与不识，皆可往，初不发简延请也。是日，院建高过于屋之芦席棚，地置席，席铺红毡，毡设坐垫无数。主客皆衣冠。客至，向主人半跪道贺，即就坐垫盘膝坐，主人不让坐也。或十人一围，或八九人一围。坐定，庖人以约十斤之肉一方置于二尺径之铜盘以献之。更一大铜碗，满盛肉汁。碗有大勺。客座前各有径八九寸之小铜盘一，无醋酱。高粱酒倾大瓷碗中，客以次轮饮，捧碗呷之。自备酱煮高丽纸、解手刀等，自切自食。食愈多，则主人愈乐。若连声高呼添肉，则主人必致敬称谢。肉皆白煮，无盐酱，甚嫩美。量大者，可吃十斤。主人不陪食，但巡视各座所食之多寡而已。食毕即行，不谢，不拭口，谓此乃享神之馂余，不谢也，拭口则不敬神矣。

这是一种相当奇特的酒筵：客人不请自来，主人迎而不陪，吃的愈多愈好，主人感谢宾客。其所以如此，它是以宴人的形式来敬神，故而食毕可扬长而去。

其五，清代满族的副食品花样多，品种全，做工细，很有民族风味与地方特色。菜肴以肉食为主，猪羊肉为其大宗。自古满族的先世即喜欢饲养猪，远在肃慎、挹娄、靺鞨人、女真人时代，满族的先民即以“好养豕，食其肉”而著称于世。清初随着满族势力的不断壮大，农业生产的发展，饲养业更加兴旺，再加之狩猎并举，从而使得满族的各种菜肴烹饪时所需原料，更形齐备。在烹调时，史称：

猪、羊、鸡、鹿、兔、狼、麅、獐、狐狸、牛、马、鹅、鹰、鱼、鸭等肉，或燔、或烹、或生脔，以芥蒜汁清沃，陆续供列，各取刀脔切，荐饭。

尽管其后来菜肴烹调方法有烧、烤、蒸、炖、煮、煨、燎、炒、熏、炸等多种，但仍多以烧、烤烹法为主。故常有“满菜多烧烤，汉菜多羹汤”之说。

喜食野味是满族人的一种特殊食俗。满族及其先世，长期生活在东北地区的白山黑水之间，渔猎曾是他们所从事的主要生产活动之一，亦是他们的衣食之源。因而，渔猎所获之熊、鹿、獐、狍、飞龙鸟（树鸡）、野猪、野鸡、犴达罕、蛤士玛、人参、猴头蘑、紫鲍、鲜贝、鳟鱼、鳇鱼等，自然也就成为他们的美味食物。满族入关后，仍保留了这种食野味的风俗。因此，每年东北地区都要按季节向皇室贡献物产。其中，吉林属每岁进贡物产有：

七月内赍送进上窝雏鹰鹞各九只。十月内赍送进上二年野猪一口、一年野猪一口、鹿尾四十盘、鹿尾骨肉五十块、鹿斤条肉五十块、晒干鹿脊条肉一束、野鸡七十只、稗子米一斛、玲铛米一斛。十月内由围场先赍送进上鲜味二年野猪一口、鹿尾七十盘、野鸡七十只、树鸡十五只、稗子米一斛、玲铛米一斛。十一月内赍送进上七里香九十把、公野猪二口、母野猪二口、二年野猪二口、鹿尾三百盘、野鸡五百只、树鸡三十只、鲟鳇鱼三尾、翅头白鱼一百尾、鲫鱼一百尾、稗子米四斛、玲铛米一斛、山查（楂）十坛、梨八坛、林檎八坛、松塔三百个、山韭菜二坛、野蒜苗二坛。

此外，接驾及恭贺万岁，也进贡：

海参、白肚鳟鱼肉钉……烤干细鳞鱼肚囊肉、草根鱼、鳑头鱼、鲤鱼、花鲫鱼、鱼油、晒干鹿尾、晒干鹿舌、鹿后腿肉、小黄米、杭（炕）稗子米、高粱米粉面、玉秫米粉面、小黄米粉面、荞麦糁、小米粉面、稗子米粉面、和的小搋饽饽、炸饺子饽饽、打糕饽饽、豆面饽饽、豆面剪子股饽饽、搓条饽饽、打羔肉夹搓条饽饽、炸饺子饽饽、打糕饽饽、豆面饽饽、豆瓢羔饽饽、蜂糕饽饽、叶子饽饽、水搋子饽饽、鱼儿饽饽、野鸡蛋、葡萄、杜李、羊桃、山核桃仁、松仁、榛仁、核桃仁、杏仁、松子、白蜂蜜、蜜脾、蜜尖、生蜜、山韭菜、贯众菜、藜蒿菜、枪头菜、河白菜、黄花菜、红花菜、蕨菜、（芩）（芹）菜、业（丛）生蘑、鹅掌菜。

在野味的烹调方法上，满族多采用烤与煮的加工方法。

纵观满族丰富多彩的饮食文化，其副食菜肴亦有特色。火锅是其传统的烹饪方式之一，自辽代初期至清代，这种烹调方法一直经久不衰。满族入关后，火锅与火锅菜肴更风行全国。

火锅菜的原料通常主要以羊肉（俗称涮羊肉）、猪肉为主。此外，东北地区的狍子肉、鹿肉、野鸡肉、黄羊肉、飞龙肉等，配之以满族喜食的酸菜、粉丝、虾仁，均可入火锅食用。使用火锅，既可涮，又可炖。制作出的菜肴不仅鲜嫩可口，而且味道醇厚，别有风味。正因为如此，火锅菜肴后来遂成为满席中的主菜之一。另外，满族人也特别喜食卤味、酱制与熏制肉食食品。据史学家考证，现今北方地区满族、汉族等民间喜好的卤味、酱制肉食，如茶烧肉、酱肉、酱鸡等，均有满族饮食的古遗风。早在女真时期，满族的先民即“炙股（猪大腿）烹脯(猪小腿)”，并“率以为常”。到后来，烤制与熏制肉食遂成为满族的民族传统烹饪方法。至清代，此种方法则更加兴盛，并广为流传至今。

满族还喜欢蜜制食品，清代满菜中的一个重要组成部分便是蜜饯和果脯，其中，主要制品有蜜饯青雕、蜜饯白桃、蜜饯红果等。

满族副食中的蔬菜菜肴，品类繁多。据记载，满族“春夏秋时，则各种园蔬，若葱、蒜、韭、芹、胡荽、菠薐、萝蔔、豆荚、茼蒿、莴苣、茄、黄瓜、搅瓜、南瓜、番椒、马铃薯、菘子类。或生食，或熟食。秋末则储藏各种蔬菜，如葱、蒜、番椒、马铃薯、萝蔔等。或将茄、搅瓜、豆荚等为片，为条晒干存之，为冬时副食品”。“家家更腌藏各种蔬菜，若萝蔔、芥、黄瓜则腌令咸，谓之咸菜，菘则渍令酸，谓之酸菜，均系冬时之副食品”。其中，酸菜则是集满族素食之大成。酸菜，满语称“布缩结”，可储藏半年之久，用以炖、炒、凉拌、包馅或作汤，均别具风味，醇香而不腻。

大酱与乳制品当是清代满族生活的必需品。满族的先民们，据《宇文懋昭大金国志》记载：“渤海国、高勾丽、金之饮食，以豆为浆，又嗜半生饭，渍以生狗血及蒜之属，和而食之。”《长白汇征录》也记载有“今长白一带肉食则山羊、野猪、鹿脯。以豆为油、为酱，风犹近古”。此外，满族及其先世，还是一个善制和喜食乳制品的民族。据近人研究，满族点心中最为考究、最富特色的是奶油饽饽。以奶油为皮，纯奶油加糖而做成的“奶饽饽”有：奶截子、奶饼子、奶拌子、奶糕、奶乌他（满语）、奶酪等。其中最受欢迎的是奶油“萨其玛”（满语）等满族风味乳制品。满族入关后，上述满族传统风味乳制品不但在京师（北京）地区民间兴盛起来，而且是满族与其他少数民族喜食的食品。

其六，满族及其先世还是一个有着悠久酿酒历史的民族。酒是满族人的主要饮料之一。《魏书》、《隋书》、《北盟会编》等史籍中，对满族先世“嚼米为酒”、“女真人多酿糜为酒”等习俗，均有所记述。所酿之酒，品种较多，见诸于史书的有清酒、醴酒、烧酒、黄酒、汤子酒、松苓酒等。其中，酿造清酒和醴酒则专供祭祀之用。清代，“宁古塔烧酒，曰汤子酒（祈奕喜《风俗记》亦作满族烧酒）。”史载：

> 酒以烧酒为大宗，亦呼白酒。制造之原料，或用稷，或用粟，或用大麦，或用玉蜀黍。制造之铺名烧锅，商业中巨擘也。此酒销路极旺，无论贫富嗜者颇众，冬令严寒饮之少足取暖，其嗜好亦有由也。次为黄酒，亦呼清酒，又称元酒。制造之原料为黍，或大麦，销路与烧酒只十与一之较。

因为“烧酒，家为之，不须沽，惟黄酒多沽饮耳”。

在满族聚居的东北地区，还盛产许多名贵药材，故用酒浸泡药材之习在满族中也十分普遍。清代盛行的著名满族松苓酒，其制法即是觅古松，伐其本根，将酒瓮开坛埋其下，使松之精液吸入酒中而制成的。

其七，清代满族饮食文化中最有特色，最能体现各民族间饮食文化交流的是满族的“全羊席”和“满汉全席”。据历史记载，早在金代，女真人——满族的先世就已有“牛鱼宴”之举。这是一种以“牛鱼”为主菜的筵席。因“牛鱼出混同江，其大如牛，或云可与牛同价”而名。清初，满洲人宴客，以席品重叠为风尚。谈迁《北游录》曾记载满洲宴俗时说，满洲贵族宴客，

> 撤一席又进一席，贵其叠也。豚始生，即予直，浃月炙食之。英王在时，尝宴诸将，可二百席。豚鸡鹅各一器，撤去，进犬豚。俱尽，始行酒。

由此可见，清初满洲宴席有撤一席上一席之规矩；同时，宴席虽以烤乳猪为主菜，但也兼有鸡、鹅等佳肴，且最后方行酒。这是满族在宴饮上形成的一套特异的礼俗习俗。

又据《黑龙江外记》记载：

盛京通志称土俗云行者不赍粮而鸡黍之谊必笃，父兄对宾客，子弟倚立执杯必恭，按今黑龙江城一带过客到门，必留酒食，肴不过猪肉、鸡卵，而以双上为礼，如鸡卵二盘，猪肉亦二盘也。饮酒则子弟执壶侍侧，酒不尽不去，果如志所云。他城虽不逮仿佛似之。

满洲宴客尚手把肉，或全羊。近日沾染汉习亦盛设肴馔，然其款式不及内地，味亦迥别，庖人工艺不精也。所谓手把肉持刀自割而食也，故土人割肉不得法，有老二之诮。

这里所谓的全羊则是满、蒙共俗的美味佳肴。史称“凡宰羊，但食其肉，贵人享重客，间兼皮以进，必指而夸曰此全羊也”。此处的全羊系指用带皮的羊肉烹调的菜肴。而满族的“全羊席”则是指一席菜以羊之全体为之，

蒸之，烹之，炮之，炒之，爆之，灼之，熏之，炸之。汤也，羹也，膏也，甜也，咸也，辣也，椒盐也。所盛之器，或以碗，或以盘，或以碟，无往而不见为羊也。

其烹饪方法，既吸收了汉族的烹调技术，更有中原的饮食风味。由此足见，清代各民族间饮食文化的相互交融、影响和发展。形成于清代中叶的“满汉全席”，集满汉烹饪技艺之大成，具有礼仪隆重、用料华贵、菜点繁多、格调高雅等特点。迄今为止，它仍是我国规模最大的古典宴席，也是我国古代烹饪文化宝库中一笔宝贵的遗产。

这里应特别指出的是，满族（也包括其他很多少数民族）的饮宴活动往往多与其民族所特有的乐舞文化活动相结合，溶饮宴乐舞为一体。因此，饮宴与“乐舞”相交融和并举，则是满族饮食文化活动的一个重要内涵。史载：

满人有大宴会，全家男女必更迭起舞，大率举一袖于额，反一袖于背，盘旋作势，曰莽式。中一人歌，众皆以“空齐”二字和之，谓之曰空齐，盖以此为寿也。每宴客，客坐南炕，主人先送烟，次献乳茶，曰奶子茶，次注酒于爵，承以盘。客年长者，主辄长跪，以一手进之，客

受而饮，不答礼，饮毕乃起。客年稍长，则亦跪而饮，饮毕，客坐，主乃起。客年若少于主，则主立而酌客，客跪而饮，饮毕，起而坐。妇女出酌客，亦然。惟妇女多跪而不起，非一爵可已也。食时，不食他物。饮已，设油布于前，曰画单，即以防秽也。进特牲，以刀割而食之。食已，尽赐客奴。奴叩头，席地坐，对主食，不避。

总之，清代东北地区的满族人民，在长期开发和建设边疆地区的历史进程中，不但发挥聪明才智，在许多方面做出了独特贡献，而且还在继承传统的基础上，继往开来，创造了高水平的满族饮食文化。这一文化既为整个中华民族的文化宝库增添了异彩，更对有清一代汉族的饮食文化的发展提高产生了巨大而深远的影响。

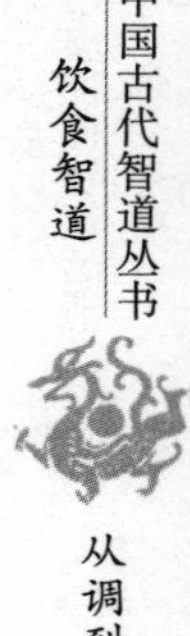

赫哲族　赫哲族也是东北古老的民族之一。他们世世代代以渔猎为生，长期居住在松花江、混同江、乌苏里江沿岸。由于赫哲族人居住的三江流域盛产各种鱼类，因此捕鱼便成为赫哲族的主要生产与经济部门。鱼不仅是他们日常生活的主要食物，而且鱼皮还是他们衣着的主要来源。史称：

黑津（即赫哲）捕打为食，夏衣鱼皮，冬衣犬鹿皮，未尝食粟。

混同江下游，东北海口，

有大鱼，长一二丈，大数围，头有孔，行如江豚之涉波，孔中喷水高一二丈，訇然有声，闻数里。黑斤、济勒弥诸人通呼为麻特哈，谓此鱼奉海神命送鱼入江，以裕我民食者。是间土人皆不知岁月，特以江蛾为捕鱼征候，每于江面花蛾初起（六月至七月望前）送西里性鱼入江。到江面小青蛾再飞起（八月），送答抹哈鱼入江，皆至特林河口而返。其驱鱼进口也，每三四为群，各去里许，逆流而上，掀波喷浪，势甚汹涌；而乌互路等鱼，则率群前行，若不敢稍止者，日可行三四百里。

当此三种鱼到时，

济勒弥及黑斤人等，则与江边水深数尺处，多置木桩，横截江流。桩长二三丈或四五丈，亦有作方罫形，独虚沿江一面者，名曰“闷杠”。于水平线下，又系以袋网，须日乘小舟取之。每一“闷杠”可得数千斤。又或以围网，或以撒网，一举可得数百斤、数十斤，载回小舟，举家各持小刀，临流割之。鱼分四片，穿以柳条支架晾之，作御冬之旨蓄。至麻特哈巨鱼，先济勒弥等人，以为海神之使者，故不敢捕取。近年俄人设法竞取，土人亦从而效之。每江中风浪大作，辄扬帆持叉，俟出水时，以叉遥掷之。叉尾系长绳，俟鱼力既惫，乃牵至江岸，或售或食。

但仍不敢携回室中，恐为祟也。

若乘“威呼”持叉取鱼，则以剃发黑斤为最。当波浪平静时，江面认取鱼行水纹，抛叉取之，百无一失。其“威呼”不用木而用桦树皮，长丈余，宽约二尺，首尾胥窄，才容一人，其快如风。江中鱼类，如鲂、鳇、鲣、鲤，土人多生食之。

又称，

今临江县之赫斤人，专以斯鱼为衣食，鱼肉充饥，鱼皮染绘作衣，赫斤人故又名“鱼皮鞑子”。

此外，狩猎还是清代赫哲人的另一重要衣食之源。清代赫哲人的狩猎活动，主要以捕貂为大宗。尽管清末时，汉族逐渐移居赫哲地区，在他们的影响下，赫哲族人也学会了种植玉米、马铃薯、大豆等作物，但农业一直处于次要地位，更非他们平日饮食的主要来源。

因此，可以看出赫哲族人的饮馔食仪中，最富有民族特色的是他们丰富多彩的鱼类食品，以及对鱼类食品的加工烹饪技艺。如他们晒制干鱼和腌制鲑鱼，并以善作“炒鱼毛”著称。“炒鱼毛”类似鱼松，别有风味。

鄂伦春族 东北的黑龙江流域是鄂伦春族的历史文化摇篮。鄂伦春族早先居住在黑龙江以北、外兴安岭以南地区。17世纪中叶以后，由于沙俄的侵略与扩张，迫使黑龙江以北精奇里江两岸的鄂伦春族南移到大小兴安岭地区。清代，鄂伦春人的社会生产活动，长期以来是以狩猎为主，采集与捕鱼为辅。因此，喜食和善于烹制加工各种兽肉，是鄂伦春人饮馔食仪方面的一个突出特点。

据记载，鄂伦春人烹饪兽肉的加工方法有煮、烤、烧、炖等几种。他们平日则喜食生狍肝和不十分熟的肉，喜喝烧酒与马奶酒。据《瑷珲县志》载：

> 鄂伦春人俗名之曰栖林，凡其居处倚山、傍河，林深树密之中，以木杆数根，绳捆于梢，而枝撑之周，以桦皮并草敷盖，其顶上洞开烟道，即时便成窝堡，如稍殷实亦有用狍皮者。内中用木生火，暖屋造饭皆恃此匝。窝铺之门谓其祖位，妇道不得近前，每饭或以肉干、鱼干，少米作粥以餐。如妇有生产，必预置窝铺另居，无论男女均不近前，每饭必以桦皮斗装盛食物一人用木杆在数步之外挑送之……其男身最壮，目力尤强，知兽之性，围猎以时或今日阴晴，何方之风兽将何在，明兽之踪，识兽之粪，出必获。如兽远迁，即必全家挪移尾随，择地而居，出则如获狍即便生饮其血，并食其肝，将余身暂寄山洼，再获一两支必即策马旋回，饬其妇道乘马去取，携到刨卸皆妇所为，将肉煮好，每处联居窝铺，至多不过三五家，必同招来共饮共食。一家获牲必各家同乡互为聚食，久惯为俗。妇女熟皮成衣，均能自理。男童如及十三岁，即可持枪行猎，女孩十三亦可编笼网鱼。

通过上述对清代鄂伦春人肉食来源及其他饮食习尚的论述，可以推断，一个民族的饮食习俗的形成是长时期内多种历史、文化、社会以及宗教信仰等因素相互联系并发生作用的结果。它与该民族的生产与生活方式有着直接联系，即这种习俗与文化根植于一定的社会经济土壤之中，并受它的制约影响。

达斡尔族 达斡尔族是我国古代北方具有悠久历史的农牧民族之一。17世纪以前，他们曾在黑龙江一带从事农业、打猎和渔业生产活动，被清朝称为索伦部。17 世纪中叶，清政府将他们迁居到嫩江流域一带。从而使得他们与内地各族人民的联系大大加强，同时也加速了达斡尔族内部的封建化过程。由于达斡尔族主要从事农业、打猎和渔业生产，所以他们平日的饮食食物的来源、品种多种多样。其主食主要吃稷子米，有加牛奶的热稷子米饭，加牛奶的荞麦面、荞麦饼，燕麦米粥加大豆等。“哈合面”（炒燕麦面粉）和“滚特勒”（较粗的燕麦面），也是他们常食的主食食品。

古代达斡尔族人在平日的副食品方面，烹制的蔬菜主要有白菜、萝卜、黄瓜、豆角、辣椒以及采集的木耳、蘑菇等。他们还喜食腌菜。肉食方面，除宰杀饲养的牲畜外，也吃猎获的野鸡、雁、水鸭、鹿等肉。其肉食的烹饪加工，以晒肉干和煮、烤肉为主，而不习惯于吃炒肉。在饮料方面，达斡尔人喜欢饮奶子酒。据《黑龙江外记》载：“达斡尔以牛马乳造酒（案书谓之挏酒），谓之阿尔占，汉名奶子酒。”由此可知他们的饮馔食仪，保留着自己的民族特点。

匈奴族　匈奴是战国秦汉时期我国北方的一个重要少数民族，在开发祖国北疆、创造灿烂的草原文化，丰富我国文化宝库及沟通中西文化交流的渠道等方面，做出过可贵的贡献。战国秦汉时期的匈奴族，生活在中国北部边疆地区，那里有一望无垠的草原，是水草丰美的天然牧场。据《汉书·匈奴传》的记载，匈奴人长期过着“逐水草迁徙”，“随畜牧而转移”的游牧生活。畜牧业在整个社会经济中占有主导地位，畜群既是他们的生产资料，也是其生活资料的主要来源。牧畜以马、牛、羊为多，还有骆驼、驴、骡等。匈奴人上自君王下至牧民，都吃畜肉，食“湩酪”（干酪），喝“湩酪”（乳汁），又“壮者食肥美，老者食其余”，从一个侧面反映了“贵壮健，贱老弱”的民俗。但由于马匹是不可或缺的代步工具，因此，不会被轻易食用。

狩猎业在匈奴人的经济生活中，原居于重要地位。《汉书·匈奴传》说匈奴人“儿能骑羊，引弓射鸟鼠，少长则射狐菟，肉食”。又说“其俗，宽则随畜田猎禽兽为生业”，即平时一边赶着牲畜放牧，一边射猎禽兽维持生活。到西汉时期，随着畜牧业的发展，狩猎业遂退居次要的地位，有时竟成为将士练习骑射和休息娱乐的手段，猎获物于是转变成为补充食品。但直到公元前 1 世纪，狩猎在匈奴的经济生活中，尚未全部丧失它的地位和作用。永光元年（前 43 年），原已臣附，并入居塞下的呼韩邪单于打算北归漠北，其原因之一就是“塞下无禽兽，则射猎无所得”。上述匈奴人的游牧、狩猎生活内容，在考古材料中亦得到印证。如1973年在内蒙古鄂尔多斯市杭锦旗桃红巴拉发掘的七座墓中，随葬品中有马、牛、羊的头和蹄，数量不等，最多的达49具，还有兽形和鸟形铜饰牌。又如在1979年内蒙古准噶尔旗西沟畔发现的三座墓葬，出土遗物中有各种动物纹金银饰片。再如，蒙古前7世纪—1世纪墓葬中，差不多每一座墓都发现有许多马、牛、绵羊、山羊的骨骼，也有鹿、野驴、骆驼、鸟类的骨骼。在有的墓中还发现牛、马等动物的铜饰牌和石雕像。文化艺术与人们的经济生活息息相关。上述有代表性的匈奴墓中出土的各种动物纹饰牌和雕像，是匈奴民族在长期的生产活动中创造的一种实用艺术，也是他们生活实践的结晶。同时，由于匈奴人崇拜祖先，信仰灵魂不灭，认为死者在九泉之下将如同生前那样生活，所以墓中的殉葬牲畜当是墓主人生前的主要财富、生活资料的象征。这表明，匈奴人的肉食品种除了属于家畜的马、牛、羊、驴、骡、骆驼和犬外，还有野生的兽类鹿、羚羊、野猪、狼、鼠、狐、兔等。猛兽如虎等当偶有食用。禽类有鹰和鸟。此外，匈奴人也食水产品。原苏联南西伯利亚匈奴，伊沃勒加城镇遗址出土鱼骨很多，还有不少渔网，便是明证。由此可见，匈奴人的食物范围是相当广泛的。

匈奴本是一个“毋城郭、常处、耕田之业”的游牧民族。农业是在与中原华夏族长期交往中逐步学会和掌握的。秦汉以后，农业作为游牧经济的补充，在匈奴的社会经济中占有一定的地位。文献中有匈奴人“种田”、“穿井，筑城、治楼以藏谷”的记载。元狩四年（前119），汉大将军卫青率五万骑兵破匈奴单于于漠北，“遂至窴颜山赵信城，得匈奴积粟食军，军留一日而还，悉烧其城余粟以归”。可见匈奴已有一定积粟。后元元年（前88）汉朝降将贰师将军李广利被丁灵王卫律谋杀。之后，匈奴“连雨雪数月”，“谷稼不熟”，“单于恐惧”。这除了说明单于迷信鬼神之外，还说明黍穄等谷稼播种面积不小，其收成的丰歉受到统治者的重视。又蒙古诺彦乌拉匈奴墓葬曾出土属于公元前3—2世纪农作物种子和储存谷物的大型陶器；蒙古其他地区也出土了属于前1世纪匈奴人使用的铁镰和铁犁铧。这是匈奴人从事农业生产的见证。随着农业的发展，匈奴人的食物结构发生变化，由单一的肉食改为以肉食为主，以粮食为辅。粮食除粟、谷（都是小米的别称）外，还有黍（黄米或粘米）、穄（不粘的黍）等，并饮酒。史载“斩首虏赐一卮酒”，可见当时饮酒带有一定的普遍性。需要指出的是：匈奴人的一部分农产品和饮食食品则是通过“和亲”、“关市”和掠夺等方式，从中原获取的。

关于匈奴的炊具、食器，据考古资料，则有用于蒸煮食物的铜鼎、铜釜；有用于容纳食物的陶壶、陶缸、陶罐、陶碗、陶盘、陶碟等；还有盛酒的铜卮、陶尊和用于挹取食物的铜勺、骨勺、骨筷子、木勺等。其中双耳青铜釜和夹砂粗陶器是典型的匈奴遗物。

匈奴的饮酒器也见于文献记载。《汉书·苏武传》云且鞮侯单于之弟于靬王弋射北海时，曾馈赠苏武一些物品，其中有服匿。服匿即陶缶。其形态为小口，大腹，方底。用于盛酒浆。

柔然族 从4世纪末到5世纪初，南北朝对峙期间，在蒙古高原、大漠南北又兴起了一个自称柔然的民族。在中国有关的史籍中，称之为“蝚蠕”、“蠕蠕”、“芮芮”或“茹茹”。4世纪初，当木骨闾从拓跋鲜卑的部落联盟中分离出来时，柔然仅是一个由木骨闾为中心的氏族部落。车鹿会自号柔然后，他成为拓跋鲜卑部落联盟中的一个“部帅”。这时，柔然与拓跋鲜卑的情况基本相同，其社会经济处于以游牧经济为主的部落联盟阶段。其游牧区，大致在拓跋鲜卑的北部和西北部，包括漠南和漠北的广大地区。因此，《魏书·蠕蠕传》说，车鹿会时，柔然“冬则徙度漠南，夏则还居漠北”。至402年，柔然终于摆脱了北魏的控制，先后征服了蒙古草原上游牧的其他部落，统一漠北，形成了一个早期的奴隶制政权。其社会经济同匈奴一样，主要从事游牧，以畜牧业为主。因此，柔然族的饮馔食仪则具有北方草原游牧文化的诸多显著特色。

从文献的颇多记载看，柔然族饮食所需的各种生活资料主要依赖其畜牧业经济的发展来提供的。史籍提到，柔然是“随水草畜牧”；“所居为穹庐毡帐……马畜丁肥，种众殷盛”；“无城郭，逐水草畜牧，以毡帐为居，随所迁徙”。水草丰美的大漠南北，是游牧的好地方；那里“深山则当夏积雪，平地则望数千里，野无青草，地气寒凉，马牛龁枯啖雪，自然肥健”。可见柔然的畜牧业是十分发达的，牲畜的数量也很多。从记载看，在柔然饲养的牲畜中，马还是主要的牲畜之一。除此之外，牛羊也是柔然的主要牲畜，且是其衣食的重要来源。从北魏多次进攻漠北，从柔然那里掳掠牛羊动辄几十万只的数目看，真可谓牛羊众多“马畜丁肥”。骆驼也是柔然饲养的牲只之一。《北史》卷十三《后妃列传》记载，阿那瓌长女出嫁时，还携带有“駞（骆驼）千头”。骆驼当系柔然的食用生活资料之一。

对于游牧民族来说，狩猎作为游牧经济的一种补充，生活饮食资料的天然来源，是十分重要的。匈奴、柔然，以及后来兴起于蒙古草原的突厥、蒙古族均是如此。通过这一活动，还能训练青年，使之迅速成长为战士。文献中，直接有关柔然狩猎的记述甚少，但《魏书·蠕蠕传》称：早在车鹿会时，柔然向北魏“岁贡马畜、貂豽皮”。《南齐书》、《梁书》等也多次提到：柔然向齐、梁等政权，贡献“貂皮杂物”、“献乌貂裘”、“献师子皮袴褶”等。这些贡品当系通过狩猎而获得的野兽皮毛。又，北魏凉州刺史袁翻在上表论安置柔然婆罗门于西海郡时说：

> 且西海北垂，即是大碛，野兽所聚，千百为群，正是蠕蠕射猎之处。殖田以自供，籍兽以自给，彼此相资，足以自固。

可见，狩猎在柔然经济生活及食物来源上，仍有一定地位。

柔然在后期，可能有了农业，因而扩大了自身食物资料的来源范围，改变了其饮食生活资料完全依赖畜牧业的状况。同匈奴一样，柔然的农业主要是由掳掠来的汉族奴隶从事的。522 年，阿那瓌投降北魏，被安置在怀朔镇北后，曾“上表乞粟，以为田种，诏给万石”。袁翻在奏请安置婆罗门于西海时也说，婆罗门在西海郡可以“殖田以自供”。可见在阿那瓌时，柔然已有了农业，主要作物是粟。此外，从北魏多次赠给阿那瓌新干饭、麻子干饭、麦麨、榛麨、粟来看，柔然人并不是完全不知粮食，而是渐知粮食。可见农业在柔然经济中并不占有重要地位，其发展程度可能要比匈奴族略逊一筹。所以其饮食文化内容仍以草原文化为主要特征。这正如当时北魏迁至阿那瓌处赈恤的元孚所说：

> 皮服之人，未尝粮食。宜从俗因利，拯其所无……乞以牸牛产羊糊其口命。且畜牧繁息，是其所便；毛血之利，惠兼衣食。

蒙古族　据文献记载，11 至 13 世纪蒙古游牧民主要从事畜牧和狩猎，他们是游牧民，也是狩猎民。饲养的家畜有马、牛、羊、骆驼、山羊等。其饮食资源主要是蓄养的牲畜的肉、乳汁以及猎获的各种动物肉。对此，中世纪旅行家鲁布鲁克曾记载“鞑靼人，其食物的大部分是来自狩猎的”。因此，他举出鞑靼人食用的动物有尻尾短的叫做 Sogur 的土拨鼠的鼠类、“像猫一样长的尻尾的尻尾尖端有黑白毛”的兔、野兔、羚羊、野生驴、野生羊等。而《黑鞑事略》称其食：

> 肉而不粒。猎而得者，曰兔、曰鹿、曰野彘、曰黄鼠、曰顽羊，其脊骨可为杓。曰黄羊，其背黄，尾如扇大。曰野马，如驴之状。曰河源之鱼，地冷可致。牧而庖者，以羊为常，牛次之。非大宴会不刑马。火燎者十九，鼎煮者十二三，脔而先食，然后食人。

《马可波罗行记》说：

> 蒙古族以肉乳猎物为食，凡肉皆食，马、犬、鼠、田鼠之肉，皆所不弃，盖其平原窟中有鼠众也。彼等饮马乳。

《蒙鞑备录·粮食》条云：

> 鞑人地饶水草，宜羊马，其为生涯，只是饮马乳，以塞饥渴。凡一牝马之乳，可饱三人。出入只饮马乳，或宰羊为粮，故彼国中有一马者必有六七羊。谓如有百马者必有六七百羊群也。

而且许多记载表明，蒙古族在传统上夏季主要食乳制品，几乎衣食畜肉皮毛；冬春季节才以肉食为主。这与史籍所称“冬则食肉，夏则食乳”，“夏秋酪浆，冬春膻肉”的记载是相吻合的。

现综合有关记载，对蒙古族早期食肉、饮乳的具体饮馔食仪进行论述。

①13 世纪欧洲伟大旅行家加宾尼对蒙古族进行肉膳时的仪礼曾加以描述说，当他们将要饮食时，首先拿一些食物和饮料供奉偶像。当屠宰任何动物时，他们把它的心放在杯子里供奉车子里面的偶像；他们把心留在那里，直至早晨，这时他们才把它从偶像面前拿开，煮而食之……他们也向这个偶像奉献其他动物，如果他们屠宰这些动物，以供食用，他们不弄碎这些动物的任何骨头，他们把这些骨头放在火中烧掉。……拿小刀插入火中，……或用小刀到大锅里取肉，……都

被认为是罪恶。他们的食物中包含一切能吃的东西，因为他们吃狗、狼、狐狸和马，……吃小老鼠。他们不用桌布或餐巾。他们既没有面包，也没有供食用的草本植物、蔬菜，或任何其他东西，什么也没有，只有兽肉，他们吃肉如此之多，其他民族简直难以依靠它生存下去。按照他们的风俗，他们之中比较有地位的人备有小块布片，当他们吃完肉时，就用它擦擦手。（在吃肉时）他们之中的一个人把肉切成小块，另一个用刀尖取肉，送给每一个人，给某人多些，给某人少些，数量的多少，视他们愿意对某人表示较大或较少的敬意而定。……锅、匙或其他这类用具，如果要完全弄干净，也以同样方法冲洗。他们认为，如果任何食物或饮料被允许以任何方式加以浪费，是很大的罪恶；因此，在骨髓被吸尽以前，他们不允许把骨头丢给狗吃。……他们把小米放在水里煮，做得如此之稀，以致他们不能吃它，而只能喝它。他们每个人在早晨喝一二杯，白天他们就不再吃东西；不过在晚上，他们每人都吃一点肉，并且喝肉汤。但是，在夏天，因为他们有很多的马奶，他们就很少吃肉，除非偶尔有人送给他们肉，或者他们在打猎时捕获某些野兽或鸟。

②13 世纪《鲁不鲁乞东游记》中亦有详尽的叙述，他说：……夏季，只要他们还有忽迷思即马奶的话，他们就不关心任何其他食物。如果在夏季有一头牛或一匹马死了，他们就把牛肉或马肉切成细条，挂在太阳光的风下，这些肉很快就干了，不用盐也没有任何不好的气味。他们用马肠做成腊肠，这种腊肠比猪肉做的腊肠好吃。他们把腊肠吃掉，其余的肉则留到冬季再吃。他们用一种奇妙的方法把牛皮放在烟中烤干，用以做成大坛子。

他们用一只羊的肉，可以给五十个人或一百个人吃。他们把羊肉切成小块，放在盛着盐和水的盘子里（因为他们不做其他调味品），然后用一把小刀的刀尖或为此目的而特制的叉的叉尖取肉，根据客人的多少，请站在周围的人各吃一口或两口。在开始吃羊肉以前，主人先把自己喜欢的那部分羊肉吃了。如果主人给任何人一份特殊的羊肉，那么按照他们的风俗，这个人必须亲自把这份肉吃掉，而不能把它给别人，但是，如果不能把它全部吃掉，或可以带走，或交给他的仆人替他保管。否则，他可以把它放在他的方形袋里。他们也把暂时来不及细嚼和细啃的骨头放在袋里，以便以后可以啃它们，不致浪费食物。……贵族们在南方拥有村庄，从那里给他们送来小米和面粉，以备过冬。穷人则以绵羊和毛皮来交换这些东西，奴隶们以脏水来填满他们的肚子，……他们也捉老鼠，在那里，老鼠很多，且有许多种类。长着长尾巴的老鼠，他们是不吃的，只给他们喂养的鸟吃。他们吃睡鼠和各种长着短尾巴的老鼠。他们通过打猎获得他们食物的一大部分。

对于蒙古族初期奶食制品的制作及饮用诸仪礼的情况，中外文献也有记述。奶食及马奶等。不但是蒙古族的饮料，而且是他们夏季的主要食品。早在成吉思汗十世祖孛端察尔时代（约10世纪前半叶）即已出现，蒙语中称为“额速克”或“忽迷思”。蒙古汗国时代，中外旅行家对其制法即有记载。如据《黑鞑事略》记载，将马奶贮于革器，搅撞数日，味微酸，便可饮用。它通常色白而浊，味酸而膻，若延长搅动时间，则色清而味甜。也有搅动七八日以上的。

因为马奶子可以久存，故适于牧民远出放牧时饮用。据蒙古医书记载，它有滋补强身、驱寒、舒筋活血、补肾消食、健胃、治疗腹泻及水肿等功能，逐渐形成了蒙古族传统的马奶疗法，对治愈一些疾患有独具的疗效。而且蒙古族对饮用马奶子也有一定的礼仪。比如来访宾客入帐时，常在盛马奶子的革器内搅动数下，以示对主人的敬意。主人递给宾客的马奶子，宾客必须饮完等等。这一习俗一直保留下来。对马奶子的饮用及制作收藏，13世纪欧洲的旅行家有较详记载，现摘引如下。

①约翰·普兰诺·加宾尼于13世纪中叶写的出使蒙古的游记中说，这时的蒙古人，

> 如果他们有马奶的话，他们就大量喝它；他们也喝母羊、母牛、山羊，甚至骆驼的奶。在冬季，除富有的人外，他们是没有马奶的。但是，在夏天，因为他们有很多马奶，他们就很少吃肉。

②鲁不鲁乞东游记中对蒙古人酿造“忽迷思”（即马奶）的过程有详细的描述。他说，忽迷思，即马奶，是用这种方法酿造的：他们在地上拉一根长绳，绳的两端系在插入土中的两根桩上。在九点钟前后，他们把准备挤奶的那些母马的小马捆在这根绳上。然后那些母马站在靠近它们小马的地方，安静地让人挤奶。如果其中有的母马不安静，就有一个人把它的小马放到它腹下，让小马吮一些

奶，然后他又把小马拉开，而由挤奶的人取代小马的位置。

就这样，当他们收集了大量的马奶时——马奶在新鲜时同牛奶一样的甜——就把奶倒入一只大皮囊里，然后用一根特制的棒开始搅拌，这种棒的下端像人头那样粗大，并且是挖空了的。当他们很快地搅拌时，马奶开始发出气泡，像新酿的葡萄酒一样，并且变酸和发酵。他们继续搅拌，直至他们能提取奶油。这时他们尝一下马奶的味道，当它相当辣时，他们就可以喝它了。人在喝马奶时，感到像喝醋一样刺痛舌头；喝完以后，在舌头上留有杏仁汁的味道，并使胃感到相当舒服。它甚至能使人喝醉。它也非常利尿。

为了供贵族们饮用，他们也用这种方法酿造哈喇忽迷思，即黑忽迷思。他们酿造黑忽迷思时，搅拌马奶，直至马奶中所有的固体部分下沉到底部，像葡萄酒的渣滓那样，而纯净的部分留在上面，像乳清或白色的发酵前的葡萄汁那样。渣滓很白，这是给奴隶们吃的，它具有强烈的催眠作用。纯净的液体则归主人们喝，它无疑是一种非常好喝的饮料，并且确实是很有效力。

从牛奶中，他们首先提取奶油，然后把奶油完全煮干，把它收藏在从羊身上取下的晾干的胃里。这种羊胃，是他们保存起来去作此用的。他们不在奶油里放盐，然而由于煮过很长时间，它并不变坏。他们把它保存起来，以供冬季食用。提取奶油后留下的奶，他们让它尽量变酸，然后煮，使之成凝固的奶块，又置于阳光下晒干，这样它就坚硬如铁渣一般。他们把它收藏在袋子里，以备冬季食用。在冬季缺奶时，他们把这种酸奶块放在皮囊里，倒入热水，用力搅拌，直至它溶化于水，结果这水就成为很酸的水，他们就喝这种水来代替奶。他们非常注意，绝不喝清水。

③《马可波罗行记》上册，第69章《鞑靼人之神道》也称，“鞑靼人饮马乳，其色类白葡萄酒，而其味佳，其名曰忽迷思。”“彼等亦有干乳如饼，携之与俱。欲食时，则置之水中，溶而饮之。”

元代蒙古族的饮食食物，正如马可波罗所云：“他们通常的食物是肉和乳，再加上狩猎的捕获物。”这种饮食结构一直延续至明代而没有变化改观，故此明代萧大亨撰《北虏风俗·耕猎》条说：

若夫射猎虽夷人之常业哉，然亦颇知爱惜生长之道，故春不合围，夏不群搜。惟三五为朋，十数为党，小小袭取，以充饥虚而已。及至秋风初起，塞草尽枯，弓劲马强，兽肥隼击，虏酋下令，大会蹛林，千骑雷动，万马云翔，较错阴山，十旬不返，积兽若丘陵，数众以均分，此不易之定规也，然亦有首从之别，如一兽之获，其皮毛蹄角以颁首射，旌其能也，肉则瓜分同其利也。

可见狩猎当系蒙古族“常业”，且系饮食的主要来源。故此书又说，蒙古儿童“稍长，则以射猎为业，晨而出，晚而归，所获禽兽，夫既食其肉，而寝处其皮矣”。

清代，随着蒙古族地区社会经济的发展进步，其饮馔食仪的内容较之以往各朝代略有变化，而具有鲜明的时代与民族的特色。

其一，清代从事畜牧业的蒙古族，其饮食多以牛羊肉及乳制品为主食，并辅以谷物、蔬菜等。其中，奶制品种类甚多，有白酸油、黄油、奶饼、奶豆腐、奶酪等，均是他们平日喜食之乳品。据赵翼《檐曝杂记》云：

蒙古之俗，膻肉酪浆，然不能皆食肉也。寻常度日，但恃牛马乳。每清晨，男妇皆取乳，先熬茶熟，去其滓，倾乳而沸之，人各啜二碗，暮亦如之。

傅恒《西域图志》卷三十九则称：“准噶尔旧俗，逐水草，事畜牧”，他们“各有分地，问富强者，数牲畜多寡以对。饥食其肉，渴饮其酪，寒衣其皮，驰驱资其用，无一不取给于牲畜”。此外，该部“欲粒食则因粮于回部，回人苦其钞掠，岁赋以粟，然仅供酋豪饘粥，其达官贵人，夏食酪浆酸乳，冬食牛羊肉；贫人则但食乳茶度日，畜牧之外，岁以熬茶西藏为要务”。椿园（七十一）《西域记》中卷五也记载：“准噶尔，厄鲁特部落也。不耕五谷，以游牧为业，以肉为食，以牛马乳为酒。”

王大枢在《西征录》卷三载称：准噶尔，“因山谷为城廓，因水草为仓廪，以驼马牛羊为资产，猛犬为护卫，牲畜之肉为粮饭，潼乳酥酪为肴馐……”由此可见，驼马牛羊等牲畜，既是蒙古族牧民赖以衣食生存的主要来源，同时更是他们平日从事劳动与扩大再生产的物质条件之一。

其二，清代，从事农业的蒙古族人主要以谷物蔬菜为主食，辅以肉食，或经常吃谷物蔬菜，少吃肉食。牧区、农区饮食的丰俭，均因阶层和贫富的不同而有差别。

其三，因新疆、青海地区蒙古族所生活的地理环境，较之大漠南北略有差异，再加之受周围地区社会经济发展等因素的影响，故清代这一地区的蒙古族其饮馔食仪带有鲜明的地区性特点。据《清稗类钞》载：

新疆之蒙古人，其饮食与普通之蒙古人略异。烹茶，和以盐，濡以牛湩，献佛而后食之。食毕，男女内外各执其业。午餐亦如之。日晏，牧者归，取牛羊乳以备宿餐。其食也，湛面肉于汤而瀹之，古礼所谓焖者是也。食毕就寝，不燃烛，灶烬而眠。凡食，以茶、乳为大宗，酥油、奶酒均以乳酿之。酿余之乳，制为饼，曰奶饼，酿酒，值客至，必延坐尽饮而后已。

清代，

青海之蒙长饮食，或用箸、勺与磁碗，番目则以手取食食。器以木为之。蒙长饮清茶，啖米、面，番目惟食青稞粉。茶汁非乳不甘，复以牛羊乳熬茶和酥油，色如酱，腻如饴。

其四，清代蒙古族的饮料，除上述的奶酒、奶子茶以外，还有酒和砖茶、红茶等。特别是清代中叶，随着蒙古族地区商业贸易的繁荣，中原内地行商多深入蒙古地区进行交易，致使茶叶交易十分兴盛。饮茶遂成为蒙古族人的普遍饮食习尚，无论贫富，均皆如此。于是，茶叶成为蒙古族人日常生活必需品。清后期，砖茶成为蒙古族十分喜爱的饮料之一。

其五，清代蒙古族的“整羊席”（全羊席），蒙古族宴会之带福还家、新疆蒙古族人之宴会等也很有特色。其中，“整羊席”是蒙古族人民在喜庆宴会和招待尊贵客人时的最为丰盛、讲究的一种传统宴席。至于“带福还家”，则是指清代“年班蒙古亲王等入京，值颁赏食物，必携之去，曰带福还家”。而清代新疆地区蒙古族人的宴会，则情文稠叠，每当宾客至门，闻马蹄声，人趋出接缰下马，男西女东，启帘让客，由右进，坐佛龛下，荐乳茶、乳酒、乳饼，奉纳什（纳什乃烟叶搓末加麻黄灰制成，久食可固齿。）即烹羊以留食。其不相识者至门，必饫以酒食，居数日，敬如初，无辞客者。贵人官长止其家，屠羊为饷，必请视之，颔而后杀。食则先割头尾肉献佛，乃饷客。食些，家人团坐。饯哎林（一村之意）父老争携酒肉寿客，谓贵人至其家，将获此福，歌以侑之。卑幼者至门，绕舍后下弓，置策而后入。

可见，其饮宴习尚具有十分浓厚的民族特色。

2. 西北地区的民族饮馔食仪

中国的西北地区是古代少数民族生息繁衍的又一个古老摇篮。从传说时代开始，西北广袤的黄土高原，就是一些古老民族祖先活动的历史舞台。先秦之际，西北少数民族一般被称为“西戎”，其中包括了大戎、骊戎、姜戍、陆浑之戎、扬拒、泉皋、伊洛之戎、戎蛮等众多不同的氏族、部落和部落联盟。其后，从西戎中演化出来的氐族和羌族是西北历史悠久、影响较大的两个古老的民族。而在当时被称为两域的新疆地区，在天山南北、帕米尔高原，戈壁与绿洲之间，则孕育了乌孙、大小月支等古老的游牧民族及“西域诸国”。秦汉以降，丁零兴起，迄魏晋南北朝时，发展成为敕勒。同时，从鲜卑慕容部中分离出来的吐谷浑也活跃于西北历史舞台。之后，突厥人从敕勒中脱颖而出，在隋唐时代，成为历史舞台上的重要角色。而自南北朝末期，党项羌始初露头角，并经隋唐两代的发展，至北宋时，已成为西北历史舞台上有影响的角色。

元明清以后，西北少数民族中的回族、东乡族、土族、撒拉族、保安族、裕固族、维吾尔族、哈萨克族、柯尔克孜族、塔吉克族等先后相继形成。其间，乌兹别克族、塔塔尔族、俄罗斯族也陆续迁入新疆，从而形成了西北少数民族分布的新格局。

古代聚居与生活在西北地区的各民族，虽活跃在历史舞台上的时间有先后和长短之分，然迄至明清时期，大多信仰伊斯兰教，有着相同的宗教信仰。但由于各地区地域环境的不同，各民族从事的生产与经济活动的各异，这就必然导致其经济、文化发展水平的巨大差异和不平衡性。体现在物质文化生活与民族饮馔食仪方面，则是各民族的膳食结构各具特色，饮食礼仪与风尚更是纷呈异彩。

羌族 羌族是西北地区的一个历史悠久、影响深远的古老民族。她最早活动在今青海东部的河湟流域和赐支一带以西以北地区。由于羌族最初过着射猎为生的经济生活，居无定处，故极易被中原地区先进的畜牧和农耕经济所吸引，而不断东迁。据载从上古到春秋之时，羌族约有三次向东迁徙进入中原。此外，在汉代西域的昆仑山北麓及内蒙古西部额济纳旗古居延海（今名嘎顺诺尔）一带，也分布着羌族。迄西汉时，羌人足迹几乎遍及中国西北。但在复杂多变的历史条件下，羌族社会的发展也表现十分不平衡。公元前5世纪时，羌的始祖无弋爰剑从秦国逃回河湟流域，当时：

> 河湟间少五谷，多禽兽，以射猎为事。爰剑教之田畜，遂见敬信，庐落种人依之者日益众。

这是羌人知种田和畜牧的开始。而羌族的饮食食品亦主要来自农业耕种、畜牧产品以及猎获之物。公元1世纪前后，西羌原居地河湟地区往东的徙居地，原有的农业更有所发展。如西海（青海）一带，既有盐池之利，又“缘山滨水，以广田畜”，所以住在这里的烧当羌甚为强大，常雄视诸羌。虽然如此，羌人所分布的河湟及其他地区，仍然是“地少五谷，以产牧为业”。《北史·吐谷浑传》记其国人，“好射猎，以肉酪为粮。亦知种田，有大麦、粟、豆。然其北界，气候多寒，唯得芜青、大麦，故其俗贫多富少”。同书《岩昌传》谓岩昌羌，“牧养犛牛、羊、猪以供食，不知稼穑”。总之羌族的主食以牛羊肉为多，辅以粮食大麦、粟、豆等，饮料以酒乳为主。如《晋书·五行志上》云：

> 泰始之后，中国相尚用胡床貊槃，及为羌煮貊炙，贵人富室，必畜其器，吉享嘉会，皆以为先。

羌煮之法与煮器的形式今皆无法得知。《东观汉记》（辑本）卷十称：窦固“在边数年，羌胡亲爱之。羌胡见客，炙肉未熟，人人长跪前割之，是以爱之如父母也”。这就是说羌胡又有一种特殊的炙肉之法。《释名》云炙肉有脯炙、釜炙、御炙、貊炙、脍炙五种，并言称“貊炙，全体炙之，各以刀割，出于胡貊之为也”。观之《东观汉记》所说的羌胡炙法，好像就是“貊炙”。在多民族的国家内，文化的传播是十分迅速的，故羌煮貊炙传播于魏晋汉人之间，并不为怪。

羌族的饮酒习惯起源也很早。晋人王嘉（子年）著《拾遗录》记载：晋武帝初年，有一位九十八岁的羌翁，酷好饮酒，尝酒如命，人称为“渴羌”。又记张华酿酒，所用的蘖出自北胡。蘖子即酿酒的一种麦芽。可知羌胡造酒、饮酒之风是很盛的。此外，由于羌族很多仍以畜牧业为生，故他们的饮料还有相当一部分来自牲畜的乳汁。

至清代，清政府在羌族地区实施改土归流以后，大大促进了该地区社会经济的发展，从而使得羌族的饮馔食仪较之以往，也发生了很大变化。他们平日的主食，以玉米、洋芋为主，尚辅以小麦、青稞、荞麦和少量大米等。副食品蔬菜则有圆根、萝卜、白菜、辣椒，以及豌豆、黄豆、杂豆等数种。调味品较为缺乏，常年多食川门菜或圆根叶子泡制的酸菜；副食肉类极少。饮料方面，与西南地区其他少数民族一样，多饮用各家自己酿造的咂酒。咂酒系由青稞、大麦煮熟后拌上酒曲，置入坛内，以草覆盖七日后发酵而成。羌族也有以青稞、玉米做醪糟或烤制白酒的，较喜嗜酒。

党项族　党项族，是一个活跃在我国西北地区的古老少数民族。最早出现在魏、周之际，最终消失于明代中叶，有将近千年的历史活动轨迹。公元 11 世纪时，还建立过一个与宋、辽、金鼎足而立的西夏政权，在历史上产生过重大影响。由于党项居住之地很少膏腴之土，地瘠产薄，因此，宋太宗在谈及其饮食和被服时，曾对张浦说：

戎人贫窭，饮食、被服粗恶不可恋者。

曾巩在涉及党项人的主要饮食食物时也称：

西北少五谷，军兴，粮馈止于大麦、荜豆、青麻子之类。其民则春食鼓子蔓、碱蓬子，夏食莛蓉苗、小芜荑，秋食席鸡子、地黄叶、登舶草，冬则畜沙葱、野韭拒霜、灰条子、白蒿、碱松子，以为岁计。

可知党项部族由于粮食生产还不能充分保障，不得不靠采集一部分野生植物来充作主粮。如“登厢草”，又作“车墙”，为“甘、凉、银、夏之野沙生草子，细如罂粟，堪做饭，俗名登粟，一名沙米”。这些记载反映的应是已转向农耕生产的党项部民生活，还有很大一部分党项游牧民除了“食以白麦印盐”外，牛羊肉及乳酪当是其主要食品。《文海》中有乳酪、乳制食品、奶酥、奶油、奶浆、烧肉、烤肉等条；文州羌人的牦牛酥号称“绝美”；元昊与酋豪围猎时，“割鲜而食”，即吃生肉等等，都反映了党项游牧民的饮食之习。

党项人的饮馔食仪还包括茶、酒两项内容。由于党项游牧民以食肉为主，故茶是帮助消化的重要饮料。顾亭林（炎武）说：

茶之为物，西戎、吐蕃古今皆仰之。以其腥肉之食，非茶不消，共青稞之熟，非茶不鲜，故不能不赖于此。

宋人洪中孚也说：“蕃部日饮酥酪，恃茶为命。”以致成为他们“日不可阙”的生活品。党项人喝茶还比较讲究，在《掌中珠》中，还载有专门烧茶的“茶铫、茶臼”。

党项居民多生活在高寒地带，饮酒可以抵御高原的严寒，因此，喜爱饮酒也是党项人重要的生活习尚。在早期，党项人还没有发展农业时，为了造酒，竟“求大麦于他界，酿以为酒”。党项人一有聚会或盟誓，或庆贺，总要饮酒作乐。《东都事略·夏国传》云：“曩霄奉卮酒勾寿，大合乐，仍折箭为誓。”《辽史·西夏外记》称：“仇解，用鸡犬血和酒，贮于髑髅中饮之。”《宋史·夏国传》更称：“（元昊）率部与猎，有获，则下马环坐饮。”党项人更将此开怀痛饮聚会呼之为“酒醴之会”。《文海》中更有专门“酿酒”一条；王韶在通远军（党项、吐蕃杂居之地）曾收蕃部酒坊三十余处；榆林窟四窟更有专门反映西夏酿酒的壁画——《酿酒图》。这一切均足以证实，西夏饮酒确已早成习俗。

回族　回族主要是13世纪初蒙古贵族西征期间，被迫东迁的中亚细亚各族人、波斯人、阿拉伯人和一部分唐宋以来久居我国的波斯商人、阿拉伯商人，在中国土地上，与当地汉人和其他民族（蒙古人、维吾尔人等），经过长期交往，相互同化而逐渐形成的一个新民族，故回族人民普遍信奉伊斯兰教。而他们的社会风尚与饮馔食仪，在许多方面受到伊斯兰教的支配和影响。

关于回族的饮食食品与糕点，早在元代，无名氏所编《居家必用》一书的饮食类目中，便有记载，当时回族的食品有“设克儿匹剌”、“卷煎饼”、“糕糜”、“酸汤”、“秃秃麻失”、“八耳塔”、“哈尔尾”、“古剌赤”、“海螺厮”、“河西肺”等。据史学家考证，其中，“海螺厮”的制作原理与烹饪方法与汉族相同。由此可见，回汉两族人民，在饮食文化与烹饪技艺方面的交流，早在元代即已开始。清代，广大回族人民的主食习惯与汉族大体相同，多以米面为主食。仅在不同地区，其主食的花色品种不同而已。在肉食方面，回族以食牛羊肉为主。这种习俗原受宗教的影响所致，但在回族长期发展的历史过程中，后来则形成为一种特殊的民族饮食习尚。

裕固族　裕固族自称“尧乎尔”、“西拉玉固尔”。历史上称他们为“黄蕃”、“黄头回鹘”、“萨里畏吾”、“撒里畏兀尔”等。该族源出于唐宋时代，活动于河西走廊的回鹘。后以河西回鹘为基本成分，在长期与周围部族的交往、融合过程中，形成了裕固族的前身。14世纪中叶，明统治者将嘉峪关外各部迁入关内安置时，裕固族也随同东迁入关，安居于今分布地区。东迁时，裕同族完全从事畜牧业。东迁后，在汉族与其他民族影响下，黄泥堡的裕固人首先学会了农业技术，终以农业代替了传统的畜牧业。但肃南的裕固族则仍主要从事畜牧业。清代，肃南的裕固族的畜牧业生产又得到进一步发展。清初西北地区茶马贸易时，裕固族便是其中一个重要的“中马”民族。由于肃南山区裕固族主要从事畜牧业，故裕固族牧民的饮食多以酥油、糌粑、乳制品为主。而酥油炒面茶则是其日常生活的主要饮料。同时，因贫富不同，其饮食也多有差别。其平日所用饮食烹调加工炊具与生活餐具，则有铁锅、木勺、木盆、木桶、木碗和背水、盛物及打酥油用的羊皮袋等。

回鹘——维吾尔族　维吾尔族，古代被称为袁纥、韦纥、乌护、回纥、回鹘、维吾尔等。它有着悠久的历史与文化，自古以来就是我们祖国民族大家庭中的一个重要成员。

在维吾尔族丰富的民族风味食品中，自古以来，最为著称和出名的莫过于“抓饭”了。羊肉抓饭，又称“帕罗”，它是一种用羊油、羊肉、葱头、胡萝卜、葡萄干等干果做的甜味米饭。“帕罗”早在唐代的《酉阳杂俎·酒食》中就有记载，称为“饆饠”，因用手捏团抓食，所以通常叫作“抓饭”。

到公元840年时，回鹘西迁后，有一部分回鹘人以当时西域的高昌为根据地，开辟并创造了新的文明。对这一时期回鹘族的风俗与饮馔食仪的内容，在《古代中国旅行记》（英玉尔编译，法考狄补订）一书中的慕黑尼的旅行记（约在913年）有记载，他记述高昌回鹘人的饮食时说：“地俗食生熟之肉，衣羊毛及棉织品。”而在《宋史》中，对当时高昌回鹘族的日常饮食与风俗习惯，就有十分生动的描述，称高昌“地产五谷，惟无荞麦。贵人食马，余食羊及凫雁”。“国中无贫民，绝食者共赈之。人多寿考，率百余岁，绝无夭死”。“城中多楼台卉木。人白皙端正，性工巧”。“其驽马充食……贫者皆食肉”。上述这些记述，多系当时人的亲见、亲感、亲历，因此足可信。由此可知当时生活在高昌一带的回鹘族人的生活已达到很高水平，其食品极为丰富多彩。

对元代高昌回鹘人的饮馔食仪情况，李志常著的《长春真人西游记》中有详尽的记述。书中说“八月二十七日，抵阴山后，回纥郊迎至小城北，酋长设葡萄酒及名果、大饼、浑葱”款待之。当时“其地大熟，葡萄至伙。翌日，沿川西行。历二小城，皆有居人。当禾麦初熟，皆赖泉水浇灌，得有秋少雨故也”。“泊于城西葡萄园之上阁，时回纥五部族劝葡萄酒，供以异花、杂果、名香”等。后来，又历二城，重九日，“至回纥昌八刺城（即《元史·地理志》西北地理的彰八里，在天山北麓，今已湮），其王畏午儿与镇海（即田镇海，回鹘人）有旧，率众部族及回纥僧皆远迎。既入，斋于台上。洎其夫人劝葡萄酒，且献西瓜，其最及秤。甘瓜如枕许，其香味盖中国未有也。园蔬同中区”。

15世纪初，明人陈诚著《使西域记》（又名《西域番国志》）一书，对当时新疆维吾尔的民族饮馔食仪就有记载。作者记述，当时维吾尔族“人民醇朴”，“所居随处设帐房，铺毡罽，不避寒暑，坐卧于地”。“饮食惟肉酪，间食米面，希有菜蔬，少酿酒醴，惟饮乳汁。多雪霜，气候极寒。平旷之地，夏秋略暖。深山大谷，六月飞雪”。

关于清代维吾尔族的饮馔食仪，清代肖雄撰的《西疆杂述诗》、清人七十一著的《西域闻见录》、和宁著的《回疆通志》、王树楠撰《新疆图志》、王曾翼著《回疆杂记》、祁韵士撰《西陲要略》等书中，均有所载述：

其一，清代维吾尔族肉食以牛羊为主，而羊尤常宰。据《西域闻见录》卷七记述：回民“宴会，总以多杀牲斋为敬，驼马牛均为上品，羊或至数百只”。

其二，清代维吾尔族人民日常饮食中，主食粮食以麦面、黄米、小米为主，稻米次之。面食中则以干馍（即“馕”）著名，米食中以抓饭著名。

其三，清代维吾尔族聚居的新疆天山南北地区，所种蔬菜种类甚多，维吾尔族人民平日食之亦不少。据《西域闻见录》卷七记述，清代新疆地区“豆、粟、芝麻、蔬菜、瓜、茄之类，无不可以成熟。‘回民’不知食用，故不多种”。又据王曾翼《回疆杂记》记载，回民“菜蔬止食蔓青、芫荽、丕牙斯三种，丕牙斯如内地之薤”，且俱系回疆“原有者”。

其四，在清代维吾尔族人民的民族风味特种食品中，最为著称的则有黄油、乳酪、油茶与塔儿糖等。据《西疆杂述诗》卷三描述，清代维吾尔族人民，平日食“酒以酥油为最，系提牛羊乳之精液凝冻于皮袋者，食之大补。牛羊乳并作成乳饼、乳豆腐以备零食。羊油可作油，以油煎滚，用灰面炒黄搅入，佐以椒盐、葱、桂之类，俟凝冷成团收贮，每摘少许煎汤饮之，冬日最宜，体温而适口”。此外王曾翼的《回疆杂记》一书中，亦有关于维吾尔族的民族风味食品塔儿糖的烹饪作法的记述：“白糖和面，撙成杵形，高尺许而锐其头，呼为‘塔糖儿’，回俗最珍之，以饷贵客。”

其五，清代维吾尔族人民日常酿制用以筵宴宾客和饮用的酒的种类繁多。如《西陲要略》一书中，便有关于新疆维吾尔人民酿制马奶酒的记述：“牛马乳酿酒为‘阿拉占’，酸乳为‘气格’，即‘马侗’也。”此外，《西疆杂述诗》卷三中，更有关于酿酒和酒类的载述：

酒有数种，呼为“阿拉克”，究竟“阿拉克”系言沙枣所酿者，固以此为常酒，故专其名。又有用稻米、大麦、糜子磨细酿成，不除糟粕，如关内黄酒者，味淡而甜，名曰“巴克逊”。最上之品，莫如葡萄所酿，成时色绿味醇，若再蒸再酿，则色白而猛烈矣，性甚热，饮之可作寒积之症。

又马乳可作酒，名曰“七噶”，以乳盛皮袋中，手揉良久，伏于热处，逾夜即成。其性温补，久饮不间，能返少颜。

由此可知，这种酒具有很高的营养价值，长期饮用，则可滋补身体，焕发精神。

其六，清代维吾尔族不但讲究“美食”，而且亦讲究“美器”。他们使用的食器、炊具与餐具，或以木为之，或以铜为之，或以铁为之，或以玉攻之。然均制作精巧、考究，美观大方，专物专用。同时，这些器具富有传统的地方民族特色。

哈萨克族　“哈萨克”是哈萨克的自称。这一称谓最早出现于15世纪中叶，是由从金帐汗国分裂出来的一些操突厥语的游牧部落传出的。古代，由于哈萨克族主要从事畜牧业，因此，“草原游牧文化”是其主要特征，他们平日的衣食等物质生活来源，绝大部分取自牲畜。《新疆礼俗志》记载：

哈萨克者，汉康居种人也。散处阿尔泰、塔尔巴哈台、伊犁北境，元城廓庐室，逐水草，事游牧，四时结穹庐，毾㲪重叠，褚以驼毳，枕则著以天鹅之䙆(其地藉以诸色绒毯毛毡、铁床、木榻各异。其式茵褥重叠，厚至数尺，枕方圆各一，眠时用薄被覆之。其头人间有建筑土屋以御冬者)。入门羸三尺，设火炉，炉旁置铜铁水罐烹茶炊饭。以粪代薪羊粪为上，驼粪次之，牛粪又次之，马粪为下（以其一燃即烬也，然作引火甚利）。

能用肉（主要是羊肉）和奶造出各种各样的具有民族风味的食品。食肉以羊为主，通常的吃法，最普遍的是烹制抓肉。此外，亦能用马肉制作灌肠，并喜食熏肉。史称：

其俗喜食薰燔诸肉，而马腊肠为款客上品（杀马驹三四岁者，切细脍，以五味和之，实诸马肠长三尺余，而以筋束其两端，名曰马腊肠，烤干煮食，以待贵客）。

古代哈萨克族的奶制食品种类不少，如有酥油、奶疙瘩、奶皮子、奶酪等。其中，用牛、羊奶制成的酥油，不但富于营养，而且将它储藏于羊胃之中，还可随时取食。至于奶疙瘩则便于长期保存和携带。此外，烤馕、抓饭、“拉仁”（羊肉拌面片）、“结尼特”（用奶渣、黄小米、黄油、糖等混合制成）、“包尔沙克”（羊油炸面团）等，则是古代哈萨克族平日与年节喜食的米、面食品。

在饮料方面，茶与马奶子酒则是古代哈萨克族普遍喜用的主要饮料。由于哈萨克牧民多吃肉食，故茶在他们的饮食中占有特殊重要的地位，牧民之家，每餐无论男女老少，均不得无茶。然而，他们烹茶方法却十分独特。其具体烹制方法则是，先将砖茶（即粗茶）用铜壶煮开，然后加入奶子（牛奶、骆驼奶）和少量的酥油，即为奶茶。而马奶子酒则是哈萨克族的名贵饮料，其酿制方法足将生马奶盛入马革所制的皮袋之中，不断搅动，使之发酵，略带酸味，然后即可饮用。此酒有开胃健脾、增进食欲之功效。因此古代哈萨克族不仅喜饮马奶酒，并用此美酒来款待来自远方的客人们。此外，古代哈萨克族的宴会，不仅独具民族风味，而且也最能体现其民族饮馔食仪的特色。据《西陲总统事略》载称：

哈萨克族风俗大抵与回人相似，惟不知礼拜讽经之事。宴会以牛、羊、马、驼为馔，马湩为酒。

对饮食品种，十分讲究。

柯尔克孜族　早在两千多年前，在我国的史书上，便有着关于柯尔克孜族的记载。但在不同的历史时期，“柯尔克孜”一名则有着不同的读音和写法。柯尔克孜族的先民最初居住在叶尼塞河上游一带，即《史记》、《汉书》上所称的“鬲昆”、“坚昆”。后称“黠戛斯”或“辖戛斯”、“黠戛司”等。他们从事畜牧业生产有着悠久的历史。清初，被称为“布鲁特”的柯尔克孜族，以天山为界分为东西布鲁特。散处各地的柯尔克孜族人仍主要从事畜牧业生产。据《新疆礼俗志》载：

布鲁特者汉乌孙、休循、捐毒诸种人也。东布鲁特为乌孙西鄙也；

西布鲁特为休循、捐毒二国也。散处于喀什噶尔、英吉沙尔、蒲犁、叶城、乌什诸边境。其俗好利喜争，尚牧畜，事耕种，与“缠回”同教。[②]

故该族的衣食、起居均带有游牧生活的方式。据有关史籍记述：

古代柯尔克孜族人氍毹荐地，无床榻。倚卓值门置炷灶，驾三足铁炉，谓之格尔加克。家长居其下右处，宾客稚幼居门之左，仆役居门之右。

至于牧民平日的饮食，则主要仰给于畜产品。据《新疆舆图风土考》一书载称，该族“风俗言语与回疆大同小异，毡帐为居，游牧为业，以肉为食，牛马乳为酒”。具体而言，古代柯尔克孜族牧民的饮食，在主食方面，多以肉、奶制品和面食为主。其中，肉食品有羊肉、牛肉、马肉、骆驼肉等，以及烹制的手抓肉、烤肉、灌肺、灌肠、炒肉等风味菜肴。又尤以手抓肉最为著称，这可能是受维吾尔族影响的结果。奶制品则种类繁多，营养丰富，主要有马奶、牛奶、羊奶、奶油、酸奶等。面食制品有馕、稀面条、面片面条、奶油甜米饭等等。又据《新疆礼俗志》记载：

由于古代柯尔克孜族其教专祀天，其历法斋期一遵回制，不食彘，不饮酒。宴客荐牛羊酸乳，贫者湛面为汤，富者以马湩茜酒，燚羊肉大米为饭。宾主之间情意周洽浓至，少诈虞者。

这就充分表明，柯尔克孜族牧民热情好客，纯朴真诚。此外，古代柯尔克孜牧民还喜饮茯茶，其烹茶方法是将此茶煮沸后，再加奶与食盐，然后加以饮用，故别有一番滋味。

3. 西南地区的民族饮馔食仪

古代的西南地区是聚居少数民族最多的一个文化大摇篮。与西北的民族相较，这些民族的发展形成过程大多缓慢而较长。上古之时，西南地区就有氐羌集团、百越集团、苗蛮集团、百濮集团等。他们分别生活在青藏高原、云贵高原、横断山脉和四川盆地等地。先秦时代，巴族、蜀族、氐族、昆明族登上历史舞台，揭开了西南地区民族发展过程的序幕。秦汉至魏晋南北朝时，叟族、僚族、濮族、白蛮、乌蛮等成了西南地区历史舞台上的主角。至隋唐时，朴子蛮、望蛮以及傣族等活跃于横断山脉和云贵高原一带，从而孕育了古代西南地区绚丽多彩的物质文明。特别是源于氐羌集团的吐蕃族，在世界屋脊的青藏高原土生土长，为开发祖国西南地区和边疆，做出了不可磨灭的贡献，进而创造了举世瞩目的高原文化。元明清以后，上述西南各民族或部族经过了不同的社会发展形态，直至近现代时，才逐渐形成了藏族、羌族、彝族、白族、傣族、傈僳族、纳西族、怒族等现代民族。

西南地区，地域辽阔，地形复杂，气候温差较大，物产种类多而且全。而古代聚居在这一地区的各少数民族，由于所处地理环境的不同，各族社会经济形态与生产发展水平，参差不齐；加之各民族信奉的宗教和社会风俗各异，故这一地区的民族风尚与饮食文化，变化万千，呈现出五彩缤纷的繁盛景象。

吐蕃——藏族 吐蕃起源于中国上古时代氐羌集团中的“羌”或“西羌”。公元7世纪初吐蕃奴隶制王朝建立后，吐蕃即活跃于西南地区的历史舞台。藏族就是由吐蕃直接发展而来的。对吐蕃人饮食文化的丰富内容，古书上颇多记载。如《新唐书·吐蕃传》在描述吐蕃人饮食的方式时便称：

> 凝麨为碗，实羹酪并食之。手捧酒浆以饮。

从中可见吐蕃人饮食的基本内容是：炒面、羹酪和酒浆。同时，由于谷类作物在吐蕃时期普遍生产，所以唐人记载：

> 其稼有小麦、青稞麦、荞麦、荳豆。

刘元鼎作为唐朝派赴吐蕃的会盟正使，即在《使吐蕃经见记略》一文中写道（公元823年，载《全唐文》卷七一六）：

兰州地皆粳稻，桃李榆穸蔚。

此时，兰州等河陇之地皆在吐蕃人手中，应当说，吐蕃人已知道食用稻米了。《第穆萨摩崖刻石》（798—815年之间，赤德松赞赞普时立）中，也有这样的词句：

工布噶波小王之奴隶、土地、牧场迩后决不减少。亦不摊派官府差役。不科赋税。不征馈遗。在其境内所产之物中以酿酒粮食青稞、稻米任何一种（奉献）均可。而驿送之役，不得远延。

可见其食谱中谷物有所丰富。同时，由于高原气候严寒，需要高热量的食品，且须利用当地资源，所以肉食也是吐蕃人食谱中不可少的。《新唐书·吐蕃传》说：

其兽犛牛、名马、犬、羊、彘。
其畜牧逐水草无常所。
其宴大宾客，必驱犛牛，使客自射，乃敢馈。

就是说，动物肉类是吐蕃人食谱中的重要组成部分。

关于吐蕃人的烹调技术，我们能引用的材料，大多出自官方的饮宴记载。刘元鼎在文中说吐蕃人在招待会盟使节时“大享于牙右，饭举酒行，与华制略等”。酒宴既如此充实，还要“乐奏秦王破阵曲，又奏凉州、胡渭、录要、杂曲、百伎”来助兴。至于普通老百姓如何烹调的细节，只能从若于词语中推知。

在吐蕃人饮食文化中，饮茶一事受到格外的重视。他们是“无人不饮，无时不饮”的，可见茶是吐蓄人的重要饮料。李肇《国史补》下卷中便记有一则关于吐蕃人饮茶的故事：

常鲁公使西蕃，烹茶帐中，赞普问曰：“此为何物？”鲁公曰：“涤烦疗渴，所谓茶也。”赞普曰：“我以亦有。”遂命出之，以指曰：“此寿州者，此舒州者，此顾渚者，此蕲门者，此昌明者，此灉湖者。”

《国史补》载述的浙江、湖广、安徽等地名茶在吐蕃宫廷中受到如此喜爱，足以证明吐蕃人的饮茶之癖不在汉地之下。茶能助消化，健胃生津。而吐蕃人又将茶叶、盐巴和酥油搅和成一种混合饮料，则是饮食文化史上的一大创举；这种被称为“酥油茶”的饮料，是吐蕃人经常饮用、一日不可或缺的饮料。相应的在陶器制作中便有陶茶壶、温茶火盆；器皿中出现了打茶桶、滤茶器等系列茶具产品。

酒，在吐蕃文献中早有记载。

松赞干布的老臣韦·邦多日义策因为年事已高，每天只有曝日闲住。他担心自己死后王室不再照顾他的后代，于是，邀请松赞干布“往其家中，再申前盟”，“以半克青稞煮酒，敬献饮宴”。早期，酒称为 Stsang 或 Rtsang，后来又称之为 Chang。敬语里称为 Skyems。这种酒是吐蕃人经常饮用的带有甜味且酒精含度不高的酒浆。这种饮料构成吐蕃人饮食文化中的重要组成部分。如谈到的 Rtsang 或 Chang，便散见于早期的吐蕃文献中。其中，《敦煌吐蕃历史文书》的“大事记年”便载：

及至马年（唐高宗永淳元年，壬午，公元 682 年），赞普驻于辗噶尔，大论赞聂于局然木集会议盟。冬，芒辗细赞与芒相达乍布二人于道孚城堡集会议盟。驻守总管（仲巴）洛·没陵波·野松色至辗噶尔贡奉酒浆，是为一年。

可见，当时以上好的佳酿供奉王廷是一种礼貌的行为，而且为史官记录在案，并使用敬语来称呼酒。

看来，举行会盟这类重大的仪式时必须要以酒献神，同时与盟者也以酒交庆。公元 822 年大理寺正卿刘元鼎作为唐廷代表团的首席代表，前往逻些参加历史上著名的唐蕃会盟典礼时，就提到会盟仪式“翌日，于衙帐西南具馔，馔味酒器，略与汉同”。

吐蕃时期的文献中还出现了葡萄酒。葡萄这种果品来自西域，汉代传入中原，很快就有了用葡萄做酒的记载。到唐代，“葡萄美酒夜光杯”，已经是诗人为之流连、相聚时觥筹交错的常品了。但制作葡萄酒技术的提高，还是得力于西域人民。《南部新苑》丙卷云：

> 太宗破高昌（事在贞观十四年八月，公元640年）收马乳蒲桃，种于苑，并得酒法，仍自损益，造酒成绿色，芳香酷烈，味兼醍醐，长安始识其味也。

吐蕃人在唐初，较长一段时期中驰骋西域，争夺安西四镇，奴役勃律、羊同诸小邦，占领龟兹、于阗、高昌达百余年之久。因而，我们见到藏文文献所载，可黎可足赞普（即热巴巾，唐史作彝泰赞普）正是因为饮用过量的葡萄美酒，酣卧于甲玛行宫时，被其臣下韦·达那金扭断颈项而弑杀的。《贤者喜宴》中说得更具体："热巴巾赞普年三十六岁，时值辛酉，在墨竹工卡香玛宫中酣饮葡萄美酒，酩酊醉卧于金床之上。韦·达那金与属庐·腊洛特，连同猎独赞三贼臣将赞普之首扭向后背而杀害之。"可见，葡萄酒已从西域传入吐蕃，用于宫廷饮宴。这位赞普由于贪杯好饮，结果白白送了性命。

从新疆若羌米兰故城（楼兰地区）中出土的吐蕃时期的木简中有几支专门记载关于酒的内容：

> Ⅱ423：苯教师七人，苯教主二人，共九人，分坐两排，食物供奉相同。晚餐毕，每人每日供头遍酒十瓢，合计三吐（吐，为半克青稞所酿酒浆的总量）。
>
> Ⅱ292：按照习俗做替身俑一对，作多玛供品。后，献降神酒。午餐，连续献迎宾青稞酒三瓢，置一盛酒大碗之中，顺序饮之。苯教教主讲述往昔古史。

在《贤者喜宴》的A卷中还记录了一则禄东赞智取安邦之策的故事，其中就提到了"酒是话的开头"和酒醉失言的情节。总之，吐蕃人的饮食文化内容是颇具民族与地方特色的。

明清时期，藏族的社会风尚与饮食文化，主要有如下几个特点：

其一，藏族平日的主食，多以糌粑、牛羊肉、茶和奶子、奶渣、酥油等为主，并且多有生食牛羊肉的饮习。据《里塘志略》记载：

藏族饮食多糌巴、牛肉、羊肉、奶子、奶渣、酥油等。其性燥烈，而茶为急需，故贵贱皆以茶为命，煎茶之法，用细茶熬藏极红，入酥油或奶子和盐搅之，饮茶食糌巴或肉面粥，名上巴汤，牛羊多生食。

而《西藏志》一书则记载：

番蒙古不拘贵贱，饮食皆以茶为主，其茶敖极红，入酥油盐搅之。饮茶食糌粑，或肉米粥，名曰土巴汤，其次面果牛羊肉、奶子、奶渣等类。牛羊肉多生食。

又因打箭炉地方，“不产五谷，种青稞，牧牛羊”，故藏民“所食惟酪浆、糌粑，间有食生牛肉者。嗜饮茶，缘腥膻油腻之物塞肠胃，必赖茶以荡涤之，此川茶之所以行远也”。茶叶中，由于含有芳香油，对肉食脂肪有分解作用。因此，包括藏族在内的许多少数民族，由于平日多肉食，所以多喜饮茶。加之茶叶中含有多种维生素与叶绿素，饮用后更加有益于人体健康。

其二，藏族地处高寒地带，故平日多喜饮酒。酒，是他们重要的饮料之一。明清时代藏族的酒有两种：

一名阿拉，如内地之白酒；一名充（去声），如内地之甜酒，皆自造，味淡而性烈。

《里塘志略》称：

藏人所饮酒乃青稞酿成，淡而微酸，其名为冲；亦有青稞烧酒，凡饮辄醉，醉后或歌或笑，至有争吵者，客至必设酒。

《西藏志》也记载：

> 男女老少皆日饮蛮酒，乃青稞所酿，淡而微酸，名曰呛，亦有青稞烧酒。饮酒后男女相携，沿街笑唱为乐。

其三，藏族在进餐习俗方面，亦有十分独特的讲究。他们平日“日必五餐”，“而日食不拘顿数，以饥为度，食少而频”。《里塘志略》记述，藏民“食不以饥为度，食少而频”。可见，他们是一日多餐，而且每餐食少量微。他们从长期实践中总结出的这一套进餐方法，不仅有益于人体健康，而且使所进食物能充分消化、吸收，这是符合饮食卫生要求的。

其四，藏族年节时的宴会饮馔十分丰盛。如藏历年的宴会即具有典型和代表意义。史载：

> 西藏年节如腊月大，以元日为年，小以初二为年。凡商民停市者三日，各以茶、酒、果肉等食物互相馈送为礼。郡王于元日设宴布达拉，请汉番官员及头人过年。

接着，举行丰富多彩的庆祝与宗教活动。此外，每逢岁时节令，藏族郡王举行的礼仪宴会上，其民族风味肴馔，琳琅满目，丰富多佯。据《西藏志》记载：

> 岁时令节郡王亦知宴客，或在家，或于各柳林中，正中铺方褥数层，郡王自坐。前设矮方桌一二张，上摆面果，长尺许，生、熟牛羊肉、藏枣、藏杏、藏核葡萄、冰糖、焦糖等类，各一二盘。其焦糖乃黑糖同酥油熬成者，长尺余，宽三四尺，厚一指。牛羊肉，或一腿，或一大方。随时两回铺长坐褥，前亦挨设矮桌，摆列果食等类各半。郡王之半噶隆牒、巴浪子、沙仲意等，列两行而坐。或两人一席，或一人一席。随从人等各就席后地坐，每人给果食一大盘，食则齐食，先饮酒茶，次以土巴汤，再以奶茶、抓饭，乃缠头回民所作，有黄白色二种，用米做饭，水淘过，入沙糖、藏杏、藏枣、葡萄、牛羊肉饼等物，盘盛手抓而食，

经饮蛮酒。遇大节会筵，乃选出色妇女十余人，戴珠帽，穿彩服，行酒歌唱，近有能唱汉曲者。又有八九十二三岁小童十数名，穿五色锦衣，带白布圈帽，腰勒锦条，足系小铃，手执钺斧，前后相接。又设鼓十数面，其司鼓者装束亦同，每进食一巡，相舞之于前，步趋进退与鼓声相合。揆其义仿古之佾舞欤！食毕肉果等物，俱各携去不留。亦或设宴请汉官，凡此食物等品，自郡王下至小民皆同。惟行酒、妇女、童舞、鼓吹除郡王而外，他皆无也。总之主人上坐，客至不起立，不迎送。若在主人之上者，始让之。其酒罐上必以酥油捏口上，以为致敬，碗皆自怀，食已不洗以舌舔之。民间宴筵，男女同居，坐亦同坐，彼此相敬，歌唱酌答竟日，始散时，男女携手跌坐而歌之，至门外街中歌唱而散，富者每月二三。

藏族那具有民族风味的饮食，光彩夺目、别具一格的民族服饰，丰富多彩的文体活动，饶有趣味的风土人情等等，都在岁时的节日饮宴文化活动中得到了生动的体现。

另一方面，通过以上记载，我们也看到，明清时代藏族的节日宴会不但规模大、礼仪讲究，宴会上的各种民族风味食品、特产丰富，而且藏族还食用西北维吾尔族的风味食品“抓饭”。由此可知，西藏地区与新疆地区之间，在进行经济与物资交流的同时，在民族饮食文化方面，亦在进行交流，并相互吸收各自的优点，共同发展。

彝族　“彝”是各地彝族统一使用的族称。由于方言、地区不同，还有许多不同的自称和他称。彝族是我国西南地区人口较多的一个少数民族。这是一个有着悠久历史与文化传统的民族。据汉文与老彝文历史资料记载，彝族与白族、纳西族、哈尼族、拉祜族、傈僳族等族的先民，与分布于我国西南地区的主要开发者和建设者的古代居民氐、羌有着密切的联系。清代，清政府在彝族地区推行“改土归流”以后，加强了对这一地区的直接统治。从而使得大多数彝族地区的领主经济解体，封建地主经济得以进一步确立。随着社会经济的发展，清代彝族人民得以用更多的农牧产品，烹制较多的民族风味饮食食品。据《越巂厅全志》转引《九种志》载，彝族先民：

饥食荞麦饼，婚姻以牛羊为礼，酒席铺松毛于地，盘足坐松上，男女分席。系牛羊剥皮，猪用火烧半割碎和蒜菜，谓之叱牲。饮泡咂酒，木碗、木杓即其器皿，食肉以竹签为箸。

范守已的《九夷志》也记载彝族先民：

种青稞、圆根为食，以酥煎菜为美，燕会杀牛，沃咂酒，烧猪羊肉，半生食之。饮食以荞面作饼，以菜作羹，燕会撒松毛铺地，盘膝坐，待汉人以矮小棹橙，男女分席而坐。杀猪用火烧去其毛，以生肝蘸椒盐食之，泡咂酒饮之。器用木碗、木勺、著用竹签，婚姻以牛马羊为聘。

此外，每年农历六月二十四日前后，还要举行“火把节”，“宰牛羊祭之，夜燃炬聚饮”。

至清代光绪末年时，彝族的饮食习俗略有变化，主食“食荞麦，以糌粑为常，行动皆羊皮口袋盛之，掬溪水拌食”。屋内“无灶，以三石支釜，名曰‘锅庄’。肉菜杂煮，肉半生，席地或团坐竹笆分食。汤用木勺取贮，团转分食，好敬客。客至必杀牲供之，以火烧去其毛，即以享客”。每年农历六月二十四日：

为过小年，杀牲以木杵击其脑，饮酒欢庆。夜燃炬跳舞，满山星火名火把会。十月朔日为大过年，必打牛羊，跳锅庄。极贫者亦多买豆腐庆贺。

其饮食好尚，多以为“好盐，好酒，好烟，好海椒、布帛、牲畜”。咂酒仍是其主要饮料，饮食器皿多以木为主。史称他们：

食不用箸，用木勺盛菜，名曰枯榠，盛食者名控者。居板高不逾寻，以竹笆围绕一日而成者最佳。夜无灯以竹然照，无床男女毕依“锅庄”团卧。以杂粮泡酒，用以竹竿中间打通，咀吮之名曰咂酒。盟誓取牛血合酒饮，悬牛革以身钻之，誓无悔。

此外，彝族忌食狗肉。可见，清代彝族的饮食食品与饮食风尚，是颇具地方与民族特色的。

白族 白族自称“白子”、“白尼”，汉语意为“白人”。白族聚居的大理地区，是云南最早的文化发祥地之一。据考古资料及有关史籍记载表明，早在秦汉之际，白族的先民居住的洱海地区，便与祖国内地各民族先民关系密切。到隋唐时，洱海地区白族农业社会经济与文化、农业技术的发展，已接近中原地区的水平。至清代，白族地区的经济、文化与科技，较之前代，又有了进一步的发展。他们与毗邻地区的汉、彝、纳西、傈僳等民族的交往，更加密切和频繁。

清代，白族人民主要从事农业生产活动，而且多居平坝。其平日的饮食，多以稻米小麦为主粮；山区白族平日则以玉米、荞子、马铃薯等为主食。

在副食方面，不但蔬菜品种很多，副食菜肴的烹调技术也很高。白族人民颇嗜酸、凉、辣等口味，擅长烹制猪肝酢、螺蛳酱、弓鱼、吹肝等传统美味佳肴。大理等地白族还喜吃“生皮肉”，味道甚佳。它是将鲜肉稍加烘烤后，切成丝片，拌以辣子、葱花、生姜、芫荽（香菜）等佐料，再加上花生酱或芝麻油，然后食用。此“生皮肉”味鲜美可口，食后使人胃口大开，故白族人将此奉为上品美食。据考证，白族“剁生”、吃“生皮”的风习，早在唐宋以前，即已十分盛行。《南诏野史》曾记载：

白民，有阿白、白儿子、民家子等名，白国之后……宴客切肉拌蒜，名曰食生，余同汉人。

《云南图经志书》也称白族：

贵生食，土人凡家嫁娶燕会，必用诸品生肉细剁，名曰剁生，和蒜泥食之，以此为贵。

此外，白族的节日饮食及其礼俗也别具特色。《邓川州志》载：白族在元旦先一日设糖果、香烛，翌晨合拜家堂祖宗，即拜父母亲党，各设茶酒于中庭。子弟盛服相拜，以扇帕钱粑茶果馈遗子弟之幼者，然后拜坟墓，拜神庙，宰牲邀饮。元宵节白族各立灯彩，“昼游夜饮，以社夥相夸竞”。端午节白族的“幼小带彩绳于手，各插蒲艾于门，且以苇叶裹粽相馈。若婿送女家衣鞋茶食等物以晒，且忌出门避祲气”。星回节六月二十五日时，白族的亲友邀饮于火下，并“驰马”“鸣锣逐疫”。中秋节设果饼献月拜之，亲友彼此邀饮。重阳节白族家家制作糕面献祖送亲，“再采菊泛酒踏青登高”。冬至节“造糍饼献祖送亲，各盛服拜贺日送长之日”。交年自仲冬各造年酒，打米粉煎茶食腌腊菜。至腊月二十四日，宰相年猪，献给祖宗，请亲友，“竟以牲饭相送至晚祭灶神、以米粉团糊其口”。白族的饮料，则主要有用糯米酿制的白酒与烤茶，这些饮料不但富有民族特色，而且其酿造方法，一商传承至今。

傣族 傣族历史悠久，文化灿烂，自古以来就是我们伟大祖国民族大家庭中的一员。傣族人民与各族人民一道，为创造中华民族的古老文明、为开发和保卫西南边疆地区，做出了自己的重要贡献。傣族主要聚居在云南德宏和西双版纳等地区。对傣族人民古代的饮食及其礼俗，史载颇为丰富。由于傣族居住各地区经济发展上的差异，故各地傣族的饮食习尚略有不同。如明代元江军民府的傣族：

> 日舂自给，地多百夷，天气常热，其田多种秫，一岁两收，春种则夏收，夏种则冬收，止刈其穗，以长竿悬之，逐日取穗舂之为米，炊以自给，无仓庾，窖藏而食其陈。

景东府的傣族田地都种秫，境内天气常热，秫早收，则以其穗悬于横木之上，日舂造饭，以竹器盛之，举家围坐，捻而团而食之，食毕则饮水数口而已。可知古代云南傣族平日的饮食，多以大米为主。

对傣族筵宴的礼俗，文献记述：筵宴则贵人上坐，僚属以次列坐于下。有客十人，则令：

> 十个举杯齐行十客之酒。酒初行，乐作，一个大呼一声，众人和

之，如此者三。既就坐，先进饭，次具醪馔有差，食不用箸。每客一卒，跪坐侧，持水瓶盥洗。凡物必祭而后食。乐有三，曰僰彝乐、缅乐、车里乐。僰彝乐者，有筝、笛、胡琴，响琖之类，歌中国之曲。缅乐者，缅人所作，排箫、琵琶之类，作则众皆拍手而和。车里乐者，车里人所作，以羊皮为三五长鼓，以手拍之，间以铜饶、鼓、拍板，与中国（中原）僧道之乐无异。

而乡村举行晏宴时，却有击大鼓，吹芦笙，舞牌为乐的习俗。饮食器皿有藤制的，但多数是陶冶的，所以文献载傣族人"釜甑俱以陶瓦，俗尚奢侈"以及其人"惟农业陶冶是务"。此外傣族的器用还有粗瓷和漆器的。在食性方面，傣族普遍喜食酸、辣等味食物。至于副食品，除喜食猪、牛、鸡、鸭、鱼等肉类外，还喜吃烘烤的水产美味佳肴。而常吃的蔬菜，据载主要有白菜、萝卜、笋和豆类等。

傣族的主要饮料为咂酒。史载傣族俗尚咂酒，俗以米麦酿酒。

既热，凡燕待宾亲之贵重者，具果馔，设架于庭，置酒罇其上，泡之于水，务令罇满为度。少顷置中通三竹筒于内，必探其底，乃与客为辑，让礼而请咂之。别以杯酌水候客，既咂而注于罇，视水之盈缩以验所咂之多寡，若水溢而罇不能容，则复劝咂之，以此为爱敬之重者。由寒月则置火于罇下，欲其热也。虽富贵之家亦用之，盖亦有所现放欤。

除此之外，傣族平日尚有喜嚼槟榔的习俗，早在元代傣族就有以"槟榔，蛤蚧、茯菑叶奉客"的习尚。到明代时，傣族仍然保留有用"槟榔致礼"的风习。这是由于傣族居住之地多瘴疠，山谷产槟榔，故"男女暮以蒌叶蛤灰纳其中而食之，谓可以化食御瘴"，所以凡遇亲友及往来宾客，傣族"辄奉啗之，以礼之敬，盖其旧俗也"。此俗一直沿袭至今。

苗族　苗族是古代西南地区人数较多的少数民族之一，他们不仅有着悠久的历史，而且分布地区很广。到了清代，苗族主要聚居分布在湖南、贵州、广西、四川、云南等地。历史上，曾将苗族分称为白苗、黑苗、花苗、红苗、汉苗等名。据历史文献与方志记载，清代苗族的社会生产，多以农业为主，并辅以采集与狩猎活动。据乾隆《东川府志》卷八记载："苗人……至今其性犹善治田。"又，民国《昭通志稿》卷十载称，花苗、白苗二种，"每附岩结庐，依水凿田"。由此，可以看出当时生活在各地的苗族的生产与生活状况之一斑。

清代在西南苗族地区实行"改土归流"政策以后，进一步推动了苗族地区社会经济的发展和民族文化的繁荣。这使清代苗族饮馔食仪较之以往，更加绚丽多彩。这一文化的主要特点是：

其一，清代苗族平日的主食多以荞、粟、米、杂粮（玉米等）为主。还喜吃蛇，但盐尤贵。据《清稗类钞》记载："苗人嗜荞，常以之作餐。适千里，置之于怀。""乾州红苗，日三餐，粟、米、杂粮并用。渴饮溪水。""宴客以山鸡为上俎。山鸡者，蛇也。又喜食盐，老幼辄撮置掌中，时餂之。茶叶不易得，渴则饮水。""客至，煮姜汤以进。不识五味，盐尤贵，视若珍宝。""食少盐，以蕨灰代之。"

其二，清代苗族平日的副食，以喜食牛肉与狗肉为主，并有其独特的屠牛宰狗法，并食一种类似蜈蚣的虫子为美味。《清稗类钞》载称，清代"黑苗在都匀、八寨、镇远、清江、古州，每十三年，畜牡牛，祀天地祖先，曰吃枯脏"。《马关县志》也记载："苗人生活极单简，谋生无宿计，故烹牛开一瓮一餐可尽也。累月无酒肉，无油盐，不以介意也。""苗人嗜狗肉，款宾以狗肉为上品。若杀款远宾必留一腿不尽食，追宾归去，用作赠馈，以示为宾杀狗之意。"苗族屠宰牛狗的方法也很特殊，宰牛"择广场栽矮木桩紧系牛鼻索于桩上，使牛头不能左右转，一人背持大斧猛击牛脑二三，击牛已晕倒，然后以尖刀刺其喉，惨相不忍观。亦有一击未晕，牛奋力拔桩起蛮触狂奔，其险亦不可测。屠狗则木棒连击其脑，既毙，复以火烧其毛，全不用刀矣"。清人纪晓岚在《阅微草堂笔记》一书中记载，贵州苗人部落的酋长，以吃寄生在兰花中、吮吸兰花花蕊长大的一种类似蜈蚣的虫子为美味佳肴。其具体吃法是，捉住这种虫子后，放少许盐末，然后将此虫盖覆于酒杯之中，即化为水，"湛然净绿，莹澈如琉璃，兰气扑鼻。用以代醯（醋），香沁齿颊，半日后尚留余品"。

其三，喜吃"醅菜"，喜以酸辣调味，则是清代苗族饮食的又一特点。醅菜的具体制作方法，据《清稗类钞》一书记载，则是"以猪、鸡、羊、犬骨杂飞禽，连毛脏置瓮中，俟其腐臭，曰醅菜"。

其四，清代“苗人最嗜酒”，砸缸酒是其主要饮料之一。《马关县志》详载说：“苗人最嗜酒，其饮不必有肴，辄举数觥如饮茶，然遇宴会，则必尽醉方休。”凡有“远宾至场，必先款以咂缸酒。咂缸红酒者，用玉米（玉蜀黍）为原料炒香磨碎，复煮之使软，和曲入缸，封之数月而酿成，插四五尺长之细竹管于糟内，曲其端，而咂其汁。汁减则增之以水。至日昃早无酒味，吸饮者犹咂唇舔舌，似津津有余味，以领主者盛意”。此外，清代云南地区的苗族，每年举行踩化山的盛会时，也饮用咂缸酒。史载，苗族踩花山“上年冬季选一高而稍平之山场，竖数丈高之木杆，于其边作标识而资号台，当事者酿咂缸酒数缸。翌年春初陈咂缸酒于场，苗男女皆新其装饰，多自远方来，如归市然。自初一日起，来者日众，累百盈千，肩摩踵接，诚盛会也”。从这些生动的记述中，可以看出，在苗族的民族传统节日里，饮咂缸酒不但可以使人们的节日活动更加丰富多彩，而且还能起到对参加节日盛会的人们助兴的作用。

纳西族　纳西族是一个古老的民族。在云南少数民族中，它是社会经济文化发展程度较高的民族，受汉族文化和习俗影响较多。主要聚居在丽江地区，在中甸、维西、宁蒗、永胜等地也有分布。由于受经济发展水平的限制，古代纳西族俗尚俭约，“饮食疏薄”。如在元代其“饮食疏薄，已半实粮也。一岁之粮圆粮”，“有力者，尊敬官长，每岁冬月，宰杀牛羊，竞相邀客，请无虚日，一客不至，则为深耻”。明代时这一状况仍无多少改观，史称“一岁所食，园根半之，园根者，即蔓菁也”。迄清代时上述情况大有改变，《丽江府志》曰：纳西族不习织纺，“男女皆刀耕火种，力作最苦。耕用二牛，前挽中压后驱。平地种豆麦，山地种荞稗，弃地种蔓菁”，从而使其饮食生活资料的来源更加丰富而具有保障性。所以文献上说，这时纳西族的“饮羞与列郡同”。对纳西族的宴会礼俗，史云每逢宴会则“推老年上坐，先酌之，子弟依次跪饮始入席，终席恂恂，无敢越次”。“贫则以席，以草茵，延客，肴不过三，酒一盂。馂余客携去”。

酒是纳西族的主要饮料，纳西族是一个喜欢饮酒的民族。《维西闻见录》说纳西族“谷麦未熟，以半值预售其半，及熟，则治衣酿酒，不计餐，坐食之”。至于纳西族的咂酒风习，早在正德《云南志》丽江府条中便有记述：“外若咂酒、星回节，大抵与各府相同。”说明咂酒十分普遍。咂酒又称钩藤酒、管管酒。《滇南闻见录》咂酒条称：“盆内插芦数枚，凡亲友会集，男女杂遝，旁各置一管，吸酒饮之，谓之咂酒。”另据考订，古代纳西族有三种酒，其制法是：一种是甜酒，以大米、小米为原料，粉碎后洗净，并且蒸熟，然后拌入酒药，移入竹篓内，用草拌泥封好。经过三五天就可饮用，为了尽早饮用也可加温。《滇南闻见录》曰：“带糟盛可瓦瓮，置地炉上温之。”这种甜酒的吃法，是把甜酒和糟混在一起，盛在碗内吃。二是水酒，酿法同上，但饮用前必在甜酒内加水，然后插入一根竹管或藤管，咂而饮之，仅咂酒而不吃糟。三是白酒，即蒸馏酒，除发酵外，必对甜酒进行蒸馏提取，这种酒在纳西地区出现甚晚，是清末的事情。三种酒不仅酿法不同，饮酒用器也不一样，甜酒用碗、杯，水酒用竹管，白酒既可用竹管，也可以用碗、杯。总之，古代纳西族的饮食文化还是具有自己的民族与地方特色的。

4. 中东南地区的民族饮馔食仪

中东南地区是中国古代南方少数民族纵横驰骋、繁衍生息、分合演化的又一个大摇篮。在远古之时，苗蛮集团的主要部分活跃繁衍在长江中游的江汉平原和洞庭、鄱阳湖畔。其中百越集团则散布在从长江下游的江浙太湖流域到岭南、云贵高原的弧形地带。春秋战国时，荆楚和于越堀起中东南地区；从秦汉到三国魏晋南北朝之际，是百越集团大发展的时代，闽越、山夷、苍梧（即南越）、骆等纷纷从百越巾分化出来，几经分合，俚族、僚、乌浒蛮族登上了历史舞台；此时中南的湘西、鄂西南等地区则是武陵蛮的世界，其分支武溪蛮一支，始向西南迁移，逐渐进入贵州和南方境内，迈向诸多民族形成的历史航程。这时山夷在台湾繁衍生息，分化演合，开发祖国宝岛，成为当代高山族的先祖。自宋代以降，经元明清的大发展，中南、东南地区当代的少数民族：苗族、布依族、侗族、水族、壮族、瑶族、土家族、黎族、畲族以及高山族诸族先后完成了自己的形成过程，并发展为现代民族。这些民族在长期的历史发展过程中，不但善于向汉族学习各种先进的生产技术，促进了自身民族经济的发展，而且还在经济与生产发展的基础上，创造了各具风味与特色的民族饮食文化，大大丰富了祖国饮食文化宝库。

古代中东南地区聚居的各少数民族，由于各自的民族历史与文化传统的不同，各民族生活的自然与地理环境的差异，社会经济与生产发展的不平衡，导致了古代中东南地区少数民族饮馔食仪多样性这一特点。

百越 百越是中国东南方古代民族共同体的一个泛称。关于百越民族的食品种类，据蒋炳钊诸先生的研究，有稻米、瓜果和各种水生动物、陆栖动物。稻米包括灿稻米和粳稻米；水生动物有各种鱼类和蛤、螺、龟、鳖、蚌、蛇、牡蛎、蚬等；陆栖动物（含已驯养的）是猪、牛、狗、羊、鹿、熊、虎、象、鸡、鸭等。越王勾践为了鼓励生育，规定"生丈夫，二壶酒，一犬；生女子，二壶酒，一豚"。可见越人是饮酒的。百越的名菜佳肴，据林乃燊先生的研究，东周时期，太湖边上的叉烧鱼，闻名天下。《吴越春秋·王僚与公子光传》记载，公子光（阖闾）想夺王僚的王位，伍子胥给他献计，找一个名叫专诸的刺客，到太湖学作叉烧鱼，准备利用王僚爱吃叉烧鱼的癖好，在宴饮时谋杀王僚。专诸学了三个月，才学会了制作叉烧鱼，可见烹制这种名菜，需要较高的专门技术。除了叉烧鱼，吴国的酸辣羹也颇为有名。《楚辞·招魂》云："和酸若苦，陈吴羹些。"这里的"吴羹"，大概就是楚国聘来的吴国高级厨师所作的酸辣羹。

百越民族的炊具、食器，据史载，有炊煮兼用的鬲、鼎、釜，还有仅作蒸煮用的甑。食器和盛贮器有陶器、原始青瓷器、木器、竹器等。《后汉书·东夷传》注引《临海水土志》称："取生鱼肉什贮大瓦器中，以盐卤之，历月所日，乃啖食之，以为上肴。"《临海水土志》又称："饮食皆踞相对，凿木作器如猪槽状，以鱼腥肉臊安中，十十五五共食之，以粟为酒，木槽贮之，用大竹筒长七寸许饮之。"这里说的是居住在台湾的越族后裔山夷的食器。而考古资料说明：吴越地区的越人的盛器有印纹硬陶和原始青瓷的罐、坛、瓿、盂、壶等，食器则有原始瓷质及陶质的碗、盏、盘、碟、豆、盅以及青铜质的盘、豆、匜等。

楚族 楚族是中国古代中南地区的一个古老而强大的民族。到春秋战国时，楚族迅速发展成为一个强大的民族。它兴起于江汉，拓展于江南。楚族此时的经济生活，属于以稻米为主粮的火耕水耨的水田农业经济类型。所以据文献的描述，楚族的饮食生活是"饭稻鱼羹"，副食以鱼类水产为主，辅以各种禽兽（多被中原地区视为"异兽"）。如晋人张华便说："东南之人食水产，西北之人食陆畜，食水者龟蛤螺蚌从为珍味，不觉其腥臊也。"马王堆汉墓帛画和出土的各种鱼类、飞禽走兽，正可窥知楚族好食水产异兽之食风。

在食性方面，楚族多喜嗜酸甜辛冷。《大招》云："吴酸蒿蒌，不沾薄只。"是言楚族用吴人之法工渊腻酸烹饪，其味不浓不薄，适甘美。喜甜，《招魂》中屡举楚族用蔗糖为佐领烹鳖炮羔，用蜜糖和米面作点，用饴糖蹩酪鳖鸡。喜苦，《招魂》又云："大苦腻酸，辛甘行些。"此言取豉汁和以椒姜作调料，这种苦味，调入酸、甜之中，实为怪味，则别具风味。喜冷，楚国夏季炎热，故楚族有冷饮之癖好，《招魂》记载说："挫糟冻饮，酎清凉些。"通过《楚辞》这些记述可见，好食水产异兽，喜酸甜辛冷是楚族饮食文化的重要特色。

山夷　山夷是百越集团在台湾的一个分支。台湾在东汉和三国时均被称为"夷洲"，所以台湾百越集团中的一支被称为"夷洲人"或"山夷"。据沈莹《临海水土志》记载，山夷当时生产力水平还十分低下，"唯用鹿角为矛以战斗耳。磨砺青石以作矢镞、刀斧、环贯、珠珰"。"各号为王，分划土地人民，各自别异"，过着原始社会的部落人生活。与这种社会发展阶段相适应，山夷人的饮食生活也十分简单，《临海水土志》云：山夷人饮食不洁，取生鱼肉杂贮大器中以卤之，"历日月乃啖食之，以为上肴"。"饮食皆踞相对，凿木作器如猪槽状，以鱼腥肉臊安中，十十五五共食之。以粟为酒，木槽贮之，用大竹筒长七寸许饮之"。可见生食是山夷人饮食的主要特色；酒是他们的主要饮料。

壮族　壮族在我国历史上，是一个有着悠久历史与文化的民族。壮、布壮，原是壮族的自称。而在汉文史籍中，多译写为"僮"或"獞"等。早在秦汉时代，壮族的先民们便聚居与生活在这一地区，并为这一地区的开发与经营，做出过极为重要的贡献。到了明清时期，特别是清代，清政府在壮族地区推行"改土归流"政策以后，大大促进和推动了这一地区社会经济的发展。此时，壮族"皆耕田而食"，"水田低则称田，旱田高则称地。田皆种稻，地种杂粮。间有种草（旱）禾者。雨水足则丰收"。"禾有早晚，随月而名，如六月禾、八月禾"。"水田之中，多喜种芋"。这就表明，壮族地区不仅种植的农作物种类增多，耕作技术也有所提高。

由于壮族主要从事农业生产，故平日在饮食方面，主食多以所生产的稻米、玉米、芋头、红薯、木薯和荞麦等为主。据《桂平县志》记载：

《赤雅》云，僮丁冬编鹅毛杂木叶为衣，搏饭掬水以御饥渴，缉茅索绹，伐木架楹，人栖其上，牛羊犬豕畜其下，谓之麻拦子。按獞（壮）人以田为业，故《天下郡国利病书》言其在古田时佃种荒田，聚众逼胁田主（见后人来踪）；又言其蔓延广东听招佃田，是其生计与齐民无殊。至于衣服、饮食、居处、器用之属，尽变华风已逾百年。赤雅所言，已成古事（或是昔年别处生僮风气）。

每遇壮族的春节、蚂蜗节、三月三歌节、牛魂节、莫一大王节、中元节和霜降节等传统节日时，其饮食更加丰富多彩，其中如每年农历三月初三日，“歌节”的五色饭，包生饭，色香味形俱佳的猪籽粽、牛角粽、羊角粽、驼背粽等，都是具有浓郁的民族特色的风味食品。人们在食用这些传统美味佳肴的时候，尽管常伴有祭神、打醮等迷信活动，然而更吸引人的则是抢花炮、演戏、杂技、武术表演、舞彩龙、唱采茶等丰富多彩的文娱活动。至于用红兰草、黄饭花、枫叶、紫蕃藤的汁浸泡糯米做成的黄、黑、紫、白五色饭，色香味俱全。相传，这种五色饭是专门为纪念远古时代，曾下凡来到壮族地区的五位仙女而做的。

古代壮族在副食方面，不仅花样多、品种全，而且颇有民族风味与地方特色。制作副食的蔬菜，主要有芥菜、白菜、瓢羹菜、南瓜秧、白薯秧、萝卜等。肉类则有猪肉、牛肉、狗肉、蛇肉等。《肇庆府志》曾载称壮族风俗：

> 衡板为楼，上以栖止，下顿牛畜。抟饭以食，掬水以饮，盛夏露处，冬则围炉达旦。宴客以肉盛木具或竹箕，均人数而分置之，罢则各携所余去。分肉或不均衔之终身，莫解有所要约，必以酒肉，得肉少许，酒半酣虽行刦斗狠无不愿往也。

由此可见，肉在壮族饮宴生活中的特殊重要性。

古代壮族平日与年节饮用的饮料，主要是自家酿制的米酒、木薯酒和白薯酒。这类酒，均属低度酒。其中，米酒是壮族过年及宴筵宾客时，喜用的主要饮料。还有甜酒，亦是宴客的佳酿。据载壮族酿制的这种甜酒，有上千年的历史。宋代周去非的《岭外代答》记述，早在宋代邕州钦州一带的壮族村寨，先在地上铺一张席子，将小瓮置于宾主之间，旁放一盂净水。开瓮后，酌水入瓮，插一根竹管，宾主轮流用竹管吸饮，先宾后主。管中有一个像小鱼一样的关捩，能启能合，吸得过急或过稳，小银鱼都会关闭。此风俗就叫打甏。可见，壮族敬甜酒之风俗即是由此演变而来的。至于壮族的妇女，则与南方其他各民族（佤、傣、黎、高山等族）的妇女一样，十分喜爱嚼槟榔，而且嚼槟榔时颇为讲究，还要配以药物、香料，如蒌叶、蚬粉、丁香、桂花、三赖子等。也可用石灰代蚬灰。此种嚼槟榔习俗，既为防瘴气，又可染齿，此实为一举而数得，故此习世代沿袭。

瑶族　瑶族的名称繁多，曾因其起源传说、生产方式、居住与服饰的特点而有"盘占瑶"、"过山瑶"、"茶山瑶"、"红头瑶"、"兰靛瑶"、"背篓瑶"、"平地瑶"、"白裤瑶"等三十余种不同的称呼。瑶族是一个有着悠久历史的民族。他们的先人曾是秦汉时期长沙武陵蛮的一部分。魏晋南北朝时，部分瑶族亦被称为"莫瑶"。到了宋代，瑶族的农业与手工业均有一定程度的发展。明清两代。两广地区的瑶族多耕种稻田，并使用牛耕与铁器农具。他们开田辟地，种植各种农作物，使用的灌溉设施亦比较先进。社会经济的发展，一方面为瑶族的饮食文化的发展繁荣提供了坚实的物质基础；另一方面，又促使其饮食结构发生相应的变化。据广西《桂平县志》转引《桂海虞衡志》称，清以前瑶族"种禾"，其饮食以"黍、粟、豆、山芋杂以为粮，截竹筒而炊；暇则猎食山兽以续食"。

赤雅云：瑶人社，日以南天烛染饭，竞相馈遗，名曰青粳饭，杜诗岂无青粳饭，令我颜色好。吴旧志云：由大宣里王举村行经平南县鹏化里，诸山约七八十里，进瑶口以咸蛋、豆豉及盐等，易其香菇、木耳尖各物地为桂树，外人来买，必呼其群宰猪大嚼，约银之多少，剥桂给之。袁旧志云：食用皆能自给，所外需者惟盐，出山市归，以竹筒悬之梁问，问其富数盐以对，地产香菇、苓香草等物，而桂皮最良，以山深林密饱历风霜，气味醇厚故也。

可见，早在清代以前，瑶族的饮食，即多以黍、粟、豆、山芋等为主食，并辅之"猎食"。而"青粳饭"则是其别具特色与风味的民族食品。此外，尚有香菇、木耳、桂皮等作为副食食品，并且"食用皆能自给"。至清代，随着瑶族地区经济与文化的发展，瑶族的饮食趋于多样化。

其一，清代瑶族平日的饮食，主食多以大米、玉米、红薯和芋头等为主；副食蔬菜有辣椒、南瓜、黄豆等，肉类有牛、羊、鸡肉等。部分瑶族还以鸟腌制的“鸟酢”和以牛羊、兽肉腌成的“酢”。作为风味喜食的民族食品。有关史籍记载，广东连阳八排瑶族饮食风尚，却别有一番民族情趣。他们“远出包裹米饭，虽经时腐败不以为秽，食毕掬涧水饮之。窃人牛刳去其肉，张皮木橛使中凹可受水，以火煮之，饱餐而去，以牛肉为粮木臭，盖其俗使然”。“宴会大都分肉而食”。

其二，酒与打油茶是清代瑶族的主要饮料。据《河池县志》记载，瑶族“嗜酒甚于他族，无论男女老幼遇饮必醉，每值市期，其倒卧酒肆之旁及路侧者，指不胜偻。此风池丹瑶种均同”。热情好客的瑶族人民，凡客至其家，不问熟识与否，“概由妇女招待，敬以油茶，客能多饮，则主人喜”。油茶的制法是以油炒泡开的茶叶煎成浓汤，再加食盐调味，然后用以冲泡炒米花及炒黄豆等物而成。吃起来不仅喷香扑鼻，而且可以将此作为午餐。

其三，清代连阳八排瑶族的年节时令食品，是瑶族民族风味食品的精华。据《连阳八排风土记》记述：连阳八排地区的瑶族

正月初一日鸡鸣先击米箕后，击锣鼓，放铳，吹牛角，天明酒肉糍茶各二碗，箸二双，拜祖宗。是日新婿亲送酒肉至岳翁家拜年，主人请亲族聚饮，计客多寡，婿出银作封，每客送银二分。越日，各客请酒用生肉二斤以酬。元宵击锣挝长鼓，跳跃作态，长鼓其形头大中小黄坭涂皮，以绳挂颈或云亦古制也。男女相杂，至山岐唱歌。三月初三日谓开春节，备酒肉祀祖宗，请岳翁饮酒。清明，凡祭新坟亲族各送楮纸一张一束，焚于墓前，主人酬以米糍四块，肉二片，相聚轰饮。惟婿送楮钱一束、酒一埕。四月初八日谓之牛王诞节，备酒肉祀祖宗，请岳翁来饮。七月初七日，谓之七香节，备酒、肉、茶、盐、米饭各二碗，箸二双，祀其先祖。此节瑶排最重，有事于外者，必归其家。每岁至七月瑶人四出窃牛及羊鱼等物，民间更加提防。八月早禾初熟，请岳翁尝新，又发肉银一钱，或五分赠之。十月谓之高堂会，每排三年或五年一次，行之先择吉日，通知各排届期至庙，宰猪奉神，列长案于神前，延道士坐其上，每人饭一碗、肉一碟，口诵道经，瑶人拜其下，以茭卜吉凶，富者穿五彩绣衣，或袍，或衫，必插鸡羽于首；足穿草履，或木屐，或

赤足不袜；系金银楮纸于竹篙，上手执之，击锣挝鼓赛宝唱歌，各排男女来会，以歌答之；至夜宿于亲戚之家，间有以银牌、红布作贺者，客回主各酬以生肉。除夕，备酒肉祀祖宗，男妇聚饮，客至宜款待者，瑶妇立侍左右。

上述清代瑶族地区的节令饮食习尚，不但是清代瑶族民族饮食文化的一个重要组成部分，而且有的习尚还一直沿袭至今。

黎族　黎族是一个有着悠久历史的民族，他们自古以来便劳动生息在美丽富饶的海南岛上。在我国古代史籍中，关于黎族的记述颇多。西汉以前，史籍中曾以“骆越”；东汉史籍则以“里”、“蛮”；隋唐史籍则以“俚”、“僚”等名称，泛指南方的少数民族，其中，也包括海南黎族的远古和古代先民。唐末刘恂的《岭表录异》一书，已有“黎人”一词出现，但黎族作为专门的族称，则是宋代以后的事情。到了清代，黎族食风，则有如下特点：

其一，由于清代黎族多从事稻作农业，并辅以渔猎和采集，因此他们平日饮食中的主食多以黎米、藷菜、牲畜肉、捕获的鱼类以及采集的土产槟榔、琼枝菜、石蟹等为主。据清代张庆长的《黎岐纪闻》一书载称：

黎内多崇山峻岭，少平夷之地，然依山涧为田，脉厚而水便，所获较外间数倍；其米粒大色白，味颇香美，然外间人食之多生胀满。琼人所谓大头米，即黎米也。

修撰于乾隆、道光年间的《琼州海黎图》中的《收割图》所附文字亦称，黎族“稻熟而收，不知获法，但以手连茹拔之，束担以归。中有香稻一种，粒大而坚，炊之香闻一室。然外人食之易染瘴疠，故弗贵焉”。《黎岐纪闻》又载：“生黎不知种植，无外间菜疏各种，唯取山中野菜用之。遇有事则用牛犬鸡豕等畜，亦不知烹宰法，取牲用箭射死，不去毛，不剖腹，燎以山柴，就佩刀割食，颇有太古风。”即使谷物，黎族“收获后连禾穗贮之，陆续取而悬之灶上，用灶烟熏透，日计所食之数，摘取舂食，颇以为便”。清代黎族的射鱼之法，亦十分别致独特。《琼州海黎图》中的《射鱼图》文字载称，

> 黎人取鱼溪涧中，不谙网罟罾篝之具，惟以木弓射之。故鱼盐多资内地小贩，有肩咸鱼入市者，得倍利焉。

由此可见，捕鱼已成为清代黎族生活中的一个重要组成部分，是平日饮食的主要来源。此外，喜嚼槟榔亦是清代黎族生活中的一个重要食风。据《崖州志》载：

> 黎族俗重槟榔，宾至必先敬主，主亦出以礼宾。婚礼纳采，用锡盒盛槟榔，送至女家。尊者先开盒，即为定礼，谓之出槟榔。凡女受聘者，谓之吃某氏槟榔。此俗，琼郡略同，延及闽广，非独崖也。

可知当时此风尚之盛。

其二，清代黎族有亲死不食粥饭、不食糯的饮食禁忌以及七酿三食、饮食以牛皮为器物等习尚。早在宋代，据周去非《岭外代答》一书载，“海南黎人，亲死不食粥饭，唯饮酒食生牛肉，以为至孝是在”。直至清代，仍沿用此习，据《崖州志》记载，琼州黎族“亲死，戚至，盘结病由，祭鬼少者，辄鞭挞交加；富者插以银羽，披以花衫，率以游村，以酒灌使极醉；举家不食饭，不食糯米，不坐高床”。临高地区的黎族食风更有特色，《临高县志》称，他们“耕作惟顺其地力，不事人工。一岁所收，以其七酿酒，余三为赡口计。食尽则群赴他村食之，又尽则又赴他村，皆无彼此之别”。安定一带黎族性格强悍、质朴，饮食器物多以牛皮制作，独具特色。据《安定县志》载，这些黎族常在“田中采无名之菜，屋内四时聚薪壅火，冬则靠以辟寒，夏则炕其禾谷。耕田之外，四月必垦山地以种山禾。婚姻以牛为聘，贫者五六头，富者一百数十头”。

其三，清代黎族饮酒之风十分盛行，酒是其主要饮料之一。早在宋代，黎族便有“打甏”饮酒的习俗。元代，马端临的《文献通考》载称：黎峒，唐故琼管之地，“人饮石汁，又有椒酒，以安石榴花著瓮中即成酒。俗呼山岭为黎，居其间者号黎人”。明代《皇舆考》一书也载，琼州黎族“酿酒不用蘖。（有木日严树，捣皮叶和粳成酒，石榴花叶亦和酿数月成酒）”。清代，黎族饮酒更为普遍。据《崖州志》称，崖州黎“性好酒，每酿用木皮草叶代麦蘖，熟以竹筒吸饮”。

他们常常亦如《黎岐纪闻》所载，“以稻米作酒，谓之黎酒，味甚淡，见外间太和烧酒尤好之。近日惠潮人杂处其中，多以沽酒为业，任其赊取，不知数，秋后计算，以米偿之，虽欺之亦不觉也”。

其四，清代黎族的饮食器皿，仍如《旧志》所述，素“以土为釜（即灶），瓠匏为器”。有的地区黎族，他们“每食以大钵贮饭，男女围聚，用匙瓢食之”。《黎岐纪闻》记载，黎族“器用皆椰壳，或刳木为之。炊煮熟，以木勺就釜取食，或以手捻团而食之，外间碗箸无有也”。

高山族　高山族是台湾少数民族的总称，也是中华民族大家庭中的一个重要成员，是我国台湾宝岛上最早居民的后裔。清代称高山族为“番族”、“番人”；谓高山族居住的地方为“番社”。又因他们居住地区不同与生产、生活习尚的差异，而将高山族分为“生番”、“熟番”、“高山番”、“平埔番”、“东番”、“西番”、“南番”、“北番”以及“水沙连番”、“琅琊番”等。

高山族在主食方面，多以粮食为主。《重修台湾府志》载，清代高山族基本上是“一日三餐”，一日之饭通常是“清晨煮熟置小藤篮内，名霞篮，或午，或晚，临食时沃以水”食之。饭有两种，“一占米煮食；一篾筒贮糯米，置釜上蒸熟手团食，日三餐，出则裹腰间”。“饭不拘秔糯炊而食之，或将糯米蒸熟舂为饼饵，名都都”。“饭渍米水中，经宿鸡鸣蒸熟，食时和以水，糯少则兼食黍米”。其主食不仅种类很多，而且烹制方法也多种多样。在炊具方面，他们炊饭用铁铛，“亦用木扣，陶土为之，圆底缩口，微有唇起以承甑，以石三块为灶，置木扣于上以炊”。另外，还有一种竹煮之法，此与南方傣族、哈尼族饮食生活中常采用之法同。此外，高山族亦常将粟、番豆、菜豆、加雪豆、玉蜀黍、龙爪稷、藜、花生等，作为主食的一部分，与糯米等杂而食之。据《番社采风图考》载称，古代台湾地区所产“粟，名倭，粒大而性黏，略似糯米”，故高山族将粟“蒸熟摊冷，以手掬而食之”。

薯芋则是古代山地高山族平日的主要食物。据《重修台湾府志》载，他们皆“傍崖而居，或丛处内山，五谷绝少，砍树燔根以种芋。魁大者七八斤，贮以为粮”。他们对薯芋的烹制方法很特别，其具体作法，是将“芋熟置大竹扁上，火焙成干，以为终岁之需，外出亦资为糇粮”。在食俗方面，有的高山族还有“聚一社之众发而啖焉，甲尽则乙，不分彼此”，“鱼贯而启，以果其腹”的饮食食风。

高山族平日饮食，在副食种类方面较为丰富。其中，蔬菜瓜果类有：竹笋、萝卜、南瓜、黄瓜、茄子、番芥蓝、葫芦匏、番姜、葱等。水果有菠萝、椰子、番蒜、番石榴、香蕉、释迦果、菩提果、番柿、柑仔密、杨桃等。肉食方面，则有鱼肉、鹿肉、猪肉（家猪及野山猪）和鸡肉等。因为高山族渔猎技艺极高，百发百中，所以烹制鱼虾及各种野味时，别有一番技术。据《重修台湾府志》、《诸罗县志》、《番社采风图考》等书描述，他们“凡捕鱼于水清处，见鱼发，发用三叉镖射之，或手网取之”。台湾彰化县一带的高山族人民，“捕鱼番妇或十余，或数十，于溪中用竹笼套于右胯，众番持竹竿从上流殴鱼，番妇齐起齐落，扣鱼笼内，以手取之”。至于在鱼的吃法方面，古代高山族人民最喜将捕获之鱼生食；此外，还喜将所获之“鱼虾、鹿、麂俱生食”。当然，也将鱼虾等腌食或熟食。他们常将“小鱼熟食，大则腌食；不剖鱼腹，就鱼口纳盐藏瓮中，俟年余生食之”。还有将“鱼肉蛆生，气不可闻，嗜之如饴，群噉立尽”。其吃法更是十分特殊了。而内优等社的高山族人民，他们得“鱼、虾、鹿肉等物先炙熟，再于釜内煎煮”。对猎获的鹿肉、山猪肉、飞禽肉等，高山族食法则略有不同。他们将猎获之“麋鹿，刺其喉，吮其血，至尽乃剥割。腹草将化者绿如苔，置盐少许即食之”。对禽兔，亦“生啖之，腌其脏腹，令生蛆，名曰肉笋，以为美馔”。而将“鸟兽之肉，传诸火，带血而食”。捕获鹿后“即剥割群聚而饮，脏腑腌藏瓮中名曰膏蚌鲑”。台湾高山族“东西螺食猪肉，连毛燔燎，肝则生食，肺肠则熟而食之”。至于鸡“最繁，客至杀以代蔬”，鸡肉则烹饪加工后熟食之。

高山族在平日与年节烹制美味饮食食品时，所用调味品有姜（亦称番姜、三保姜）与盐、辣椒等物。在使用这些调味品时，其方法较为特殊。据《重修台湾府志》载，台湾高山族“深山捕鹿不计日期，饥则生姜嚼水，佐以草木之实，云可支一月”。此外，姜还是食用鱼肉、鹿肉的主要调料之一。至于另一种调味品盐，高山族主要是用海水提取的，因此，他们“半线以北，取海泥卤曝为盐，色黑味苦，名几鲁，以腌鱼虾”。

酒则是高山族平日与饮宴时的主要饮料。史载高山族酿制与饮用的酒类共有两种，《重修台湾府志》载云：

一用未嫁番女，口嚼糯米，藏三日后，略有酸味，为麦舂碎，糯米和麦置瓮中，数日发气，取出搅水而饮，亦名姑待酒。

一将糯米“蒸熟拌曲入篾篮，置瓮口，津液下滴，藏久，色味香美，遇贵客始出，以待敬客，必先尝而后进”。此外，还有用黍秫等酿制酒类的，其酿法很独特。据《番社采风图考》记载，他们常将“黍秫熟留以作酒，先将水渍透，番妇口嚼成粉，置瓮中，或入竹筒，亦用黍杆烧灰搅成，米麦发时，饭或黍秫和入，旬日便成新酒”，“其色白，味淡，善醉易醒”。同时，热情好客的高山族人民，还常用自家酿造的美酒款待来客。他们经常是“客至漉糟，番轮饮之”。若每遇祭祀大典，或生育、婚嫁、年节，高山族都要举行宴会，互为邀饮、痛饮，不醉不止。据《清稗类钞》、《番社采风图考》记载，台湾高山族“每俟秋米登场，即以酿酒，男女藉草剧饮歌舞，昼夜不辍，不尽不止”。但是，饮酒之风却在台湾红头屿雅美人中不盛行。

嚼食槟榔也是台湾高山族的一种比较普遍的嗜好。他们有以椰子“切片和槟榔啖之”的习俗。这些饮食嗜好，确与热带、亚热带地区的气候和物产有着十分密切的关系。

台湾高山族的日常炊具和饮食器具，多利用自然之物加工制作而成，既经济实用和美观大方，又价廉物美，独具特色。据有关历史文献记载，其饮食用具和炊具，主要有竹筒、竹杯、木桶、木甑、连杯、勺、椰碗、匏葫芦、藤篮、陶水壶、陶埆、陶锅等。这些用途甚广的炊具与饮食用具，是高山族饮食文化民族特色与地方特色的重要体现。

第三讲

美食美味美器与宫廷筵宴

中国古代饮食文化，其本身而言，的确有其特定的含义和范畴，它首先是一门须“先知而后行”，掌握各种烹饪技艺的“学问之道”；其次它又是包含饮食（色、香、味、形、声）、美器与礼仪（饮宴陈设、仪礼）、社会道德风尚教育、食享与食用（保健、养生、长寿与食疗）等多重内涵的一门综合艺术。它是中国古老悠久的传统文化在特定氛围中孕育的产物和结晶，也是迄今为止，中国人民引以为自豪与骄傲的国粹之一。因为人们在进行和实践这种文化艺术活动时，不仅眼、耳、鼻、舌、身五官并用，而且在获得真、善、美的享受之后，还将有益于身心健康的长寿。值得注意的是，中国古代饮食文化中，皇宫宫廷饮食是属于高层次的饮食文化。而在宫廷饮食中，每逢年凶、庆典、寿日，或帝王出巡时，在宫中及行宫中，因各种目的而举行的各种形式的筵宴活动，不仅是宫廷宴道、食艺的生动体现，而且是治国驭民的统治者的饮德、智道淋漓酣畅的发挥。由此也使得中国古代饮食文化的综合艺术特色与社会功能（效益）作用，表现得更为突出和显著。

美食不如美器与美味

自古以来，中国历代的帝王、王公与贵族，在平日与年节的饮膳、饮宴活动中，既注重美食、美味、美肴，又讲究美器。而美食家们则从文化、艺术与美学的角度出发，力主美食与美器二者之间须和谐与统一，从而提出了美食不如美器与美味的颇有见地的见解。然而，无数生动的事例表明，中国古代的饮食文化，正是美食、美味与美器完美结合、体现的一个光辉范例。

1. 美食美器的创造及其综合艺术功能

纵观中国古代饮食文化发展的曲折复杂历程，便会发现：美食总是伴随着社会的进步、烹饪技术的发展而趋宏富，美器则是伴随着美食的不断涌现、科学文化艺术的繁盛而日臻多姿多彩的。

早在远古时代，人类的饮食生活处在"民食果蓏蚌蛤"，"茹毛饮血"、生吞活剥的生食状态，因此，当时无所谓美食与美器。50 万年前，北京人已经能够使用火了，从此开始了"钻燧取火以化腥臊"的时代，表明我们的祖先由生食进入了熟食阶段。但是，在熟食之初，人类是无食器的。据民族学资料表明，古代僚人"无匕匙，手搏饭而食之"。高山族人吃饭时，亦是"粥则环向锅前，用柳瓢饮食；饭则各以手团之而食"。进入新石器时代，我们的祖先在用火熟食的基础上，逐渐发明了陶质炊具和食器。自本世纪初叶以来，属于仰韶文化和龙山文化的陶灶、陶釜、陶鬲、陶鼎等烹饪器具和陶钵、陶盆、陶碗、陶盘等食器，相继在中原、西北、华北、东南和西南等地区出土。这表明远在数千年以前，中华民族的祖先就已经知道烹饪食物了。所以，《古史考》云："黄帝作釜甑"，"蒸谷为饭，烹谷作粥"。有了灶、釜、鼎这些烹饪器具，就使得人们得以在寻求饮食滋味美的海洋中任意遨游。于是先民的食物范围扩大了，熟食品种大大增多了。

在人类不断开发食物资源的同时，食器的造型与纹饰也开始丰富。在新石器时代陶器纹饰的艺术走廊中，除了那些具有写实意味的鱼纹、鹿纹、鸟纹和蛙纹等动物纹饰以外，主要是各种各样的抽象几何纹。这些线条流畅的纹饰，显示出早期食器所特有的古朴美。特别是几何纹的起因和来源，至今仍是世界艺术史上的谜。在我国学术界，有的学者认为"早期几何印纹陶的纹样源于生产和生活"，"叶脉纹是树叶脉纹的模拟，水波纹是水波的形象化，云雷纹导源于流水的旋涡"，并认为这是由于"人们对于器物，在实用之外还要求美观，于是印纹逐渐规范化为图案化，装饰的需要便逐渐成为第一的了"。也有的学者认为，"在原始社会时期，陶器纹饰不单是装饰艺术，而且也是族的共同体在物质文化上的一种表现”。可见，给人以美感的原始陶器上的纹饰，不但具有客观的感觉形式美，而且其中更蕴含着复杂而又深刻的社会内容。

但是，随着时代的变迁和社会的进步，这些彩陶上的纹饰由于不断重复仿制而失去它原有的含义，变成陶器纹饰规范化的一般形式美。于是，这些彩陶上的几何纹饰又确乎成了包括后来的餐具造型纹饰在内的各种装饰美、形式美的最早样板和标本了。墨子云：“食必常饱，然后求美。”韩非子也说：“富贵至则衣食美。”这些话从一个侧面说明，美食与美器的面世，饮食文化艺术美的产生，归根结蒂是社会生产力发展到一定程度上的结果，是人类社会进步文明的伴生物。历史事实确属如此。夏代尧时，还是“饭于土簋，饮于土铏”。食器的制作仍停留在陶土质的阶段。但迄至商代，便一跃而为青铜时代，如出土的鼎、簋、盨、簠和豆等文物，又都是当时流行的炊器和食具。这些青铜器，其器形纹饰，或由人工雕琢，或镂刻，从而使得纹样精丽、形制端庄。至两周，一些用于祭祀和宴饮的青铜器又被统治阶级赋予特定的意义，使得它具有象征奴隶主统治权威、区别尊卑贵贱的功能，即所谓“藏礼于器”也。如按照礼制组合而成的所谓列鼎，一组数目有九、七、五、三共四级，即“天子九鼎，诸侯七，大夫五，元士三”，奴隶社会中的等级差别，在饮食食器的占有上也竟有如此严格的区分。

春秋战国时期，中国的烹饪技术在前代的基础上又得到了进一步的发展，其具体表现为饮馔品种的增多，如诸侯设宴，饮馔竟达45种之多。“美食方丈，目不能遍视，口不能遍味”（墨子语），正是其形象而真实的写照。随着美食日繁，旧的食器（如盨、簋等），有的改制，有的或消失了；而新的食器（如漆器）则不断涌现。如1957年，考古工作者在河南信阳长台关的一座战国初期木椁墓中，出土了放置饮食用具的漆案以及盛食品的漆杯豆、漆耳杯、汤匙类的漆勺等文物，其形制之精巧、纹饰之优美，令人难以置信它是两千多年前的制品。

汉代，由于中国烹饪技术的进步和饮食文化的繁荣，使得它自身初步形成为一个较为完整的体系，形成和出现了“民间酒食，肴旅重叠，燔炙满案”的景象。据长沙马王堆汉墓出土的简策记载，西汉时精美的肴馔已近百种。而美食纷呈，当须有美器相配；至于美食品种的增多，则必然又会促进美器的生产和刺激其更新。汉代食器的造型不仅美观，而且讲究“雕文雕漆”，“富者银口黄耳，金罍玉钟；中者野王纻器，金错蜀杯”。食器的特点是：青铜制作的食器，一方面向轻巧精致的方向发展；另一方面则正在被漆器、瓷器所取代。东汉时，瓷器逐渐趋于成熟，玻璃质盘、碗相继大量出现。唐宋时期，在社会经济文化发展和中外经济文化交流的浪潮中，饮食文化本身得以兼收并蓄，博采众长。其具体表现之一，是此时宫廷与民间美食迭出，美器争奇，从而使得食与器的搭配，达到了珠联璧合的绝妙境地。

首先，随着美食品种的不断增多，烧制盘、碗的瓷窑遍布全国各地。色彩奇丽的“唐三彩”就是当时筵席上名贵食器的流行色调。还有瓷质的如银似雪的邢瓷，若玉似冰的白瓷，色彩葱翠的龙泉瓷，红若胭脂的钧州瓷，以及清如天、明如镜、薄如纸、声如磬的青瓷，均系为世人所称誉的唐宋名瓷。而由这些名瓷所烧制的食器上的图案花纹，更是千姿百态，栩栩如生，或如白鹤飞舞，蛟龙腾波；或如翠鸟舒翼，彩蝶恋花，与器中所盛肴馔交相辉映，令人眼花缭乱，恍若置身于五光十色的艺术宝库之中。难怪大诗人杜甫在诗中赞美白瓷说：

大邑烧瓷轻且坚，扣如哀玉锦城传。
君家白碗胜霜雪，色送茅斋也可怜。

另一位诗人陆龟蒙则对青瓷描述说：

九秋风露越窑开，夺得千峰翠色来。
好向中宵盛沆瀣，共嵇中散斗遗杯。

这些脍炙人口的诗句，艺术地再现出了这些名瓷烧制的食器的精美，成为千古绝唱。除瓷器以外，唐宋宫廷的食器，还有金、银、镶、漆盘碟等。如现今出土的唐宋食器文物中，金银质的，就有鎏金狮子葵瓣银盘、鹿纹银碗、鸭嘴柄银勺等。再如1970年10月在唐代邠王李守礼的府第出土的金银餐具就有碟、盘、碗、杯、铛、壶和羽觞等计有139件之多。这批出土餐具式样新颖，制作精巧。其中环柄八曲杯、环柄八棱杯、高足杯、带流大碗、六曲盘、桃形盘、提梁壶等器的造型极为生动，表现出唐代高超的工艺水平。食器的制作，多采用锤打、线雕、翻铸、掐丝、细联珠、镶嵌、镂孔等技法制作的各种精美的花纹。为了突出花纹，有的以细珠纹为衬底，有的将花纹部分鎏金。花纹的样式，多为唐代盛行的宝相花纹、忍冬草纹、蔓花或蔓花草纹、狩猎纹和各种动物纹（狮、狐、马、熊、凤凰、鸳鸯、双鱼、龟）等。其中，有两件单柄八棱金杯，每一面都用高浮雕做出乐工和舞伎的纹样，形象逼真、生动。另一件摹仿皮囊形式的提梁壶，捶雕出颈系飘带、口衔酒杯、似作舞状的一匹骏马，使人看了便自然联想到"千秋节"时唐玄宗曾命舞马于花萼楼下的情景。这些餐具中，还有一些可能是输入中国的外国制品，如圆圈纹的玻璃碗、镶金饰的玻璃牛首杯等。这从一个侧面反映出当时中外文化交流的频繁。

其次，在食与器的结合上，讲究追求色彩对比与形制和谐。大诗人杜甫的《丽人行》是千古传唱的名篇佳作，其中有"紫驼之峰出翠釜，水精之盘行素鳞。犀箸厌饫久未下，鸾刀缕切空纷纶"等名句。意思是说：红褐色的驼峰羹盛在葱翠的莲花碗中，乳白色的全鱼装在莹彻的水晶盘上，进膳完毕仍不忍放下精致的犀角筷，饰着小铃的食刀不时发出清脆的响声。在这里，红与翠，白与莹，色彩上形成了强烈的对比；驼羹与翠碗，全鱼与晶盘，形态上的和谐，真可谓天衣无缝，使得食与器的和谐融洽之美浑然一体；这是当时人们对二者之间艺术美的追求的真实写照。

再次，在一席菜肴的搭配上，颇讲究构图的整体美。唐宋时，一桌菜以四盘四碗最为常见，从南唐《韩熙载夜宴图》上可以清楚地看到：那画面上的两张食案上，每案都是四盘四碗，菜肴均按一红一白来摆放，红白相间，颇为悦目赏心，别有情趣。其中自然蕴藏着深奥的文化隐义。

到明代，陶瓷餐具式样愈加繁多，据明人沈德符在《敝帚斋剩语》一书中载，其纹饰多"用白地青花，间装五色，为古今之冠"。按瓷器烧制年代有洪武窑、永乐窑、宣德窑、成化窑、正德窑和嘉靖窑等之别。据清代唐秉钧《文房肆考》等书记载，永乐窑出产的压手杯，"中心画双狮滚球为上品，鸳鸯心者次之，花心者又次。杯外青花深翠，式样精妙"；宣德窑所出之瓷器"不独款式端正，色泽细润，即其字画亦精绝。尝见一茶盏，乃画轻罗小扇扑流萤，其人物毫发具备，俨然一幅李思训画"，其中的祭红红鱼靶杯，"以西洋红宝石为末入泑，鱼形自骨内烧出，凸起宝光，总以汁水莹厚如堆脂。又有竹节靶，罩盖卤壶、水壶，此等亘古未有。又有白茶戋，光莹如玉，内有绝细龙风暗花，花底有暗款：‘大明宣德年制’”；成化窑所出之食器，其纹饰“以五彩为上，酒杯以鸡缸为最，上画牡丹，下画子母鸡，跃跃欲动。五彩葡萄擎口扁肚靶杯，式较宣杯妙甚。次若人物莲子酒戋、草虫小戋、青花纸薄酒戋，各式不一，点色深浅，莹洁而质坚。神宗尚食御前成杯双，直钱十万，当时已贵重如此。五彩齐箸小楪、香合、各制小罐，皆精妙可人”。由此可知当时食具之多、制作之精巧。

清初，因兵火未熄，窑无美器，是时“富者用铜锡，贫者用竹、木为制。然而所盛馔肴，不堪经宿，洗涤亦不能洁，远不如瓷器之便”。到康熙初年，“窑器忽然精美，佳者直胜靖窑”。宫廷食器，开始出现珐琅彩，器上除饰“五福”、“万寿无疆”等吉语外，还饰有与菜点内容相关的图案，如农历七夕节，清宫御膳房做的巧果，要盛在绘有“鹊桥仙渡”图案的珐琅彩瓷碗中，其图案取意于喜鹊搭桥牛郎织女天河配的神话故事，这在美食与美器的搭配上，从形式到内容都达到了高度的和谐统一。古语云：美食不如美器，确属如此。

2. 美食美器的和谐统一艺术

如果从文化和艺术、美学的角度考察，那么作为中国古代饮食文化的重要内容的美食与美器的搭配，是有着规律和特色的。

首先，菜肴与器皿在色彩纹饰上要和谐。这种和谐，既是一肴一碗与一碗一盘之间的和谐，又是一席肴馔与一席餐具饮器之间的和谐。如宋代陶谷的《清异录》便记载吴越之地“有一种玲珑牡丹鲊，以鱼、叶斗成牡丹状，既熟，出盘出，微红如初开牡丹”，比丘尼梵正“用鲜、䐥、脍、脯、醢酱、瓜蔬，黄赤杂色，斗成景物。若坐及二十人，则人装一景，合成‘辋川图小样’”，陶谷认为此系“庖制精巧”之作。一般说来，冷菜和夏令菜宜用冷色（蓝、绿、青色）食器；热菜、冬令菜和喜庆菜宜用暖色（红、橙、黄、赭色）食器。但切忌“靠色”，如将绿色的炒青菜放在绿色盘中，既显不出青蔬的鲜绿，又埋没了盘中的纹饰美。如果将之改盛白色瓷盘中，便会产生清爽悦目的艺术效果。再如，将嫩黄色蛋羹盛在绿色莲瓣瓷碗中，既清丽又素雅；将八珍汤盛在水晶碗里，高雅华贵，汤色莹澈见底，透过碗腹，各色八珍更清晰可辨，令人难以忘怀。

其次，菜肴美馔与食器在形态上须和谐统一。由于中国古代的菜肴品类繁多，形态各异，因此要求食器的形制也要多种多样，千姿百态。故二者之间的和谐统一要求颇高，这就是要体现出菜肴的色味形的精巧与餐具的巧妙的配合艺术特色。例如平底盘是为了爆炒菜而来，汤盘是为了溜汁菜而来，深斗池是为整只鸡鸭菜而来，椭圆盘是为整鱼菜而来，莲花瓣海碗则是为汤菜而来等，即是遵行如此和谐统一规律的原则。

再次，肴馔与食具在空间上要求和谐统一和一致。这就是说菜肴的数量和器皿的大小要相对称，才可能有美的感观效果。一般说来，平底盘、汤盘（包括鱼盘）中的凸凹线是食与器结合的“最佳线”。用它盛菜，宜以不漫过此线为度。用碗盛汤，则以八成满为宜。

复次，菜肴与器皿的图案要和谐与搭配。例如中国名菜贵妃鸡盛在饰有仕女拂袖起舞图案的莲花碗中，会使人很自然地联想起善舞的杨贵妃酒醉百花亭的故事。糖醋鱼盛在饰有金鲤跳龙门图案的鱼盘中，会令人食欲大增、情趣盎然，便是最好的证明。此外一席菜肴食器上也要搭配和谐，做到一席菜不但品种要多样，而且食器也要色彩纷呈，这样一来，佳肴耀眼，美器生辉，蔚为壮观的席面美景便会呈现在眼前，并由此使人领悟到中国古代饮食文化美食与美器和谐统一的真正文化底蕴。

例如，清代皇室、帝王、王公与贵族，在平日、年节、外出巡幸、出游进行饮膳筵宴等文化活动时，不但精于美食、美肴，而且精于美器、美具，力求使二者的和谐与统一达到最高的“礼”的境界。应当指出的是，清代帝王、皇室与贵族的美食与美器，除满足自身的生理需求外，主要是通过精美的食品与精巧的食器，来体现出政治上的至尊至崇至荣地位和举世无双的显赫权势。因此，在制作美食与美器时，必然带有艺术上的精湛性、典雅性和庄重性．外形上的装饰性、华贵性和夸耀性等诸多特点。清代皇室所用食器多为金银、玉石、象牙制作，并有专门的工匠精工创制；所用御用瓷器，则由江西景德镇“官窑”专门烧造，然后由专门官吏运送至京，以供使用。

据乾隆二十一年（1756 年）十月立的《御膳房金银玉器底档》记载，当时御膳房供帝王皇室御用的名类繁多的食器有：金羹匙、金匙、金叉子、金镶牙箸、银西洋热水锅、有盖银热锅、有盖小银热锅、无盖银热锅、银锅、银锅盖、银饭镬、有盖银铫子、银镟子、有盖银暖碗、银碗盖、银钟盖、银錾花碗盖、银匙、银羹匙、半边黑漆葫芦（内盛银碗六件）、银桶（内盛金镶牙箸、银匙、乌木箸、高丽布、白纺丝等）、黑漆葫芦（内盛皮七寸碗、银镶里皮茶碗、银镶里皮碟、银镶里皮套杯等）、汉玉镶嵌紫檀银羹匙、汉玉镶嵌紫檀商丝银匙、汉玉镶嵌紫檀商丝银叉子、汉玉镶嵌紫檀商丝银箸、银镶里葫芦碗、银镶红彩漆碗等；皇太后现用的食器则有：有盖银热锅、银饭镬、有盖银铫子、青玉五寸碗、盘、白玉四寸五分碗、三寸九分碗、青白玉五寸三分盘、青玉石四寸碟等。

又据咸丰十一年（1861年）十一月立的《御膳房库收存金银玉器皿册》载述，清代帝后王室御用的各类食器、金银器有：金火锅、金碗盖、紫檀商丝嵌玉金匙、紫檀商丝碧玉羹匙（内有透花一件）、紫檀金银商丝嵌玉银羹匙、紫檀嵌玉银匙子、木靶镀金银羹匙、木靶镀金银匙、木靶银匙、银羹匙、木靶金匙子、紫檀商丝嵌玉金筷、紫檀金银商丝嵌玉金筷、金镶玉筷、紫檀金银商丝嵌玛瑙金筷、金镶汉玉筷、紫檀金银商丝嵌玉银筷、银镀金两镶牙筷、银两镶牙筷、紫檀金银商丝嵌玉银镶牙筷、象牙筷、碧石靶金叉子、乌．木筷、玉靶金叉子、紫檀金银商丝嵌玉金叉子、银叉子、木靶镀金银叉子、银西洋火锅、银火锅、银小火锅、银盘、银镟、银镀金錾花碗盖；还有青白玉高头碗、青白玉宴碗、青白玉酥糕鲍螺碗、青白玉点心高头盘、青白玉酒宴盘、青白玉小菜碟、青白玉葵花碟、青白玉螺蛳碟、青白玉螺蛳盒、葵凤金碗盖、葵凤银碗盖、双凤金碗盖、双凤银碗盖、青水海兽金碗盖、青水海兽银碗盖、绿龙白竹金碗盖、绿龙白竹银碗盖、小汤盆金盖、小汤盆银盖、五福碟金盖、五福碟银盖、大紫龙碟金盖、大紫龙碟银盖、青瓷盘金盖、青瓷盘银盖、银膳杓、银漏杓、银膳锅、银铞子、银油壶、银醋壶、银面古子、银汤古子等。

在中国封建社会里，封建等级制度十分森严，这种封建的等级性，体现在政治、军事、文化、饮食、生活等各个方面，从而给人们的社会生活打上深深的印记。清代尤其如此。通过上述乾隆、咸丰两朝皇室使用的金银、玉石等餐具、食器的有关记载，显而易见，这些装盛美食的美器，不仅质地精美、昂贵（如金、银、玉石、玛瑙、象牙、紫檀木），而且制作和外形均精细、美观大方、典雅庄重。可以说，每一件餐具、器物，从外形到内观，都充分体现出皇家的“尊”、“威”、“富”、“荣”、“贵”、“典”等独有的气派和权势。当然，还需指出的是，这些宫内御膳房食器，在专门制作时，还将其实用性、观赏性与艺术性融为一体，使用时还富有一定的科学性，如金银筷箸插在食物、汤肴中，能很快检验出有毒、无毒，以便防止有人加害于皇帝等。因此，这些食器，既是有实用价值的餐具，也是可供观赏的精美艺术品；更是清代饮食文化高度繁荣的历史见证和物质体现。

清代的孔府，是封建官僚、贵族的典型，亦是精于美食、讲究美器的公府之家。山东曲阜孔府内宅的前上房厅堂，是“衍圣公”用于接待至亲和近支族人，也是举行家宴和婚丧礼仪的地方。孔府举行过清代最高级的宴筵——满汉全席。据载孔府专门备有全席使用的餐具四百零四件，可上一百九十六道菜。相传，这套银质餐具，是乾隆皇帝为嫁其女儿给七十二代衍圣公孔宪培而赐给孔府的。全席餐具上，镌刻年号为“辛卯年”，即乾隆三十六年（1771 年）。该年，乾隆帝与皇后同驾幸至山东曲阜祭孔，此次出巡显然是与女儿嫁至孔府有关。餐具的质地为银质点铜锡合金，从器底的印鉴“潮阳店住汕头颜和顺正老店真料点铜”；“杨家义华点铜锡”，表明了产地、店号、制作者与质料来看，说明这套造型不凡、工艺独特的全席餐具，出自清代广东汕头、潮阳地区银匠艺人杨义华等人之手。

从造型与外观的角度考察，清代孔府的这套满汉全席餐具，属“仿古象形餐具”。这是因为它是仿青铜器食具而作，如餐具中有周邦簋、伯申宝彝、尊鬲、雷纹豆、周升邦父簋、周方耳宝鼎、曲耳宝鼎、钟形味鼎、兽缘素腹鼎、伯硕父鼎、周鬲、敢等，以示典雅与古朴。此外，还有仿食物形象而制作的餐具，如鱼形（有鲤鱼、佳鱼之分）、鸭形（有立鸭、卧鸭之别）、鹿头、寿桃、瓜形、琵琶等，形象逼真，栩栩如生。有一鸭池，呈仰首张嘴之状，盛菜后热气从鸭嘴喷出，鸭舌亦可上下扇动。另有两件特殊餐具，其一是“当朝一品锅”，此餐具呈四瓣桃圆形，盖柄是一双桃并枝叶相伏，盖有四瓣，每瓣一字，镂刻“当朝一品”四个正楷字，直径一尺二寸许，为全套餐具中之最大者。其二是“钟鼎锅”。此件呈正圆形略矮，餐具的盖面、器周，均用甲骨文、钟鼎文、大篆、小篆等各种古文字作装饰。还应指出的是，餐具除造型奇特生动外，还镶嵌有各种玉石、翡翠、玛瑙、珊瑚等珍物，作为装饰品，并做成玉蝉、狮头、鱼眼、鸭睛、把提、盖柄，从而使银器更加华贵。同时在器外还雕有各种花卉、图案，以及刻琢吉言、诗词（餐具质地为点铜锡本身，则是为增硬度与可琢性）等，因而使食

（品）、艺（术）、文（化）、器（物）等，浑然融为一体，体现出孔府贵族饮食文化特殊的氛围。例如在琵琶形碗上，镂刻有“碧纱待月春调琴　红袖添香夜读书”；“鸭池”上雕有“借得南邻放鸭船　试开云梦羔儿酒”；“六棱钟鼎碗”上刻有“肉龙传鲊　延年益寿”；“玉蝉汤碗”上琢有“愿符子载寿　气若朝霜肃”；“桂鱼鱼池”上镌有“浮光温带花　没影倒寻奥（鱼）”；“桃形碗”上镂有“万选青钱唐学士　三春红杏宋尚书”等诗词、吉言、联句。有趣的是，还有一件“金饰小鼎”，其盖铭记了一则小考证，内容为：“考旧礼图鼎。士以铗（古铁字）为之大，女以铜为上。诸侯饰以白金，天子饰以黄金。故铭此器，曰金饰小鼎。”该套餐具在质地、工艺制作、花纹图饰、雕刻诗词和文字、造型等方面，确实非凡无比，大有巧夺天工之势。

由于这套餐具是清代孔府专以用来摆设满汉全席的，故按照四四制设置，上菜次序则完全照全席格局进行。若就其具体使用而言，餐具大致可分为如下几种：其一，小餐具。它是按每客一套而设。其中有象牙筷子、圆头长柄银匙勺（带勺托）、酒杯（带荷边杯托）、口汤碗（带温锅）、分碟（放秋油、伏醋）、高足鲜果碟、瓜形干果碟（可开合，合起是一造型逼真的瓜形，张开是一对小碟，专放瓜子、桃仁等干果）、漱口盂等。其二，水餐具。餐具用于盛菜肴的，多是此类“水餐具”，每件都有盖、盘（或碗）、水锅三样组成。盘（或碗）是盛放菜肴之用，水锅在冬季加放热水，夏季可放冰块，为了使菜肴保持温度，以便在用餐时间过长时，菜肴能保持味鲜不变。上菜时一件三样成一体，摆放餐桌，菜上齐后，由侍者取下盖，就餐者食用，到时再撤席，换上另一部菜肴。其三，火餐具。主要指火锅。共有两类，一是烧木炭的“涮锅”，用于冬季涮羊肉、什锦、三鲜、素锅之类的菜肴；二为烧酒的“菊花锅”，又名汤锅。用于专吃“菊花锅子”时，烧玫瑰酒，室内香味芬芳。用于煮水点心（状之水饺、樱桃馄饨等）时烧高粱烧酒。具体餐具则有双环方形火锅、蛋圆鱼形火锅、分隔圆形火锅等。此类“火餐具”既是盛器，又是烹饪器。上席时加好汤水，火要点燃，餐桌置放一个大银盘，由侍者放上，开锅后揭去盖，再由入席者自理菜肴或水点，侍者则随时准备添火、添水、加料。其四，点心全盒。又名叫“指日高升”全盒，是专为上甜咸点心之用。四个半圆各点一盘；中间一盘用作补欠。盒外四个支架各放四个蘸碟，以作吃水点心蘸食调味品之用。

清代孔府宴客的餐具，除这套银质餐具外，还有两套整桌餐具，即博古酒席瓷餐具，为乾隆瓷，计490件；以及高摆酒席瓷餐具，为光绪瓷，计130件。三套餐具相较，无论从餐具的质地、造型而言；抑或是餐具使用时，宴席的规模而论，当然还是首推孔府这套满汉全席的银质餐具。

清代，“衍圣公”官居文臣之首，而衍圣公所住的孔府，是“安荣尊富”的公府之第，亦是“文章道德”圣人家。因此，在衣、食、住、行各个方面，均要体现出这一特色。清代孔府的美食与精美的食器，不仅是贵族饮食文化的一个重要有机组成部分，而且还是这个贵族之家通过饮膳活动，显示自身权势、地位与皇室的特殊恩缘关系和官府频繁交结的重要手段。

皇宫行苑觥筹交错与仪礼

在中国古代饮食文化中，皇室宫廷、行苑的饮食文化，属于高层次的饮食文化。而在宫廷饮食文化中，每逢年节、庆典、寿日，或帝王出巡时，在皇宫行宫举行的各种规格形式的筵宴活动，则是其重要内容之一。在这些筵宴活动中，各色各样丰盛而富于滋补的珍馐美味菜肴、熠熠发光的金杯玉碟餐具、按官秩等级爵位昭穆有序排列的宴席座次席位、庄重肃穆而又热烈的宴席氛围、固定程式的礼仪定制等，就是食道、宴道与饮德、食艺在高层次饮食活动中的集中体现。现根据文献、档案资料的记载，对唐代长安的曲江游宴、元代的诈马宴、清代紫禁城和行宫中具有典型代表意义的盛筵礼仪活动，进行论述。

1. 唐代长安的曲江游宴及仪礼

“年年曲江望，花发即经过。未饮心先醉，临风思倍多。”这是诗人对唐代曲江游宴有感而发出的赞美之句。唐代的曲江园林，位于今西安城东南六公里的曲江村。早在秦、汉时，这里即是上林苑中的“宜春苑”、“宜春宫”之所在，因有曲折多姿的水域，故名曲江。隋文帝营建新都大兴城时，将这里辟建成一所供帝王游赏饮宴的园林，名“芙蓉园”。初唐时，朝廷多在这里赐宴百僚。唐玄宗开元初，对曲江园林进行了大规模的修葺营建：掏掘了池区，疏浚了渠道，扩大了水域，制造了彩舟；池周增植了以柳树为主的树木花卉，在池西辟建了杏园，在池南修建了专供皇帝、贵妃登临观景的紫云楼、彩霞亭；并令公卿们在这一带营建了星罗棋布的亭台楼阁，从而使曲江成为京城中风光最绮旎迷人的半开式园林。“谷转斜盘径，川回曲抱原。风来花自舞，春入鸟能言”；“漠漠轻烟晚自开，春天白日映楼台”；“曲江水满花千树”，“车马争先尽此来”，可见，曲江池已成为令人陶醉的游赏饮宴胜地。因此，有唐一代，上自皇帝，下至士庶，纷纷在这里举行各种宴会活动，类型繁多，情趣备异，主要有如下几种类型：

上巳节曲江游宴。这是古代祓禊风俗的演变和发展，是唐代规模最大的游宴活动，尤以唐玄宗开元、天宝时为最盛。杜甫《丽人行》诗中“三月三日天气新，长安水边多丽人”的佳句，即指此宴而言。唐玄宗为了显示其升平盛世，君臣、官民同乐的景象，不仅允许皇亲国戚、各级官员随带妻妾、丫环、歌妓参加，还特许京城中的和尚、道士及普通百姓来曲江游赏饮宴。三月的曲江，本来就是碧波荡漾、万紫千红的美境，但还要来一番锦上添花的打扮。京兆府和长安、万年两县要动员园户们把最好的花卉拿出来摆布在曲江沿途；令商贾们把珠宝珍玩、奇货异物陈列出来供人观赏。这一天的宴会，唐玄宗和杨贵妃兄弟姊妹的筵席摆在紫方楼上。杜甫诗中所描写的“紫驼之峰出翠釜，水晶之盘行素鳞”；“御厨络绎送八珍”，“脔刀缕切空纷纶”等情景，正是帝王奢华筵席的真实写照。诸司大臣及下级官员们的筵席，分别设在曲江周围的楼台亭榭之内或临时搭盖的锦绣帐幕间。对翰林学士，则允许在彩舟上设宴，一面饮酒，一面观赏湖光水色。至于一般士庶的筵席，则自由地选择在花间草地举行，另是一番风趣。有的仕女们别出心裁，专选花卉美丽的地方，在草地上插着竹竿，挂起红裙作宴幄在里边饮宴，称为“裙幄”。这些下级官员和士庶们的筵席不及皇帝那样高贵，但也讲究海陆杂陈，丰盛多姿。唐代许多花式菜肴、糕饼，就是在曲江宴时，各家以奇特之烹技，相互比赛而创制出来的。

古人认为，“乐者，圣人冶情之具也。施之于宾宴，则君臣和”，可见饮宴不能没有乐舞助兴。唐玄宗酷爱乐舞，又通音律，上巳节曲江游宴之日，作命大臣家妓、民间乐舞班子来曲江演奏表演外，还特命皇家梨园弟子、左右教坊的乐舞人员来曲江表演精彩节目。由此可见，盛唐时上巳节的曲江园林，处处是宴场，处处是“莺歌燕舞”的景象，确乎是史称的“倾动皇州”的盛大游宴活动。

新进士的曲江游宴。这是唐代延续时间最长、内容最为丰富的游宴活动，从唐中宗神龙年间起到晚唐僖宗乾符年间为止，延续了170多年。这种宴会，在历史文献中，因取意不同，曾出现过许多相异的名称。如：因游宴的时间在"关试"（吏部考试）之后，有的地方称"关宴"。饮宴的具体地址多设在曲江池西边的杏园之内，故许多诗文中常称它为"杏园宴"；唐代自帝王后妃到文人学士都喜欢吃樱桃。进士游宴时值暮春，长安樱桃刚熟，筵席有樱桃供尝，故又有"樱桃宴"之称；这种宴会，同榜进士齐集曲江，因而又称为"曲江大会"；有聚就有散，宴会之后，他们各奔前程，很多人将被派到全国各地去做官，终生再无重新聚会的机会了，因而又叫"离筵"。赵嘏"曾是管弦同游伴，一声歌尽各西东"的诗句，正是这一情景的真实描绘。

中和、重九节曲江宴百僚。这是唐代帝王与大臣同乐，以增进君臣情谊而进行的一种曲江宴。筵席间除了观赏曲江景色，品尝珍馐美味外，最讲究赋诗。皇帝要赐御制诗给臣僚，大臣们则要以韵作应制诗相和。重九节曲江赐宴唐初即有，德宗李适便尤为重视。中和节则是德宗新立。安史之乱后，藩镇势力日重，统治集团内部离心离德，叛乱时起，朝廷深感君臣和睦的重要。李适在平定了朱泚、李希烈叛乱之后，命宰相李泌给二月增立一个节日。李泌按德宗的意图提出：废除正月晦日之节，改以二月一日为"中和节"。这一天，皇帝可赐群臣宴，并赐给臣僚们刀、尺，表示裁度；官员们要献农书，表示务本；民间要用青色袋子装着谷物、瓜果种籽互相赠送；村社居民要酿"宜春酒"祭祀勾芒神（五行神中的木神）以祈祷丰收等等。德宗对李泌这一建议十分高兴，完全采纳，并颁布诏命，正式宣布立"中和节"。并规定这一天给全国官员放假一天，京城中的朝臣则到曲江举行宴会。这种宴会虽不及盛唐上巳节曲江宴的规模之宏大，却也是唐代曲江名宴的一种。

骚人韵士的曲江文酒会。这是唐代文人约三四知己在曲江举行的一种以观景、饮宴、赋诗为主要内容的小型宴会，以中唐、晚唐最为盛行，时间多在春秋两季。身居京辇之下的朝官，往往偷暇来曲江饮宴；授职外郡的官员回京奏事也要约友重宴曲江；贬居边陲而获赦回朝的人，更以有幸重游曲江为快事；至于那些解佩出朝、优游闲放的文人，更有充足的时间和特殊的兴致约好友在曲江小酌吟咏了。翻开唐代文献资料和唐诗，有关此事游宴的记述和吟咏俯拾皆是。这种宴会上的酒肴菜品，不一定多么丰盛，但往往名目别致、饱含诗意。特别是宴间的诗作，无论是写景抒情、点染现实，还是感叹身世、揭露时弊，抑或互相酬答、畅叙友情，则多为抒发其真情实感的名篇佳章，倒很少有像上巳、中和节在皇帝面前所写的应制诗那样言不由衷地歌颂天恩及鹦鹉学舌、无病呻吟的下品。因此，这类曲江文酒会实为唐代曲江宴史上别开生面的一类宴会。此外，还有那“千队国娥轻似雪”，“堤上女郎连袂行”，“争攀柳丝千千手，间插花枝万万头”的仕女游宴；“陌上分飞万马蹄”，“一群公子醉如泥”的纨绔子弟曲江游宴等，均各有其风韵特色。

2. 元代诈马宴及其仪礼

元朝是我国历史上由北方游牧民族统治者建立的封建王朝。由于蒙汉民族的相互影响，南北之间风习的相互渗透和中外文化技术的交流，当时的中国社会既延续了汉族农业文明的主流，又呈现出复杂的多元性。这一特点，在饮食文化中也有着鲜明的体现。

元朝统治者崇尚武功，喜爱狩猎，重视宴乐。至元年间翰林学士王晖，曾把元代主要政治活动概括为：“国朝大事，曰征伐，曰搜狩，曰宴飨，三者而已。”元代内廷大宴不仅次数多，礼仪重，规模大，而且还带有浓重的政治色彩，有特定的民族风情，诈马宴便是一例。

诈马筵又称作马筵、奓马宴、簇马宴、质孙宴、只孙宴或衣宴。关于它的盛况，元代诗文中有不少记述。周伯琦的《诈马行》诗序中说：

> 国家之制，乘舆北幸上京，岁以六月吉日，命宿卫大臣及近侍，服所赐只孙珠翠金宝衣冠腰带，盛饰名马，清晨自城外各持采仗，列队驰入禁中，于是上盛服御殿临观，乃大张宴为乐。惟宗王、戚里、宿卫大臣前列行酒，余各以所职叙坐合欢，诸坊奏大乐，陈百戏，如是者凡三日而罢。其佩服日一易，太官用羊二千噭，马三匹，他费称是，名之曰只孙宴。只孙，华言一色衣也，俗呼为诈马筵。

此外，尚有若干元人诗文记叙上京大宴，都径称为“诈马筵”（或“诈马宴”）。

杨允孚《滦京杂咏》诗注云：“诈马筵开，盛陈奇兽，宴享既具，必一二大臣称［成］吉思皇帝札撒，于是而后礼有文，饮有节矣。”显而易见，诈马宴是元代宫廷中的头等大宴。据《马可·孛罗游记》（穆勒、伯希和英译本）载述，这种节庆大宴大汗每年要举行十多次。举凡新皇帝即位，群臣上尊号，帝王寿诞，册立皇后和太子，元旦、祭祀，春搜秋狝，诸王朝会等重大活动，均要以此为庆祝；参加人多系宗王、贵戚、大臣、近侍，按贵贱亲疏疏次序就坐。皇帝赏赐给宗亲、大臣的多属宴飨用品，如上尊（美酒）、金银酒器、质孙服等。

诈马宴共有七个名称。这些名称是怎么来的？众说不一。元末学者王祎认为：“预宴者必同冠服，异鞍马，穷极华丽，振跃仪彩而后就列。世因称为奓马宴，又曰只孙宴。奓马者，俗言俱马饰之矜炫也。”这是说宴名源于衣著，尤其是马御。清初，清高宗乾隆到木兰围场打猎，看到蒙古人赛马联想到了诈马宴，认为诈马宴是表演马戏之后的赐宴，更荒唐的是不问青红皂白，武断地指“只孙”为“马之毛色”。后仍有许多人研究它，但都未能令人信服。韩儒林先生《元代诈马宴新探》一文，对诈马宴的来龙去脉进行揭示，终于解开了这历史之谜。

他说，质孙，也作只孙，是蒙古语 jisun 的直译，意为颜色；用同一颜色的布料制成的衣服（即周伯琦所说的“一色衣”）自然就是质孙服了。诈马宴规定，预宴者（上至皇帝、臣僚，下至乐工、卫士）都必须穿质孙服（当然其质地和形制有等级区分）。这种质孙服是御赐的。大历二年，也速迭儿平定王祥叛乱有功，元文宗“赐以只孙服……付以纳赤思衣亡袭”；也速迭儿的父亲阿剌罕也得到过赐衣的奖励。这里的“纳赤思”，又写作“纳石矢”、“纳矢矢”，系波斯语 nasich 的译音，即绣金的锦缎，或金织文衣，经常用来赏给文臣，有时外国人也可得到，法国圣方济各会士鲁布鲁克朝见蒙哥汗时，蒙哥赐宴，王妃给鲁布鲁克及其随行每人一块纳石矢。因为如果没有质孙服，也就不能参加诈马宴了。因此，元代的臣僚无不把得到的御赐的质孙服作为一种崇高的政治殊荣。

质孙服是种特制的宴会礼服。它是衣、帽、腰带配套的，并镶有珍宝玉石。《析津志·风俗》中记述了它的式样：

袍多是用大红织金缠身云龙，袍间有珠翠云龙者，有浑然纳石矢者，有金翠描绣者，有想其于春夏秋冬绣轻重单夹不等，其制极宽阔，袖口窄以紫织金爪，袖口才五寸许，窄即大，其袖两腋折下，有紫罗带拴合于背，腰上有紫纵系，但行时有女提袍，此袍谓之礼服。

此颇类似现代蒙古袍。

元代帝王对质孙服的色泽是极为重视的。一方面它承袭了周、汉尚赤，唐宋尚黄的传统；另一方面它又重视蒙古族尚白尚九的习俗，以白作为吉色。所以在年节所用的质孙服中，白色的金织文衣——素纳石矢较多。综上所述可见，所谓诈马宴，实质上是元代一种高规格的宫廷一色衣宴。是名副其实和具有典型意义的元代宫廷筵宴。

3. 清代宫中筵宴仪礼

清代宫中（紫禁城），每逢除夕、元旦、上元、中秋、冬至和帝后寿辰等节日时，要举行各种筵宴。这些筵宴的名目繁多，仪式繁缛，但它却有明显的政治目的，是清王朝最高统治者致力和维护多民族封建国家巩固统一而采取的一个十分有效的手段和方式。例如，为了团结蒙古族的王公贵族，每年岁除之日，必于保和殿宴赏外藩蒙古王公。同时，内外文武大臣和御前侍卫，预宴的王公贵族和官员等均按品为序，朝服入席，此为“除夕宴”。为了鼓励和表彰儒臣翰林等官员，每当钦命编修实录、圣训之期，必在礼部赏宴总裁以下各官，到时群臣朝服预宴，行礼如仪，此为“修书宴”。如遇大军凯旋归来，必赏宴钦命大将军及从征大臣将士，皆按次为序，行酒进馔，此为“凯旋宴”。为了笼络知识分子，于顺天乡试揭晓次日，必宴主考以下各官及贡士于顺天府。主考各官朝服、贡士吉服入席，此为“乡试宴”，亦名为“鹿鸣宴”。为了宣扬皇帝的恩荣和威仪，尚有殿试传胪次日宴于礼部的“恩荣宴”；皇帝经筵礼成，宴于礼部的“临雍宴”。此外，宗室筵宴、上元节宴，以及皇帝“万寿”、皇后“千秋”、皇子大婚、公主下嫁时，都要举行筵宴。各种宫廷筵宴（皇帝同后妃共同进膳的节日家宴除外），均作为嘉礼，写进《大清会典》，编入《大清通礼》，遂成定制，相沿遵行。此外，尚有规模盛大的“千叟宴”。

根据文献的记载，大宴所用宴桌、式样，桌面摆设，点心、果盒、群膳、冷膳、热膳等数量，所用餐具形状名称，均有严格的规制。皇帝用金龙大宴桌，皇帝座位两边，分摆头桌、二桌、三桌等，左尊右卑，皇后、妃嫔或王子、贝勒等，均按地位和身份依次入座。皇帝入座、出座，进汤膳，进酒膳，均有音乐伴奏；仪式十分隆重，庄严肃穆；礼节相当繁琐，处处体现君尊臣卑的帝道、宴道与食道。

宫中每次筵宴均由光禄寺和内务府负责恭办宴席桌张。光禄寺备办的筵席分为满汉两种。满席分六等：一等席，每桌价银八两，一般用于帝、后死后的随筵；二等席，每桌价银七两二钱三分四厘，一般用于皇贵妃死后的随筵；三等席，每桌价银五两四钱四分，一般用于贵妃、妃和嫔死后的随筵；四等席，每桌价银四两四钱三分，主要用于元旦、万寿、冬至三大节朝贺筵宴，皇帝大婚、大军凯旋、公主和郡主成婚等各种筵宴及贵人死后的随筵等；五等席，每桌价银三两三钱三分，主要用于筵宴朝鲜进贡的正、副使臣，西藏达赖喇嘛和班禅额尔德尼的贡使，除夕赐下嫁外藩之公主及蒙古王公、台吉等的馔宴；六等宴席，每桌价银二两二钱六分，主要用于赐宴经筵讲书，衍圣公来朝，越南、琉球、暹罗（今泰国）、缅甸、苏禄（今菲律宾的苏禄群岛）、南掌（今老挝）等国来清朝的贡使。

汉席则分一、二、三等及上席、中席五类。主要用于临雍宴，文、武会试考官出闱宴，实录、会典等书开馆编纂日及告成日赐宴等。其中，主考和知、贡举等官用一等席，每桌内馔鹅、鱼、鸡、鸭、猪等二十三碗，果食八碗，蒸食三碗，蔬食四碗；同考官、监试御史、提调官等，用二等席，每桌内馔鱼、鸡、鸭、猪等二十碗，果食、蒸食和蔬食，均与一等席同；内帘、外帘、收掌四所及礼部、光禄寺、鸿胪寺、太医院等各执事官，均用三等席，每桌内馔鱼、鸡、猪等十五碗，果食、蒸食和蔬食与二等席同。文进士的恩荣宴、武进士的会武宴，主席大臣、读卷执事各官用上席，上席又分高矮桌。高桌陈设：宝装一座，用面二斤八两，宝装花一攒，内馔九碗，果食五盘，蒸食七盘，蔬菜四碟。矮桌陈设：猪肉、羊肉各一方，鱼一尾。文、武进士和鸣赞官等用中席，每桌陈设：宝装一座，用面二斤，绢花三朵，其他与上席高桌相同。

光禄寺设炸食房，为厨役烹饪之所，各种宴席必须在筵宴的前一天备齐，用碗、盘盛好放在红漆的矮桌上，酒装在瓷罐里，然后抬到饽饽棚内，由光禄寺堂官亲自验看，再“按桌缠以红布，覆以红袱”，夜间由厨役看守，第二天再抬到现场陈设。

内务府恭办的筵宴，主要有皇太后圣寿、皇后千秋、各级妃嫔的生辰等日所举行的筵宴，还有皇子、皇孙、皇曾孙婚礼中的初定礼、成婚礼筵宴，普宴宗室及几次大规模的千叟宴等。当然，光禄寺备办的许多筵宴，如元旦、万寿、除夕赐宴外藩蒙古王公等，内务府也同样参预办理。

清代宫中筵宴，规模最大的要算康熙五十二年（1713 年）、康熙六十年（1721 年）、乾隆五十年（1785 年）、嘉庆元年（1796 年）举行的四次千叟宴了。千叟宴规模盛大，场面豪华，宴前需要大量的物质准备。遵照皇帝的旨令，宫廷各衙门的官员和工匠很早就为举行千叟宴进行了紧张的准备工作。内务府营造司的工匠们为老叟进出的各个宫门油饰了过木门座，盛宴周围的殿宇房间也油饰一新，从而更加光彩耀人，富丽堂皇。营造司木库为御膳房添造了捧盒、茶桌、木墩、菜饭和端酒木盘：营造司铁库铸了蒸笼铁锅、生铁行灶和鹅博铁杓。另有乾隆六十一年的千叟宴，只铁锅一项，就预备了二尺和一尺二寸口径的板沿锅、生铁锅共 116 口，为端送膳品，推运行灶，雇用了现夫 156 名。乾隆五十年的千叟宴，为搭盖蓝布凉棚，仅坠风用的青白石鼓就备用了 224 个。与此同时，内外御膳房备齐了各种主副食品、玉泉酒等各项席上用膳之物。

开宴之前，在外膳房总理大人的指挥下，依照入宴耆老品位的高低，预先设摆千叟宴席。如乾隆年间的两次千叟宴，除宝座前的御宴之外，共摆宴席八百席。宴桌分东西两路相对而设，每路六排。每排宴席最少 22 桌，最多 100 桌。按照严格的封建等级制度，宴席分一等桌张和次等桌张两级摆设，餐具、膳品都有明显的差别。

一等桌张摆在殿内和廊下两旁。王公和一二品大臣以及外国使臣在一等桌张入宴。一等桌张每席摆设膳品如下：火锅二个（银制和锡制各一），猪肉片一个、煺羊肉片一个；鹿尾烧鹿肉一盘，煺羊肉乌叉一盘，螺蛳盒小菜二个，乌木箸二只。另备肉丝烫饭。次等桌张摆设在丹墀甬路和丹墀以下。三品至九品官员、蒙占台吉、顶戴、领催、兵民等在次等桌张入宴。次等桌张每席摆设膳品如下：火锅二个（铜制），猪肉片一个、煺羊肉片一个；煺羊肉片一盘，烧狍肉一盘，蒸食寿意一盘，炉食寿意一盘，螺蛳盒小菜二个，乌木箸二只。另备肉丝烫饭。

除设摆宴桌之外，为了表现皇帝的威仪，增加宫廷大宴的气氛，还在殿门檐下陈设中和韶乐和丹陛大乐，摆设反坫，陈放八大玉器。此外，各种赐赏物件等一应什物，也都预先设摆齐备。

宴桌摆设完毕，随即由外膳房总理大人率员引导与宴各官、外国使臣以及众叟入席恭候。在殿内和檐下入席的王公大臣等，则在殿外左右阶下按翼序立。此刻宫殿内外八百宴席，数千老叟一片肃静，就等皇帝驾到了。

顷刻，中和韶乐高奏，鼓乐齐鸣。在悠扬的乐曲声中，皇帝步出暖轿，升入宝座，乐止。然后赞礼官高声宣读行礼项目，奏丹陛大乐。此时管宴大臣二人，引着殿外左右两边阶下序立的内外大臣、蒙古王公等员，由两旁分别走至丹墀正中。接着鸿胪寺赞礼官赞行三跪九叩礼。于是，伴随着乐曲，数千耆老群臣一同向皇帝叩拜。起立后，乐声即止。而后，管宴大臣再引着王公大臣等步入殿内。与宴众叟群臣于座次再行一叩礼之后入座就席。接着，在丹陛清乐声中，茶膳房大臣向皇帝进红奶茶一碗。皇帝饮茶毕，大臣侍卫手执银里椰瓢碗进内，分赐殿内及东西檐下王公大臣等茶，饮后茶碗均赏。同时，丹墀入宴官员由大门上侍卫手持盒子茶赏赐，饮后茶碗也赏。茶毕，乐声即止。其余入宴官员兵民盐商及各国使臣等则不赏茶。被赏茶的王公大臣官员接茶后均行一叩礼，以谢赏茶之恩。此为“就位进茶”。

接着，茶膳房首领二人请进金龙膳桌一张，放在宝座面前。茶膳房总管首领太监等送呈皇帝黄盘蒸食、炉食、米面奶子等果宴十五品，同时展揭宴幕。执事官则撤下王公等席幕。此后，经过礼仪繁琐的“奉觞上寿”，尚膳总管方率人上宴。在中和清乐声中御宴上毕，便在丹墀两边摆放银包角花梨木桌两张，每桌安放银折盂一件，金杓、银杓各一把，玉酒盅20件。斟酒之后，执壶内管领和御前侍卫将酒放在皇帝面前的膳桌上。接着，皇帝召一品大臣和年届九卜以上者至御座前下跪，亲赐卮酒，并分赐食品。饮酒后酒盅俱赏。丹墀下群臣众叟则不赏酒。赐赏酒食之后，群臣耆老各于座次再行一叩礼，友谢赐酒之恩。续之，内务府护军人事执盒上膳，分赐各席肉丝烫饭。群臣众叟开始进馔，乐声即止。这时宫内升平署歌人进内，于曲词颂歌声中群臣众叟宴毕。歌人随即退出，赞礼官谢宴。群臣众叟各行一跪中叩礼，以谢赏赐酒馔之恩。此为“赐群臣众叟酒”。皇帝在中和韶乐声中起座，乘兴回宫。接着，由管宴大臣分颁恩赉诗刻、如意、寿杖、朝珠、缯绮、貂皮、文玩、银牌等物。王公大臣等当即跪领赏物，叩谢天恩。而后由管宴大臣引至门外，行三跪九叩礼，以谢谕允预宴并恩赏物品之恩。而三至九品官员，以及兵丁士农等员，则被引至午门外行礼。其赏物则由各该衙门出具印领，派委专员，从放赏处汇总领出赏物，然后按名散给。此外，据清宫内务府《御茶膳房簿册》记载，千叟宴席上的耗费是相当可观的，乾隆五十年的千叟宴，一等饭菜和次等饭菜共八百桌，连同御宴，共消耗主副食品如下；白面七百五十斤十二两，白糖三十六斤二两，澄沙三十斤五两，香油十斤二两，鸡蛋一百厅，甜酱十斤，白盐五斤，绿豆粉三斤二两，江米四斗二合，山药二十五斤，核桃仁六斤十二两，晒干枣十斤二两，香蕈五两，猪肉一千七百斤，菜鸭八百五十只，菜鸡八百五十只，肘子一千七百个。再据清宫内务府《奏销档》记载，千叟宴席每桌用玉泉酒八两，八百席共用玉泉酒四百斤。为举办一次千叟宴，内务府荤局和点心局要烧用柴三千八百四十八斤，炭四百一十二斤，煤三百斤。由此可见，至高无上的皇权和严格的封建等级制度，为帝道、食道所耗费的巨大财力、物力和人力。

清宫中大型的筵宴，除上述几次千叟宴外，每年元旦和万寿节，太和殿的筵宴也是最隆重的。

太和殿筵宴之前，首先要在殿内宝座前设皇帝的御宴桌张，殿内再设前引大臣、后扈大臣、豹尾班侍卫、起居注官、内外王公、额驸以及一二品文武大臣和台吉、塔布囊、伯克等人员的宴桌共一百零五张。其次，太和殿前檐下的东西两侧，陈中和韶乐和理藩院尚书、侍郎及都察院左都御史副都御史等人的宴桌。太和殿前丹陛上的御道正中，南向张一黄幕，内设反坫，反坫内预备大铜火盆二个，上放大铁锅两口，一口准备盛肉，另一口装水备温酒。丹陛上共设宴桌四十三张，在这里入宴的是二品以上的世爵、侍卫大臣、内务府大臣及喜起舞、庆隆舞大臣等。再次，丹墀内设皇帝的法驾卤簿如同大朝之仪，两翼卤簿之外，各设八个蓝布幕棚，棚下设三品以下文武官员的宴桌，外国使臣的宴桌设在西班之末。太和门内檐下，东、西两侧设丹陛大乐。

太和殿筵宴原设宴桌二百一十席，用羊百只，酒百瓶。乾隆四十五年裁减宴桌十九席、羊十八只、酒十八瓶。嘉庆、道光朝以后，太和殿筵宴的桌张，根据实际情况又有所增减。

太和殿筵宴，皇帝御用宴桌归内务府恭备，其他宴桌由大臣们按规定恭进，若如不敷，再由光禄寺负责增备。大臣恭进宴桌的规定是：亲王每位进八桌（其中大席一桌：银盘碗四十五件、盛羊肉大银方一件、盛盐银碟一件；随席七桌：每桌铜盘铜碗四十五件、大铜方一件、小铜碟一件)，羊三只，酒三瓶（每瓶十斤，下同)；郡王每位进五桌（其中大席一桌，随席四桌，每桌等级均与亲王数同)，羊、酒数额与亲王同；贝勒每位进三桌，羊二只，酒二瓶；贝子每人进二桌，羊、酒数同贝勒；入八分公每人进一桌，羊一只，酒一瓶（贝勒以下进宴席的器物，均与亲、郡王随席同。所进器物都用红布盖袱；羊只也都是蒙古大羊)。筵宴之前，先行文宗人府报明大臣的名爵，应进桌张以及羊、酒的数目，宗人府汇总送礼部查核后，奏明皇帝阅览。

太和殿筵宴之日，王公大臣均朝服，按朝班排立。至吉时，礼部堂官奏请皇帝礼服御殿。这时，午门上钟鼓齐鸣，太和殿前檐下的中和韶乐奏“元平之章”。皇帝升座后，乐止，院内阶下三鸣鞭，王公大臣各入本位，向皇帝行一叩礼，坐下以后，接着是一整套繁缛的进茶（此时丹陛清乐奏“海宇升平日之章”)、进酒（丹陛清乐奏“玉殿云开之章”)、进馔（中和清乐奏“万象清宁之章”）仪式，然后进舞。据《啸亭杂录》记述：

国家肇兴东土，旧俗所沿，有喜起、庆隆二舞。凡大宴享，选侍卫之猥捷者十人，咸一品朝服，舞于庭除，歌者豹皮褂貂帽，用国语奏歌，皆敷陈国家尤勤开创之事。乐工吹箫击鼓以和，舞者应节合拍，颇有古人起舞之意，谓之喜起舞。又于庭外丹陛间，作虎豹异兽形，扮八大人骑禺马作逐射状，颇沿古人傩礼之意，谓之庆隆舞。

光绪朝《钦定大清会典事例》卷五百二十八《乐部·队舞》条下写道：

原定：庆隆舞司琵琶、司三弦各八人。司奚琴、司筝各一人。司节、司拍、司抃各十有六人，俱服石青金寿字袍豹皮褂。司章十有三人，服蟒袍豹皮褂。又戴面具，服黄画布套者十有六人，服黑羊皮套者十有六人。司舞八人。又朝服队舞大臣十有八人。凡筵燕，皇帝进馔毕，中和清乐止，乐部官由丹陛两旁引两翼司节、司拍、司抃各八人上，分三排北面立。引两翼司琵琶、司三弦各四人上，东西相向立。司奚琴一人在

> 东，司筝一人在西。司章十三人随右翼上，东面立，乐奏《庆隆之章》。戴面具人上，各跳跃掷倒象异兽。骑禺马人各衣甲胄带弓矢，分两翼上，北面一叩兴，周旋驰逐，象八旗；一人射，一兽受矢，群兽慑伏，象武成。队舞大臣上，入殿内正中三叩兴，退立于东边西向，以二人为一队，进前对舞。每一队舞毕，复三叩，退；次队进舞如前仪。乾隆八年奏定：筵燕各项乐舞名色，蟒式总名庆隆舞，内分大小马护为扬烈舞，扬烈舞人所骑竹马为禺马，所戴马护为面具，大臣起舞上寿为喜起舞。又蟒式时所用乐人，照和声署之例，歌章者曰司章，骑竹马者曰司舞，弹琵琶者曰司琵琶，弹弦子者曰司三弦，弹筝者曰司筝，划簸箕者曰司节，拍版者曰司拍，拍掌者曰司抃。

这就是庆隆舞演出的乐制。进喜起舞的大臣原为十八员，嘉庆八年正月十六日奉旨增为二十二员。

喜起舞毕，“吹箛吹人员进殿”奏蒙古乐曲，接着掌仪司官员，“引朝鲜、回部各掷倒伎人，金川番子番童等，陈百戏”，表演杂技，这时筵宴进入高潮，然后奏乐鸣鞭，皇帝还宫，众皆出，宴毕。元旦的次日或皇太后的生日，慈宁宫也要举行类似的筵宴。

作为新年的延长，正月十五日的上元节（即我国传统的灯节）也包括在内。由于是夕有吃浮圆子（按指元宵）的习俗，故上元节也称元宵节。它是清宫每年庆贺的隆重节日之一。元宵节期间，清宫帝后不但要进行观灯、施放烟火等庆祝活动，而且在元宵节时皇帝还要举行各种类型的宴会或家宴，颇具特色。

据载，清宫元宵节，于每年十二月二十四日安灯；二月初三日收灯。清代皇帝和后妃元宵观灯，前期在圆明园，后期在三海或颐和园，这主要是为防止宫中火灾之故。

每逢元宵节，在正月十四日、十五日或十六日三天内，皇帝还要举行各种类型的宴会。十四日，在圆明园的清晖阁或含辉阁举行皇太后宴，在奉三无私殿或宫中赐宴近支王公和皇子皇孙，还要举行家宴，与后妃等共进节膳。十五日，在圆明园的正大光明殿或宫中保和殿筵宴王公大臣和蒙古王公台吉等。

4. 乾隆帝的避暑山庄御膳仪礼

乾隆帝是清代颇有作为的帝王，也是个长寿皇帝，享年八十九岁。他除了习武狩猎、嗜好书法、颇有文才、注重保健养身外，平时对饮食的多样化与荤素搭配也十分重视。以他在避暑山庄如意洲的一顿晚膳为例：

> 燕窝莲子扒鸡一品（系双林做），鸭子火熏萝卜炖白菜一品（系陈保住做），扁豆大炒肉一品，羊西尔占一品；后送鲜蘑菇炒鸡一品。上传拌豆腐一品，拌茄泥一品，蒸肥鸡烧狍肉攒盘一品，象眼小馒首一品，枣糕老米面糕一品，甑尔糕一品，螺蛳包子一品，纯克里额森一品，银葵花盒小菜一品，银碟小菜四品；随送豇豆水膳一品，次送燕窝锅烧鸭丝一品，羊肉丝一品（此二品早膳收的），小羊乌叉一盘，共三盘一桌。呈进。

这顿御膳用了鸡、鸭、猪、羊、狍子五种丰美的肉食，又以燕窝莲子领头，佐以白菜、扁豆、萝卜、茄子、鲜蘑五种新鲜蔬菜，可谓荤素搭配得体。主食中再加大枣、豆馅，既注重各种营养成分，又味美适口。特别值得一提的是，乾隆帝临时点的两道素菜，即拌豆腐和拌茄泥。此两道菜虽属不登大雅之堂的农家菜，然适值茄子丰收时节，新摘下的茄子鲜嫩饱满，将其去皮洗净，上屉蒸熟，捣碎成泥，再佐以蒜泥麻酱、香油盐水，食之香咸绵软，独具风味。吃过油腻之食物后，来一碗绿豆水饭，再吃点茄泥和豆腐，其爽口惬意之感可想而知。

由此可见，帝王在巡幸中不失时机地选进新鲜的节令蔬菜，则是帝王巡幸中御膳的一大特点。六月至九月正是各种应时菜蔬上市的时节，此时御膳中常见的南北名菜相对减少，而以蔬菜为主的农家菜则纷呈御案。如韭菜炒肉、葱椒羊肉、小虾米炒菠菜、拌黄瓜、溜鲜蘑、肉片炒扁豆、水烹绿豆菜芽、口蘑白菜、炒茄子、羊肉炖冬瓜、山药葱椒肘子、羊肉炖倭瓜、肘子炖萝卜、小炒萝卜、火熏白菜头、菠菜炖豆腐、松子丸子炖白菜、榛子酱、榛椒酱等。主食随季节也大多掺以蔬菜，如韭菜篓包子，韭菜猪肉烙饸子，炸煎饼盒，羊肉胡萝卜馅包子，猪肉茄子馅蒸饺，萝卜素面，酸辣疙瘩汤等等。这些按节令以蔬菜为主的膳食结构，打破了御膳中以名菜和肉类为主的饮膳框框，虽不甚讲究，但多食各种时新鲜菜，吸收各种维生素，无疑对身体健康大有益处。

乾隆帝及其随行的皇室成员最常食用的肉类是鸭和鸡，其次是各种野味，羊肉，猪肉等，仍保留着满族传统的食俗，所以膳单上常把鸭膳鸡肴放在首位。仅查乾隆四十四年六月的一个月中，乾隆帝及其皇室成员就吃了不重样的鸭膳五十五种，鸡肴四十七种，总计用鸭、鸡一百四十多只，日均近五只。又如乾隆四十五年八月十五日中秋节，早晚两膳共上菜肴十六道，却有十一道是鸡鸭膳。其中鸭膳七种：火熏葱椒鸭子、八仙鸭子、托汤鸭子、清蒸鸭子烧狍子肉攒盘、燕窝莲子火熏鸭子、山药酒炖鸭子、挂炉鸭子羊乌叉攒盘；鸡肴馔四种：燕窝锅烧鸡丝、托汤鸡、白蘑爆炒鸡、蒸肥鸡烧狍肉攒盘。

遇有年节或吉时良辰，帝后的饮膳也会更加丰盛，与宫中无异。如乾隆五十三年八月十五日寅正一刻，请驾。卯正十分：

勤政殿进早膳，用填漆花膳桌摆：羊肉片一品（五福珐琅碗），清蒸鸭子煳猪肉攒盘一品，竹节小馒首一品，小月饼一品（此二品珐琅盘）。妃嫔等位进菜四品，安膳桌二品，饽饽二品。丰伸济伦进卤煮锅一品，菜八品，安膳桌四品，饽饽二品，攒盘肉一品，珐琅葵花盒小菜一品，珐琅碟小菜四品；随送燕窝八鲜面进一品（汤膳碗，珐琅碗）。额食八桌内，丰伸济伦进额食四桌（大寿桃一个内有百寿桃一品，立桃八盘，共一桌；菜四品，饽饽二品，蒸食八盘，共一桌；盘肉十二盘一桌；猪肉一方，羊肉一方共一桌）；茶膳房添额食四桌（米面五盘，小月饼十品愉妃进；内管领月饼八盘一桌；盘肉八盘一桌；羊肉四方一桌）。上（乾隆帝）进膳时，总管王进保口奏，赏丰伸济伦家下厨役四名，每名一两重银锞一个。记此。上进毕。赏用。午初送上用黄盘果桌一桌十五品：饽饽五品，果子十品，用茶房折叠矮桌摆安叉子、手布毕。呈进。次送赏用果盒十四副，攒盘饽饽果子二桌，每桌十六盘。记此。八月十五日未初二刻，勤政殿进晚膳，用填漆花膳桌摆：鸭子火熏白菜一品（朱二官做）（八仙碗），羊肚丝一品；后送白蘑爆炒鸡一品，蒸肥鸡烧鸡肉卷攒盘一品，象眼小馒首一品，月饼一品（此二品珐琅盘），饷藕一品（五福珐琅盘。）丰伸济伦进菜八品，安膳桌四品，饽饽二品，攒盘肉一品，珐琅葵花盒小菜一品，珐琅碟小菜四品；随送粳米干膳进一品。额食八桌内，丰伸济伦进额食四桌（菜四品，饽饽八盘共一桌；炉食八盘一桌；盘肉十二盘一桌；羊肉二方一桌）；茶膳房添额食四桌（米面五品，月饼十品愉妃进共一桌；内管领月饼八盘一桌；盘肉八盘一桌；羊肉四方一桌）。八月十五日晚膳后，遵例伺候。上赏人用攒盘月饼二十二盘，二桌（系愉妃三公主进）；二寸月饼二十四盘，二桌；内管领月饼二十三套，四桌；自来红月饼二十盘，二桌。安在烟波致爽院内伺候。赏用。记此。酉初二刻，设供摆毕，上至供前拈香行礼毕。酉初三刻，上至云山胜地，用青玉盘野意酒膳十五品，菜七品，果子八品，用茶房折叠膳桌摆安叉子、手布毕，呈进燕窝拌鸭丝一品，挂炉鸭子糟肉一品，五香鸡凉丕子一品，野鸡爪熏鸡一品，木樨藕豆角一品，野意油炸果一品，攒盘月饼一品；随送热炒五品；次送妃嫔等位进野意攒盒一副。上进毕，赏用。香尽，上送焚化毕，随撤供月月饼鲜果。佛堂供尖月饼五套一盒。呈进。上进毕。赏妃嫔、阿哥、公主等切盛式件月饼一个，徐福、周品官等托月饼一个，祥玉等佛堂供尖月饼五套一盒，桃顶一个，顶上小月饼、鲜果三品，共一盒。总管肖云鹏遵例御案供一桌二十七品，赏南府、景山众人等，亦未奏。记此。

九月初九日寅正一刻，请驾。卯正二刻，烟波致爽进早膳，用折叠矮桌摆：燕窝白鸭子五香鸡苏州热锅一品（双林做）、炒鸡炖酸菜热锅一品（郑二做），全羊肉丝热锅一品，额思克森一品（银碗），清蒸鸭子烧鹿肉攒盘一品，羊乌叉烧羊肝攒盘一品，蒸花糕一品，炉花糕一品，粘花糕一品（此三品珐琅盘）。妃嫔等位进菜二品，饽饽一品，珐琅葵花盘小菜一品，珐琅碟小菜四品；随送燕窝锅烧鸭子汤膳进一品。额食四桌：蒸花糕，粘花糕十七品一桌；菜二品（添的），奶子花糕九品，内管领花糕八盘一桌；盘肉八盘一桌；羊肉三方一桌。上进毕。赏用。九月初九日未初二刻，山近轩进晚膳，用折叠膳桌摆：燕窝苹果酒炖鸭子热锅一品（沈二官做），鸭子火熏白菜一品（郑二做）（八仙碗），葱椒羊肉一品（朱二官做）（江黄碗），羊他他士一品（银碗）；后送芽韭炒肉一品，蒸肥鸡烧鹿肉攒盘一品，苏造羊肉一品，攒盘肉一品，苏花糕一品，炉花糕一品（此三品珐琅盘），珐琅葵花盒小菜一品，珐琅碟小菜四品；随送粳米干膳进一品；次送米面饽饽二品，大馒首一品，苏造肉一盘，共一桌。上进毕。赏用。记此。九月初二日，奏事太监王进福传旨：九月初九日酉初二刻，上至万树园大蒙古包前，升座毕，送上奶茶。赏奶茶毕，放盒子时，送上用丰灯宝盒一副；随送东西两边赏随营王公大人及蒙古王公、缅甸正使副使、跟役人等鼓盒十副，攒盘饽饽三十盘。晚膳后，上枪得鹿一只，除上留用鹿尾鹿肉，下剩赏万树园东西两边王公大人及蒙古王公、缅甸人等烤鹿肉片吃。记此。

可见，农历九月初九重阳节，避暑山庄帝王的膳食也是颇为讲究的。

以食物养生保健在我国有着悠久的历史。传说神农氏尝百草，辨其性而首创食疗先例。所谓食疗，就是针对身体状况，通过食用带有某种药理作用的食物，以达到强身健体，祛病和延年益寿的目的。而将这些既具有药理作用又能经常食用的物品，经过合理科学的加工配方做成的肴馔食品，就是药膳。

通过对清代避暑山庄乾隆帝及其皇室成员饮膳的研究，可知乾隆帝不仅对饮食十分讲究，而且深悉食疗与强身健体之道。在他及其皇室成员的所用的御膳中，常杂以多种药膳和有滋补作用的食品。如御膳中的山药鸭羹、烘鹿肉、鹿尾烧鹿肉、鹿肉丸子炖豆腐、鹿筋拆肉、八宝鸭子、江米镶藕等。其中鹿尾、鹿肉是强肾壮体的上乘药膳；山药主治脾虚泄泻、虚劳久咳等症；莲藕有清心益肾、固脾止泄等功效。

此外，乾隆帝对滋补食品豆腐也有特别的嗜好，几乎每餐必备。当时御膳豆腐的烹制方法很多，有羊肉炖豆腐、厢子豆腐、锅塌豆腐、菠菜拌豆腐、豆豉豆腐、鸡汤豆腐、什锦豆腐、脍三鲜豆腐、红白豆腐、盐水豆腐、炒木樨豆腐、鸡丁豆腐、卤虾油炖豆腐、脍云片豆腐、鸭丁豆腐、锅烧鸡脍什锦豆腐等等。有时，御膳中若无豆腐，乾隆还要立即传旨，添加豆腐菜或豆片汤。当时，乾隆帝尽管还不可能对豆腐的营养及功能有全面的了解认识，但豆腐是营养丰富的滋补品，易于消化吸收，更适合于老年人食用，则是不言而喻的。

为了加强食疗，乾隆帝还亲自配方，御制药膳糕点“八珍糕”。乾隆四十四年（1779 年），乾隆帝已年近古稀，胃肠消化系统及肾脏、脾功能均日渐衰弱，常感不适。因此，该年六月十二日，他在避暑山庄时：

> 太监胡世杰传旨："叫你们做八珍糕。所用之物人参（二钱），茯苓（二两），山药（二两），扁豆（二两），薏米（二两，炒），芡米（二两），建莲（二两，肉），粳米面（四两），糯米面（四两）。共为极细加白糖八两，合均蒸糕。俱系药房碾面。碾得面时，总管肖云鹏、张顺，太监胡士杰，药房总管首领田福，堂官陈世王宫看着蒸糕，蒸得时晾凉了，每日随着熬茶时送。"记此。

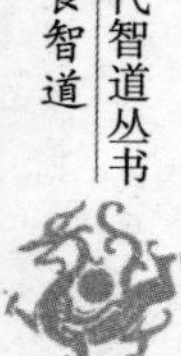

从六月十二日以后，每日乾隆膳毕送茶时，均进健胃补气、固肾养脾的八珍糕四至六块，一直未间断。做好的八珍糕，色白细腻，清香甘甜，松软可口，宜于老者进食。

八珍糕的配方，始见于明代陈实功所著《外科正宗》一书。清代八珍糕已广为人们所食用。但各地配方不同。乾隆帝的配方与陈实功的配方相较，仅换了两种药料，即山楂改为人参，麦芽改为莲子。从药性上而言，人参、莲子具有补气固肾的功效，山楂和麦芽能消导积食，化淤散滞，舒肝健胃。由此看来，乾隆皇帝能够高寿，与其深通食疗与养身之道不无关系。

通过上述乾隆帝在承德避暑山庄饮宴活动的介绍，特别是御制药膳食品"八珍糕"的生动事例表明，"药膳"菜单与"八珍糕"虽小，但其中所包含的特殊食道、宴道与饮德、食艺的丰富文化内涵，却是极为多姿多彩的，尚需人们去细细品玩，方能道出个中真谛。

第四讲

玉露香醇与茶酒文化

中国是一个有着悠久酿酒饮酒传统的国度，而且种茶与饮茶、品茗，在古代中国同样有着漫长的历史。通过对玉露、香醇的品啜，古人在实践生活中形成了一大套繁琐、考究的饮习礼仪；并配之以更加精湛、富丽、典雅的茶器和酒具；制作和烹调出风味独具的茶食和酒肴，并进而使仪、器、食三者有机地结合为一体。而这最终又为具有中国特色的茶酒文化的形成、发展和繁荣，提供了坚实的物质和实践、理论基础。

中国古代的茶酒文化，是中国古代饮食文化的一个重要组成部分。同时，饮与食的密切联系，酒筵与品茶时的法定特权的官秩礼仪，茶酒所独具的保健长寿功效等，又充分而雄辩地证明，这一文化所特有的内容范畴及其作用，是任何其他形式的文化所不能替代的。

中国古人善于食，善于宴，更乐于饮，且好品茗。因此，从宫廷皇室到民间寒舍，从官宦之家到市井细民，在日常及年节诸项生活中，对酒茶等饮料、饮仪、饮器具的重视，绝不亚于对饮膳食品的器重与喜爱。酒食、酒肉、酒菜、酒宴、酒席、酒品、酒仪、酒德、茶食、茶点、茶饮、茶规等，这些古代的日常生活用语，便十分清楚地表明了饮料与食品之间密不可分的关系，以及它的特定的文化内涵。在古人的日常与年节生活中，文人雅士，花前月下，不但可以品茗独酌，而且还可以酒会友，以酒筵宾，饮酒赋诗，互相唱和，并引以为快事。即使仕宦之家或市民农户，每逢年节，或遇婚丧嫁娶，聚亲会友时，食桌与宴席上也少不了美酒，用以助兴。同时，古人在茶酒文化活动中形成的较为系统和完整的礼仪规范，还更充分地体现出茶酒文化的核心——礼的特点。

中国古代的饮料，虽然仅有茶叶与酒类两大门类，然而，在每一门类中，品种又极多，风味各异。其饮习风尚，却又因时因地因人而异。但茶道与饮茶文化、酒道与饮酒文化的内容，更充分地体现出各个历史时代所独具特定的社会风貌和文化特色，这是不言而喻的。

品茗食啜谈玄与茶道

茶叶是中国古代最古老的传统饮料之一，在历史上有着诸如蔎、荈、葭萌、蔎诧、槚、荼、茗等不同的名称。其中有些是因各地方言不同所产生的异名，有的则是它生长的各阶段所得到的不同名称，这说明人们对它的认识是渐进深入的。而人们将它正式写定为“茶”字，却是唐代的事情。据古书记载，唐代以前古人饮茶时就有了“茗饮”的习俗。由于在茶叶中含有芳香油成分，它能溶解脂肪，饮茶有消食生津、提神醒脑，恢复体力与精力的作用，因此茶叶这一饮料，自古以来就备受古人的青睐。中国是产茶的国度，无论是从种植茶叶的地理区域，还是从制茶的工艺程序及茶叶的质量而言，或者是从品茗、食啜及其古老深奥的茶道艺术而论，中国都是首屈一指的，世界上还没有任何一个国家和民族可以与之相媲美。

1. 古代的茶色与茶品

据文献的载述，唐以前古人的饮茶，属于粗放煎饮的方式。对采摘来的茶叶加工与否，文献虽未有明确说明，但基本脉络还是清楚的。这时古人将饮茶称之为“茗饮”。饮茶比较普遍的地方是蜀地。唐代出现了细煎慢品式的艺术品茶，这是在当时饮茶风气普及、名茶产地增多、名茶为人们所认识等基础上形成的。陆羽《茶经》“八之出”记载当时的主要产茶地区，共四十二州，涉及现在的十六个省份，西北到陕西省境内的安康，北到淮河南岸的光山，西南到云贵的西双版纳和遵义，东南到福建的建瓯、闽溪，南到五岭以南的两广。各地所产的茶叶，都有较为固定的销售范围。如蜀地的新安茶，“自谷雨以后，岁取数百万斤，散落东下”，“南走百粤，北临五湖”。这时涌现出的优质名茶，据唐代李肇《国史补》卷下记载说：唐代“风俗贵茶，茶之名品益出”。他列举了当时被人们公认的名茶，有剑南的蒙顶石花茶，湖州顾渚的紫笋茶，东川的神泉小团、昌明兽目茶，峡州的碧涧明月、芳蕊、茱萸簝茶，神州方山的露牙（同芽）茶，夔州的香山茶，江陵的南福茶，湖南的衡山茶，岳州灉湖的含膏茶，常州宜兴的紫笋茶，婺州的东白茶，睦州的鸠坑茶，洪州西山的白露茶，寿州霍山的黄芽茶，蕲州蕲门的团黄茶。其中，剑南的蒙顶石花茶列为第一，而顾渚紫笋及常州阳羡茶为贡品，故更显其珍贵。

陆羽在《茶经》中，将主要产茶地区分为五大片，即山南、淮南、浙西、浙东、剑南，且对同一地区不同地点所产的茶均有详论。

中国古代饮茶史上素有“茶兴于唐，盛于宋”的说法。北宋末年蔡絛在《铁围山丛谈》中云：

> 茶之尚，盖自唐人始，至本朝为盛，而本朝又至祐陵（即宋徽宗）时益穷极新出，而无以加矣。

宋徽宗自己也说，当时，“采择之精，制作之工，品第之胜，烹点之妙，莫不盛造其极”。这主要是指以品为主的艺术饮茶方式而言的。此时宋人饮用的茶有两大系列，即片茶（或团茶、饼茶）、散茶（又称草茶）。欧阳修在《归田录》卷一中还将片茶称为腊茶，散茶称为草茶。还说“腊茶出于剑（剑州）、建（福建），草茶盛于两浙”。这种情形，终两宋之时，基本上无大的改观。其中白芽和龙团胜雪茶是片茶中的佼佼者。草茶则以浙江会稽日铸山所产出的日铸茶和江西修水所出的双井茶最为著称。

饮茶到了明代，从加工方法到品饮方式，都焕然一新。宋代盛行的斗茶之风消失了，蒸后研、拍、焙而成的饼茶，代之以揉、炒、焙而成的散条形茶；研末而饮之的唐宋饮法，变为沸水冲泡的瀹饮法。这时的名茶，名目繁多，最为世人称道的六品有：虎丘茶、天池茶、阳羡茶、六安茶、龙井茶、天目茶。其中虎丘茶，产在苏州虎丘山，“最为精绝，为天下冠”。明代李日华撰《紫桃轩杂缀》称：

> 虎丘气芳而味薄，乍入盅，菁英浮动，鼻端拂拂，如兰初坼，经喉吻亦快然。

虎匠茶味偏清淡，用甘醇的惠山泉水冲瀹，“足佐其寡薄”。李日华品饮西湖龙井茶时说：

> 龙井味极腴厚，色如淡金，气亦沉寂，而嘴咽久之，鲜腴潮舌，又必藉虎跑空寒熨齿之泉发之，然后饮者领隽永之滋，而无昏滞之恨耳。

清代陆次云《湖壖寺记》赞龙井茶“作豆花香”，“啜之淡然，似乎无味，饮过后觉有一种太和之气，弥沦乎龄颊之间，此无味之味，乃至味也”。以上六大名品，可以视作明代散条形茶的代表。从记述看，明代炒青法所制都是绿茶。绿茶始成为人们主要的品饮对象。花茶起先是作为文人隐士别出心裁的雅玩，后来渐渐普及到民间，从而开创了古人品茶的又一个新天地。

清代，茶树的种植较之明代更得到普遍的推广，形成了我国茶叶结构的六大种类，即绿茶、红茶、花茶、乌龙茶、白茶和紧压茶。清代驰名全国的名茶，达数十种之多，它们的茶色和品味各具特色。史称当时的名茶有浙江杭州西湖的龙井茶、江苏太湖的碧螺春、四川的蒙顶茶、安徽太平猴魁茶、浙江长兴县的顾渚紫笋茶、四川峨眉的峨蕊茶、江西的庐山云雾茶、浙江临安的天目青顶茶、贵州都匀毛尖、浙江乐清的雁荡山白云茶、广西桂平的西山茶、安徽宣城的敬亭绿雪茶、江西修水的双井茶、湖南洞庭的君山银针茶、福建福鼎的白毫银针茶、铁观音、乌龙茶以及云南的普洱茶等。此外，清代的名茶中，还有“祁红茶”（产于安徽祁门）、“福州茉莉花茶”和“苏州茉莉花茶”等诸多品种。

2. 古代的茶道艺术

中国的茶道艺术与饮茶文化，是古代饮食文化中极富有特色的内涵之一。茶道艺术具体包括茶具艺术、验水与点茶艺术、煎水烹茶艺术等内容；它与饮茶品茗食啜艺术一起，共同构成了古代的饮茶文化的艺术殿堂。

古代的茶具艺术 古人饮茶，其主要目的在于“品”，故称之为“品茗”，精髓在于品茶的色、香、味、形，解渴则在其次。茶具作为品茶的重要工具，一方面，人们遵循“工欲善其事，必先利其器”的原则，求其实用大方；另一方面，又从茶道艺术实践出发，求其精美，求其雅致。

古代的茶具，大致可分为饮茶用具，饮前对茶叶再加工的用具以及辅助性的杂项用具等。在讲究饮茶艺术的唐宋时代，人们不但讲究茶叶本身的形式美和色、香、味、形四者的综合效应感受，而且讲究茶具的完备、精巧，乃至茶具本身的艺术美，从而企求达到心地的调适和和谐完美。唐人陆羽在著名的《茶经》一书中，便罗列了二十四种茶具，有风炉、筥、炭挝、火筴、鍑、交床、夹、纸囊、碾、罗合、则、水方、漉水囊、瓢、竹夹、盐簋、熟盂、碗、畚、札、涤方、滓方、巾、具列等。到了清代，饮茶方式发生了变化，一些茶具被淘汰了，一些茶具则异军突起，更加丰富了人们的茶道艺术文化生活的内容。

在饮茶用具方面，唐以前的饮茶用具和食器还没有完全分化开来，饮茶时有用盂的。这些盂均系陶或瓷制。从唐代开始，饮茶用器始从酒、食器中逐渐分离出来，自成一个体系。唐宋时流行煎茶、斗茶饮法，只有茶盏没有茶壶。当时，仅有用来煎水的煎水壶，但不能称作茶壶。《茶经》沿用古俗，把茶盏称为碗，但在时人墨客的诗文中，更多的叫做瓯。这时制造茶盏的地方，据陆羽《茶经》所记，有浙江的越州，湖南的岳州，河北的邢州等地。各地瓷窑所出的茶盏，由于烧造技术、工艺流程以及传统风格的不同，各呈白、黄、淡青、褐等釉色。陆羽认为，能够与茶色相焕发的，山赵州窖所出茶盏釉色似玉而又微泛淡青色的为最好；其次是岳州所出也呈淡青色。陆羽还评说越州窑瓷类玉、类冰，绿色的茶汤注入其中，“半瓯青泛绿”，与本身的淡青釉色互相辉映，从而达到益茶的效果。对此诗人文士颇有赞誉，如施肩吾《蜀茗茶》诗云：“越椀初盛蜀茗新，薄烟轻处搅来匀”；李群玉《龙山人惠石廪方及团茶》称：“红炉炊霜枝，越瓯斟井华”，又《答友寄新茗》诗也说：“吴瓯湘水绿花新”。这里的越椀、越瓯、吴瓯，都是指越州所出的茶盏而言。此外，唐人还发明了一盏、一盖、一碟式的三合一茶盏——即盖碗，进而使古代的饮茶文化艺术达到一个新的境界。

宋代的茶盏，以“斗茶”时所用的通体施黑釉的建盏最具特色。建盏又叫做乌泥建、黑建、紫建，宋时主要产于福建建州。建盏在宋代备受“斗茶”者珍爱，因为宋代人在进行“斗茶”艺术活动时，茶汤呈白色，而“斗茶”茶面泛出的汤花，更是纯白色，如果茶盏釉色为白色或其他浅色，就会影响“斗茶”的外观效果。建盏黑釉，与雪白的汤花正好配合得黑白分明，所以从茶盏本身的釉色要与茶色出现对比美这一角度出发，“斗茶”者倍喜之。除此之外，如官、定、汝、钧等地烧造的大量青花、白瓷茶盏，造型各异，刻花印花，争奇斗胜，都体现出饮茶艺术活动对茶具穷极工巧的要求，同样是上等的茶具。

到了明代，流行瀹茶饮法，于是把茶壶带入饮茶用具之中，从此茶盏和茶壶成为基本的茶具。明清的茶盏，主要仍是瓷质。由于人们不再“斗茶”，黑釉茶盏已很少使用，故茶盏多为白瓷或青花瓷。

明清茶具，最为后人称道的，是江苏宜兴紫砂陶制茶壶、茶盏的创制和普及。宜兴紫砂陶制茶具，创始于明代。据明人周高起在专论宜兴（古称阳羡）砂陶的《阳羡茗壶系》一书中介绍，宜兴陶茶具，“能发真茶之色、香、味”，故在明代，备受饮茶品茗者的垂青。宜兴陶制茶具制作工艺独特、造型美观雅致，堪称艺术品的一绝。明万历年间，宜兴有四家造茶具最为著名，即董翰、赵梁（或作良）、袁锡、时朋，他们所造茶具，各具特色。之后，以时朋的儿子大彬技艺最高。时人说他制造的茶具茶壶。“不务研媚而朴雅坚栗，妙不可思”。他先做的是较大的壶，后又根据人们品茗斗趣的需要，改做小壶，流传甚广，以致人人“几案有一具”，对之“生闲远之思”。清人陆绍曾见时大彬所造的壶，有名叫“六合一家”的，就是壶身分四个部分，底、盖各一，合之为一壶，“离之乃为六”，水注其中，“滴屑无漏”，真是巧夺天工。而清人徐印香所得是时大彬所造茶壶，上有名家题诗，壶上刻有汪森所题四句韵文：“茶山之英，含土之精，饮其德者，心怡神宁。”与时大彬齐名者，还有李大仲、徐大友，时人将此“三大”通称为“壶家妙手”。李大仲所造的甜瓜形小圆壶，尤被后人珍视。当时人所制之壶，有的像花果树木，缀以草虫；有的像鸟兽鱼虫，姿态各异；有的仿商周鼎彝，古趣盎然；有的则似秀女寿翁，情态可掬。到了清代，宜兴陶制茶具对明代既有继承又有发展。其中，清初陈鸣远、嘉庆时杨彭年、陈曼生等工匠所制，均享负盛名。早在明代，宜兴紫砂茶具，便随我国茶叶的外销传至欧亚各国。至清代，即 18 世纪早期，荷兰、英国、德国便对之加以仿制，特别是甜瓜形球状宜兴壶，更为西方人所喜爱。日本人对宜兴砂陶的兴趣更为浓烈。因此，许多明清两代制作精巧的宜兴茶壶，至今仍为各国公私收藏家作为体现中国古代饮茶文化和茶道艺术的精品，而加以珍藏。

清代宜兴的茶具，不但具有很高的实用价值，还有很高的文化艺术价值。精美的茶具，使清人在闲暇休憩时，品茗饮茶更加趣味横生。他们口啜清茗，细咂慢咽，一面鉴赏、抚玩着艺术化的茶盏与茶壶，一面陶冶心性与情操，从而使之更加怡然旷达，自得其乐。这正是清代茶道通过茶具艺术品所要体现和达到的文化意境，也是清人闲暇心态和审美观的自然流露。

在饮茶煎水用具方面，历代各朝颇有特色。古代饮茶，第一步先煎水。煎水用具可分为两类，一是盛水用具，一是容火用具。随着饮茶方式的发展和不同的习俗，各个时代人们对煎水用具的要求也不相同。盛水用具，唐代用釜，宋及以后用瓶；容火用具，主要为炉，从陆羽《茶经》所要求的鼎式炉，直到清代的竹炉、白铁炉等。这些用具，形制和质地在各个时代都有变化，这些变化和特点，又都是为了发挥饮茶艺术的情趣，使人从中得到充分的精神和艺术的享受。

唐代饮茶，主要用煮饮法，煎水用具，即是煎茶用具，釜是唐代煮水时的盛水器，陆羽称之为“镀”。就其质地说，有铁质、瓷质和石质数种。自宋代，饮茶品茗者多以较小的瓶来煎水。这种煎水器，被称之为汤瓶、茶吹、镣子、茶吊子等，质地有金、银、锡、铅、铜、瓷、陶等种类。明清两代，多以锡制茶瓶煎水。这种以“五金之母”的纯锡所制之“茶铫”，用来煎水“能益水德，沸亦声清”。故为明清饮客所喜爱。煎水要用火炉，亦称茶炉。唐代陆羽所提倡的茶炉，是他自己设计的三足鼎式炉。这种炉用铜或铁铸成，在鼎炉身上还刻有不同内容的铭文。除此而外，唐代尚有泥做的一般茶炉。白居易诗中“绿蚁新醅酒，红泥小火炉。晚来天欲雪，能饮一杯无?”的“红泥小火炉”即谓此。可见此小炉既可用来煎茶，又可用来温酒，质朴无华，更得自然之妙趣。宋代茶炉的形制与质地同唐代相差无几，也多呈古鼎形式。明代茶炉，流行铜、竹炉。其中，尤以湘竹所制之竹炉煎水煮茶，最为雅尚。清末京师（北京）有一种小茶炉，三角形，以木为框，内外敷细石灰，有的还在表面画上花卉虫鱼，山水人物，十分雅致精巧。茶炉中，煮水煎茶之燃料，多用炭火。唐宋以后，都将炭火称为“活火”。清代煎茶，则喜用杪木去皮烧成的炭。用这种炭火，在室内煎茶，其情其景，正如清初诗人钱谦益所描述的，“文火细烟，小鼎长泉”，好一派诗情画意、兰气氤氲的意境。这正是文人墨客所要追求的一种雅兴和艺术享受。

自古以来，古人就对贮茶、焙茶极为重视。如明清时期，人们饮用的主要是散条形茶，为了防潮和防止茶叶变色、变味、失香，时人贮茶，主要用瓷或宜兴砂陶制的“茶罂”，也有用竹叶编制的篓。这些贮茶之具，既是实用之物器，又是赏用之艺术佳品。

验水与点茶艺术 煎茶与饮茶均离不开水，而饮茶进入人们的生活艺术领域之后，水便成为茶色、茶香、茶味的体现者。因此，水质的好坏、优劣，直接关系到煎茶的成败与否。所以清代美食家袁枚说：“欲治好茶，先藏好水。”古人在具体饮茶实践中积累了许多鉴别水的理论和取水的经验，进而使得饮茶文化艺术活动迈向新领域。

唐代以前，尽管江南、巴蜀等地饮茶风气已很普遍，但那时古人常常在茶中放上各种香辛佐料，而一般又是煮饮，并且是很粗放的饮茶，故对茶汤的色、香、味，没有提出特别的要求。就煎茶用水而言，更未引起古人的明显注意，所以也没有留下历史记载。唐代中期以后，饮茶成为艺术的品饮后，要求人们在自煎至饮的整个过程中，需有一种进行艺术创造的情感，自然对创造这种艺术的原材料之一的水，也有了特殊的要求。有关理论叙述在张又新的《煎茶水记》一书中有完整记载。宋代及其以后，古人饮茶品茗越来越讲究色、香、味，对水的要求更高了，对水质高下品评的文字也更多了。

综合考察唐宋以来古人的品水理论，所立标准不外两条：一是水质，一是水味。水质又包括三个方面，即要求清、活、轻。清是对浊而言，要求水澄之无垢，挠之不浊；活是对死而言，要求有源有流，不是静止的死水；轻是对重而言，好水质地轻，浮于上，劣水质地重，沉于下。水味包括两个方面，即要求甘和冽（即清冷）。甘是指水含于口中有甜美感，无咸、苦感、冽是指水在口中使人有清凉感。对此，宋徽宗在《大观茶论》中说道：“水以清、轻、甘、洁为美。轻、甘乃水之自然，独为难得。”他这里所说的轻、清和洁都属于水质的标准，甘则属水味的标准。

清人饮茶用水，最讲究以水的轻、重来辨别水质的优劣，并以此鉴别出各地水质的品第。清人梁章钜《归田琐记》卷七“品泉”条称：“品泉始于陆鸿渐，然不及我朝之精。”清代，以水的轻、重为标准，列出天下泉水的品第者，为乾隆皇帝。据陆以湉《冷庐杂识》记载，乾隆帝一生多次东巡、南巡，塞外江南，无所不至。每次出巡，他都带有一个特制的银质小方斗，命侍从“精量各地泉水”，然后再以精确度很高的秤称其重量。结果，品出京师（北京）西山玉泉山泉水最轻，定为“天下第一泉”。乾隆帝还亲自撰写了《玉泉山天下第一泉记》一文，并立碑刻石以垂后世。

清人记载，凡乾隆帝外出巡游，“每载玉泉水以供御”。可见，玉泉水成了皇帝御用之水。在巡幸期间，为保持专供御用之玉泉水的质味不变，还发明使用“以水洗水”之法。据载，“世以镇江城西北石山簰东之中冷泉水为通国第一，然高宗（即乾隆帝）尝制一银斗以品通国之水，则以质之轻重分水之上下，乃遂定京师海淀镇西之玉泉为第一，而中冷次之，无锡之惠泉、杭州之虎跑又次之。此外惟雪水最轻，可与玉泉并，然自空下，非地出，故不入品”。正因如此，乾隆帝外幸，銮辂时巡，每载玉泉水以供御用。“然或经时稍久，舟车颠簸，色味或不免有变，可以他处泉水洗之。一洗，则色如故焉”。此谓之“以水洗水”之法。

古人饮茶，除讲究水之轻重外，还十分注意水味之甘、冽。甘冽，古人也云甘冷。如宋代诗人杨万里有“下山汲井得甘冷”的诗句。还有称为甘香的，如明代的田芝衡说，“甘，美也；香，芬也”；又说：“泉惟甘香，故能养人。”又云：“味美者曰甘泉，气芬者日香泉。”此处所云香，也是水味的一种。古人认为水味的甘，对饮茶用水来说尤为重要，所以明屠隆云：“凡水泉不甘，能损茶味。”水的冷冽，仍是煎茶用水所要讲究的。古人云：水“不寒则烦躁，而味必啬”，啬就是涩的意思。但也不是凡清寒冷冽的水就一定都好。讲水的冰冽，古人最推崇冰水。古人饮用冰水，早在饮茶之风普及前就有记载。如晋代人秦王嘉《拾遗记》中说：“蓬莱山冰水，饮者千岁。”唐宋时人也有以冰水来煎茶的，如唐代诗人郑谷有诗说：“读《易》明高烛，煎茶取折冰”；宋杨万里诗“锻圭椎璧调冰水”，都是说的用融冰之水煎茶。此外，古人还好以雪水煎茶，一是取其甘甜，二是取其清冷。陆羽品水，即列有雪水。白居易《晚起》诗“融雪煎香茗”即指此。而宋以后不乏其效仿者。元代谢宗可《雪煎茶》诗写得更为生动：

夜扫寒英煮绿尘，松风入鼎更清新。

月团影落银河水，云脚香融玉树春。

诗中的“寒英”喻雪，“月团”喻饼茶。而清人煎茶却有用隔年的雪水的习尚，如吴我鸥便喜雪水茶，他认为“以雪水烹茶，俊味也”。还常为诗云：

绝胜江心水，飞花注满瓯。
纤芽排夜试，古瓮隔年留。
寒忆冰阶扫，香参玉乳浮。
词清应可比，曾涴一襟秋。

清人袁枚更喜将天泉水、雪水藏之以时日，使之甘洌，然后煎茶。他力主欲治好茶，先藏好水，“水求中冷惠泉，人家中何能置驿而办。然天泉水，雪水力能藏之，水新则味辣，陈则味甘”。因此，以此水煎茶，味最甘美。

为烹制一杯好茶，清人除要讲究好水，并验水之优劣外，还要采用“点茶”技艺，对茶叶进行再加工，以使煎出之茶，色香味俱佳。所谓“点茶”艺术，系指“以花点茶”之法而言。具体方法是，以锡瓶置茗，杂花其中，隔水煮之。一沸即起，令干。将此点茶，则皆作花香。梅、兰、桂、菊、莲、茉莉、玫瑰、蔷薇、木樨、桔诸花皆可。对用以点茶之花及所用剂量，也颇有讲究。

诸花开时，摘其半含半放之蕊，其香气全者，量茶叶之多少以加之。花多，则太香而分茶韵；花少，则不香而不尽其美，必三分茶叶一分花而始称也。

在《清稗类钞》一书中，还专门介绍了梅花点茶、莲花点茶、茉莉花点茶等诸花点茶的技艺。

古人的煎水煎茶及烹茶艺术　自从唐代的陆羽著《茶经》一书，提倡煎饮之法后，我国古代的茶道艺术即发轫于此。唐代有煎茶法，宋代有“斗茶”，明代则有瀹茶之法。到了清代，则有煎水烹茶艺术的产生，从而使茶道艺术跃上了一个新台阶。

唐代是饮饼茶的时代，所煎的茶必须是茶末，故在煎茶前，要对饼茶进行再加工，也说是要炙、要碾、要罗。茶饼经过上述工序以后，变成极细的茶末，才可以放到水里煎煮。对放到水里煎煮，怎么放，也有一定的要求。据陆羽所述，煎茶的水，煮到一沸即水面泛泡如鱼目时，根据煮水的多少，适量加入食盐花以调味，到第二沸即水面四边涌泡如连珠时，先舀出一瓢来，随即用竹筴搅动釜中的水，使水的沸度均匀，这时才用“则”即量茶末的小杓，量取一定量的茶末，从沸水中心处投下，再加搅动。搅动时动作要轻缓，否则不算是会煮茶。从碾到下茶末后反复地搅动，这在唐人的诗名中有很形象的描绘。晚唐秦韬玉的《采茶歌》，便描写了从采制到煎茶、饮茶及饮后的全过程：

天柱香芽露香发，烂研瑟瑟穿荻篾。
太守怜才寄野人，山童碾破团圆月。
倚云便酌泉水煮，兽炭潜然蚌吐珠。
看著青天早日明，鼎中飒飒筛风雨。
老翠香尘下才热，搅时绕箸天云绿。
耽书病酒两多情，坐对闽瓯睡先足。
洗我胸中幽清思，鬼神应悉歌欲成。

诗的第一、二句是说天柱茶的采制，采来的茶要蒸要研，瑟瑟是绿色玉石的名称，“穿荻篾”是说茶饼制成后以荻篾穿成串；第四句是说碾茶，以“团圆月”比喻茶饼；第五句是说酌泉以煮水；第六句是说煮水所用的炭及水初沸时水面的情景；第七八句是说水到第二沸、第三沸，以天气的晴和来烘托风雨声的骤至；第九句是说下茶末，以“老翠香尘”来比喻茶末；第十句是说茶末入水泛绿，以箸（即筷子）搅动，水旋茶转，好似绿云绕箸而动。最后四句则是诗人对此情此景乃至品茶后的感受，发之引以为歌。可见，唐代的煎茶，是茶的最早的艺术品饮形式。

宋代的斗茶，无论是茶叶的加工形式，煎水的要求，还是斗茶所用的工具，斗茶的效果，和唐代以来的煎茶都有许多相似之处。不过，斗茶在各方面的要求更加严格，更加精致，程序更加繁复。同时，斗茶强调一个“斗”字，有达到斗茶最佳效果的具体标准，所以更强调人力的作用。斗茶，在五代时可能已经出现，最先在福建的建安一带流行，北宋中期以后，斗茶习尚向北方传播开来，很快风靡全国，从高踞于庙堂之上的达官贵人，到行吟于泽畔山林的文人墨客；从策肥御轻的公子哥儿，到车水卖浆的一般平民，无不以斗茶为乐事。

宋人斗茶用的也是茶饼，斗茶以前的加工程序，除了一般不再炙以外，也要经过碾、罗而制成极细的茶末，这些均由斗茶者自己动手。宋代斗茶，用瓶煎水，对汤候的要求和唐代是一样的，而茶末则是直接放在茶盏里，先调膏，再注入第二沸过后的沸水。所谓“调膏”，就是看茶盏的大小，用勺挑上一定量的加工好的茶末放入茶盏，再注入瓶中沸水，调和茶末如浓膏油，以黏稠为度。调膏之前的茶盏，还须“熁盏”，对此蔡襄说：“凡欲点茶，先须熁盏令热，冷则茶不浮。”宋徽宗也说：“盏惟热，则茶发立耐久。”

衡量斗茶的效果，一是看茶面汤花的色泽和均匀程度，二是看盏的内沿一汤花相接处有没有水的痕迹。汤花面要求色泽鲜白，有所谓“淳淳光泽”，民间把这种汤花叫做“冷粥面”；汤花均匀程度适中，叫做“粥面粟纹”，就是像白色粟粒一样细碎均匀。蔡襄说，斗茶：

> 视其面色鲜白，著盏无水痕为绝佳；建安斗试，以水痕先者为负，耐之者为胜。

即指上述衡量斗茶效果的标准。要想创造出斗茶的最佳效果，关键在于人的操作，操作的主要动作是“点”和“击拂”。

“点”是把茶瓶里煎好的水注入茶盏中，故宋人往往把斗茶也称为“点茶”，可见“点”在斗茶整个过程中是很重要的一环。执壶往茶盏中点水时，要有节制，落水点要准，不能破茶面。“击拂”相当于唐代煎茶中的“搅”，不过不像唐代那样用筷子之类的东西在茶釜中搅拌，而是用特制的小扫把似的工具——茶筅，动作也有一定规范，要旋转打击和拂动茶盏中的茶汤，使之泛起汤花，这一步也很重要，所以古人往往又把斗茶叫做“末拂”。手持茶筅击拂茶汤，叫做“运筅”，往返运筅，或击茶汤，或拂汤花。宋代诗人，对此颇多吟哦。可见要创造出斗茶的最佳效果，既要注意调膏，又要有节奏地注水。同时茶筅击拂，也要视需要而有轻重缓急的不同。最后，斗茶者还要品茶汤，要做到味、香、色三者俱佳，才算是斗茶的最后胜利。当时人们对斗茶的汤色，要求为纯白色，青白、灰白、黄白又等而下之。宋人认为，之所以出现其他色泽，是茶饼在加工过程中所发生的偏差造成的：色偏青，是因为蒸时火候不足，榨时去汁未尽；色泛灰，是因为蒸时火候太过；色泛黄，是因为采造不及时；色泛红，是因为烘焙过了火候。这些都会影响斗茶的效果。

清人煎水烹茶，不但注意择水（沸水）、择火（活火）、择茶，而且十分讲究烹茶之法，最具代表性的为流行于闽粤的烹治“工夫茶”艺术。

清代工夫茶的“烹治之法，本诸陆羽《茶经》，而器具更精”。烹治时所用茶具，茶炉形如截筒，高约一尺二三寸，以细白泥制成；壶以宜兴紫砂陶者为最佳，“圆体扁腹，努嘴曲柄，大者可受半升许”；所用杯盘，多为花瓷，“内外写山水人物，极工致，类非近代物”。炉及壶盘各一，惟杯之数不一，则视客之多寡而定。杯、盘、壶的形状、大小各异，典雅精巧，十分可爱。其中，有“杯小而盘如满月”者，有“以长方磁盘置一壶四杯者”；更有“壶小如拳”，“杯小如胡桃者”。此外，尚有煎水用的瓦铛、放置杯盘等物的棕垫、扇火用的纸扇、夹放炭火的竹夹等，“制皆朴雅”，但壶、盘与杯，皆以常饮常品常烹煎之“旧”者而为佳。被称为“四宝”的最基本茶具的组合为潮汕洪炉（茶炉）、玉书碨（煎水壶）、孟臣罐（茶壶）、若深瓯（茶盏）。炉亦有用白铁做者，小巧玲珑，燃料或用炭，或用甘蔗渣及橄榄核，以取其易燃和清香之气味。

除茶具外，清代工夫茶烹治的具体过程是，主人“先将泉水贮之铛，用细炭煎至初沸，投茶于壶而冲之，盖定，复遍浇其上，然后斟而细呷之”。如果要以茶“饷客”，待客至，将啜茶，则取壶，“先取凉水漂去茶叶尘渣，乃撮茶叶置之壶，注满沸水”。待盖好之后，再取煎好的沸水，慢慢“徐淋壶上”，壶在盘中，俟水将满盘为止，再给壶上“覆以巾”，即敷上干净毛巾。“久之，始去巾”。掀掉毛巾后，主人再“注茶杯中”，以为奉客。此时，“客必衔杯玩味”，拿起茶杯，由远及近，由近再远，先闻其香，然后细细品尝其味，并盛赞主人烹治技艺；否则，此时客人“若饮稍急”，则主人将嗔怒于色，而“怒其不韵也”。可见，清代工夫茶的烹治和品饮艺术，主要讲求其中的“韵”与“味”。这是清代茶道艺术的精髓所在。

清代，系统阐释烹茶与品茗艺术的著述，当推满族人震钧的《茶说》一文。它共分为五节，一是“择器”，即论烹茶与饮茶的器具；二是“择茶”，论及茶的品第及贮藏方法；三是“择水”，谈煎茶用之鉴别；四是“煎法”，主张唐代的煎茶法，对煎法记述尤为详尽；五是“饮法”，讲品饮之雅趣。这是一篇既有理论又有实践经验总结的好文章。

3. 古人的饮茶文化活动

古人的饮茶文化，内容丰富。除前述古代的茶道艺术外，还包括古人的一系列饮茶文化活动。这些饮茶文化活动，包括古人的饮茶艺术、皇宫内廷与文人儒士的品茗风尚、古代民间茶肆品茶与茶食诸方面。

古人的饮茶艺术 古人的饮茶品茗，是茶道艺术的完成和实践阶段。因为烹茶、煎茶的目的，最终是为了饮啜和品味。这样，它既是茶道艺术活动的延伸，同时又是饮茶艺术活动的起点。每逢闲暇之时，古人为了陶冶心性、情操，怡神自乐和消闲遣暇。于是，便烹茶饮茗，或自煎自饮，或邀客举杯共品，均十分自得怡然。因此，从实质上讲，它就是一种包含文化意识和丰富内容的一种艺术实践活动，亦是重要的社交手段和方式。另一方面，古人在进行品茶艺术活动时，往往对品茶环境和品茗者的文化素养有相应的要求。而且，每个时代，不同层次的人对之的要求也不尽相同。

宋代品茶有一条法则，叫做“三不点”，见于胡仔《苕溪渔隐丛话》一书，“点”是点茶，也指斗茶。“三不”，据欧阳修的《尝新茶》诗说，“泉甘器洁天色好，坐中拣择客亦佳”，新茶、甘泉、洁器（茶具）为一；天气好为一；风流儒雅、气味相投的佳客为一，是为“三”。反之，茶不新，泉不甘、器不洁，是为“一不”；景色不好，为“一不”；品茶者缺乏教养举止粗鲁又为“一不”；共为“三不”。如苏轼在扬州为官，一次在西塔寺品茶，有诗记云：

禅窗丽午景，蜀井出冰雪。
坐客皆五人，鼎器手自洁。

第一句就说品茶时的环境，在花木深处的禅房窗下，窗外是风和日丽的艳阳天；

第二句是说茶好器洁并有甘洌的井水；第三句是说品茶者不俗而可人意。由此可见，所谓“三点”、“三不点”，一是指品茶环境如何，一是指品饮的材料和器具如何，一是指品饮者的修养如何。

明清时代，古人对品茶的要求，更加细致，更加严格，有颇多的清规戒律，即所谓“所宜”、“所不宜”、“所忌”之事。明末清初的冯正卿在所著的《岎茶笺》中，对此记述极详。他提出了饮茶艺术活动的“十三宜”与“七禁忌”。。

所谓“十三宜”，系指“饮茶之所宜者”，共十三事项。“一无事”，即要有饮茶的闲暇工夫和时光；“二佳客”，饮茶的客人需高雅博学之辈，既能与主人交流感情与对话，又能真正品玩茶之真“味”；“三幽座”，环境清幽雅适，饮者神怡自得；“四吟咏”，饮茗时，饮者或沉吟，以诗助兴，或与客对咏，以诗文唱和；“五挥翰”，饮时更需挥毫洒翰，泼墨诗画，以尽茶兴；“六徜徉”，闲庭信步，古院幽深，时饮时啜，体验古之饮茗者的闲情兴味，必将趣味无穷；“七睡起”，古树下、小径旁，饮者一酣清梦，小睡再起，重品香茗，则另有一番情趣；“八宿酲”，饮者如宿醉未解，醉意朦胧，则稍饮美茗，定能破之，神清意爽；“九清供”，品茶时宜有清淡茶果佐饮，以供啜茗食用；“十精舍”，饮茶时宜有精美清幽而雅致的茶舍，以便能更好地衬托和渲染出肃穆、高雅的气氛；“十一会心”，品茗时，贵在饮者对饮茶艺术、茶的品味和茶道本身，能心领神会；“十二赏鉴”，饮茶时，饮者需能真正品玩和鉴赏之真“味”、真“品”，领悟其中的意境和艺术真谛；“十三文僮”，饮茶时，宜有聪慧文静的茶僮，随侍身边，以供茶役，以遣清寂。

饮茶亦多禁忌，共有七项，即所谓“七禁忌”，“一不如法”，即是烹饮皆不如式得法；“二恶具”，饮茶与烹茶最忌茶器、茶具粗恶不堪；“三主客不韵”，饮茶也忌主人与应邀客人，举止粗俗鄙陋不堪，无风流雅韵之态；“四冠裳苛礼”，饮茶之事，乃消闲品茗之道，故戒官场交往陈规琐礼和使人拘泥的冠裳；“五荤肴杂陈”，饮茶品茗贵在“清心”安怡，茶若染荤腥之味，果若肴杂陈设，则茶莫辨味，兴致顿消；“六忙冗”，品茗甚忌繁忙冗杂，心绪紊乱，神不守舍，既无细品茗茶之“工夫”，又无消闲之雅趣；“七壁间案头多恶趣”，品茗时，为求饮茶主客心绪雅适，故应力戒壁间案头布置粗俗不雅，使人感到环境恶劣无趣。

从饮茶“十三宜”和“七禁忌”的内容看，它是清人饮茶艺术活动实践经验的总结，也是饮茶艺术活动本身的文化内涵和品茗者通过这一活动，所要达到和追求的意境、乐趣、礼俗和特定的文化氛围。因此，它从一定意义上说，是阐释清代饮茶艺术的带有纲领性的文字。

宫廷人与文人品茗谈玄雅尚 在中国古代饮食文化实践中，封建帝王与帝后在日常生活起居中，每以饮茶品茗为雅事、乐事者，不乏其例。如宋徽宗就是一代风流的皇帝，他书画皆精，斗茶也“精于击拂”，常常以茶宴邀请大臣共饮品茗，并亲自烹点。蔡京的《延福宫曲宴记》中说，宣和二年十二月的一天，宋徽宗请大臣和亲王们在延福宫参加宴会，宋徽宗“命近侍取其茶具，亲手注汤击拂，少顷，白乳浮盏面，如疏星淡月。顾令诸臣曰：‘此自布茶’”，大臣亲王们“饮毕皆顿首谢”。文中的“注汤击拂”、“白乳浮盏”、“疏星淡月”，都是当时“斗茶”所要求的动作和最佳效果。清代皇宫行苑中，帝后的日常生活里，也以饮茶品茗为其重要的生活内容之一，他们或饮奶子茶，或饮绿茶、花茶，并佐以茶食糕点。据清人记载，清高宗乾隆帝，便喜欢江南龙井新茶。

杭州龙井新茶，初以采自谷雨前者为贵，后则于清明前采者入贡，为头纲。颁赐时，人得少许，细仅如芒。瀹之，微有香，而未能辨其味也。

高宗命制三清茶，以梅花、佛手、松子瀹茶，有诗记之。茶宴日即赐此茶，茶碗亦摹御制诗于上。

因此，宴会结束后，赴宴诸大臣对茶杯爱不释手，均“怀之以归”。清德宗光绪皇帝，平日亦“嗜茶，晨兴，必尽一巨瓯，雨足云花，最工选择。其次闻鼻烟少许，然后诣孝钦后（即慈禧太后）宫中行请安礼”。至于慈禧太后在宫中饮茶，茶具十分精美，并且富丽堂皇，“宫中茗碗，以黄金为托，白玉为碗”她每饮茶时，常“喜以金银花少许入之，甚香”。足见她品茗时，茶具和饮用之茶，均与众不同。

至于公私茶宴，在清代宫中，更是寻常之事。据清人记载，“上自朝廷燕享，下至接见宾客，皆先之以茶，品在酒醴之上”。福格所著《听雨丛谈》卷八记述，清代宫中及一般旗人，还喜饮“熬茶”。如皇宫内宴享和款待外国使节，“仍尚苦茗茶、团饼茶，犹存古人煮茗之意”。这是满族入关前古老的饮茶习俗的反映。更是清代皇室重要礼仪和交际手段之一。

古代的儒士文人，更不乏嗜茶品茗谈玄之辈。他们或借助茶之刺激，作诗唱赋，挥毫泼墨，大发雅兴；或自视清高，退隐山林，烹茗饮茶，以求超脱；或邀友相聚。文火青烟，细品名茶，推杯移盏，以吐胸中积郁；或夫妻恩爱，情深意切，“文火细烟，小鼎长泉”，花前月下，品茗共饮，以诗赋唱和，不一而足。从而引出诸多或喜或悲，或愁或乐，或慷或慨，或聚或离的人间故事与情话，真是不胜枚举。

在唐宋以来的文人生活中，品茗饮茶给他们带来了无限的情趣，他们从中得到了自己所需要的超脱感和心理上的愉悦。唐李德裕的《忆茗茶》诗便称：

谷中春日暖，渐忆啜茶英。
欲及清明火，能清醉客心。
松花飘鼎泛，兰气入瓯轻。
饮罢闲无事，扪萝溪上行。

作者是官场中炙手可热的人物，是“牛李党争”中的首领人物之一。但在此诗中，作者的形象却是那样雍容闲逸，这是作者自述日常生活的一个侧面。在这里，也许才能发现深藏在他心中的对宦海风波的厌倦情绪。唐代的白居易，在饮茶诗中所流露的淡泊情趣，则与他自己的处世哲学分不开。他的《食后》咏茶诗便说：

食罢一觉睡，起来两瓯茶。
举头看日影，已复西南斜。
乐人惜日促，忧人厌年赊。
无忧无乐者，长短任生涯。

快活的人叹惜一天天过得太快，忧伤的人却度日如年；自己既无乐也无忧，“聊乘化以归尽兮，乐夫天命复奚疑?”白居易的意思，是按照自然法则走向生命的尽头为最好。他的《睡后茶兴忆杨同州》诗同样表现了这种情趣。

昨晚饮太多，巍峨连宵醉。
今朝餐又饱，烂熳移时睡。
睡足摩挲眼，眼前无一事。
信脚绕池行，偶然得幽致。
婆娑绿荫树，斑驳青苔地。
此处置绳床，傍边洗茶器。
白瓯瓷甚洁，红炉炭方炽。
沫下曲尘香，花移鱼眼沸。
盛来有佳色，咽罢余芳气。
不见杨慕巢，谁人知此味。

上有绿影婆娑的大树，下有绳床可凭可依，素瓷红炉，器洁茶新，饮罢偶忆故人，以茶香寄诗情。置身于此情此景中的白居易，自然乐在其中，未悉忧伤哀愁为何物。

从明人开始，还兴起了焚香伴茶的习尚。据载这一习尚，最初自江浙一带开始。文震亨《长物志》一书卷十二“香茗”条详尽叙述了这一情趣。他说：

香、茗之用，其利最溥。物外高隐，坐语道德，可以清心悦神；初阳薄暝，兴味萧骚，可以畅情怀舒啸；晴窗拓帖，挥尘闲吟，篝灯夜读，可以远辟睡魔；青衣红袖，密语谈私，可以助情热意；坐雨闭窗，饭余散步，可以遣寂除烦。醉筵醒客，夜雨篷窗，长啸空楼，冰弦戛指，可以佐欢解渴。品之最优者以沉香、芥茶为首，第焚煮有法，必贞夫韵士，乃能究心耳。

这一段文字，说明香和名茶能佐人情趣的作用与功效者有六：一是隐士羽客，谈玄论道，能清心悦神，助人谈兴；二是晨曦薄暮，兴致索然时，可使心胸开阔，长啸尽兴；三是或晴窗之下，读碑摹帖，或手执拂尘，有所吟咏；或烛台高笼，灯下夜读，可以祛除倦意睡魔；四是在家相聚，儿女情长，喁喁私语，能助天伦之乐；五是雨窗紧闭，饭后小踱，焚香啜茗，能排烦恼，解寂寥；六是醉后初醒，或窗下夜话，或空楼长啸，或一曲挥洒，既佐欢而又解渴。足见饮茶品茗与文人生活竟是如此密不可分。

"董小宛罢酒嗜茶"。这是清初江南才子冒襄（辟疆）与名妓董小宛二人，通过饮茶品茗而引出的动人的爱情故事。冒襄为江苏如皋人，字辟疆，自号巢民，明末"副贡生"，他"有俊才"。清初，他浪游大江南北，文采风流，颇多韵事。董小宛，名白，字小宛，又字青连。她本是金陵（南京）名妓，后在金阊遇冒辟疆，遂归冒为侍姬。她娟妍聪慧，诗词、刺绣、烹饪俱佳；并集古今闺帏轶事，荟为一书，名曰《奁艳》。但她仅活了二十七个春秋，便以病死，冒襄曾作《影梅庵忆语》哀悼之，其中便记述了他们品茶共茗、小鼎长泉，花前月下，柔情似水，静试对尝的儿女情怀。

古代民间茶趣、茶肆与茶食　在古代民间社会生活中，饮茶活动是一个重要的组成部分。由于饮茶历史的悠久和风气的普及，所以在古代民间日常生活的诸多方面，与饮茶有关的礼仪很多，茶趣亦不少。

如在祭祀方面，两晋南北朝时，古人已把茶作为祭品之一了。南齐武帝萧颐，临终时遗诏云："灵座上，慎勿以牲为祭，但设饼果、茶饮、干饭、酒脯而已。"宋代人，在居丧时，有家人饮茶，或者以茶待客的习尚。一般平民也借茶来互相请托，互致问候。据南宋吴自牧《梦粱录》记载，杭州老百姓在每月初一或十五，互相提着茶瓶，在街坊邻居中挨家挨户"点茶"。可见，茶已成为人们联络感情的手段和媒介。

在清代民间的婚嫁中，礼仪甚繁，然与饮茶有关的茶趣也最多。据清人阮葵生《茶余客话》卷十九记载，淮南一带人家，男婚女嫁，若互换八字，双方家长皆觉满意时，男方要向女方家下定亲的聘礼，此礼中"珍币之下，必衬以茶，更以瓶茶分赠亲友"。此习沿自宋代，取其"种茶树下必下子，若移植则不复生子"之意，故"俗聘妇，必以茶为礼，义固有取"。又如，清代福格《听雨从谈》卷八记述，"今婚礼行聘，以茶叶为币，满汉之俗皆然，且非正室不用"，表明此习很普遍，而真正用茶行聘时则十分慎重和严肃。在清人民间的婚礼中，新娘过门那天，还有许多与茶有关的礼俗。清人记载，当时湖南衡州一带人结婚，最喜欢闹洞房，其中有一种习俗叫“合合茶”，就是让新郎、新娘面对坐在一条凳上，互相把左腿放在对方的右腿上，新郎的左手和新娘的右手相互放在对方肩上，新郎右手的拇指和食指同新娘左手的拇指和食指合并成一个正方形，然后由人把茶杯放在其中，注上茶，亲戚朋友轮流把嘴凑上去品茶。其他名目尚有“桂花茶”、“安字茶”等，都是闹洞房中的游戏和花样。而四川、湖北、陕南等地，在婚后，女方则要派出未婚少年为新娘送茶。

茶肆，也叫做茶坊、茶屋、茶摊、茶铺、茶馆等。茶肆在唐玄宗时称“茗铺”。宋代时以南宋京城杭州的茶坊业最为发达。吴自牧的《梦粱录》记载当时的茶坊极重视装潢，重视店内环境的烘托，“列花架，安顿奇松异桧等物于其上，装饰店面”。有茶博士，当炉“敲打响盏”叫卖，拖长声调，如歌声悠扬，以招徕顾客。当时一些有名的茶坊，因顾客身份和背景不同，可分为三类。如叫“车儿茶肆”、“蒋检阅茶肆”的，是士大夫读书做官者经常聚会之处；有叫做“市头”的，是为人们谈生意提供场所的；还有一种“花茶坊”，是借茶坊之名开妓院的。最有名的是一家被人称为“王妈妈”的茶坊，叫做“一窟鬼茶坊”，楼上有妓女接待游闲子弟。这种茶坊也叫做“水茶坊”，游闲子弟在这儿花的钱叫做“干茶钱”。当时的茶坊，有的随季节的不同，随时添换品名或变换经营品种。如有的茶坊，“冬日添卖七宝擂茶、馓子、葱茶”，“暑天添卖雪泡梅花酒”以及其他清凉饮料。有的茶坊又是乐师教人学乐器、学唱曲的地方，人们在这里品茶饮啜，更添一番情趣。还有一些“茶担”、浮铺，即流动的卖茶人，或以担挑，或以车推，小巷深院，集墟闹市，均有他们的足迹，以点茶汤以便游观之人。

明代或把茶肆叫做茶馆，极其精洁讲究。如张岱《陶庵梦忆》记述：

> 崇祯癸酉（1663年），有好事者开茶馆。泉实玉带，茶实兰雪；汤以旋煮，无老汤；器以时涤，无秽器。其火候、汤候，有天合之者。余喜之，名其馆曰“露兄”。

而“露兄”的来历出自北宋米芾咏茶的诗句：“茶甘露有兄”。接着张岱还为这家“露兄”茶馆写了一篇《斗茶檄》，曲尽婉妙，曰：

迩者，择有胜地，复举汤盟，水符递自玉泉，茗战争来兰雪。瓜子炒豆，何须瑞草桥边；桔柚杏梨，出自仲山圃内。八功德水，无过甘滑香洁清凉；七家常事，不管柴米油盐酱醋。一日何可少此，子猷竹庶可齐名；七碗吃不得了，卢仝茶不算知味。一壶挥尘，用畅清谈；半榻焚香，共朝自醉。

文人雅士经常驻足流连的茶馆，在这里得到了生动的写实性描绘。

清代的茶铺更为普遍。平日，茶肆即茶馆所售之茶，分为红茶、绿茶两大类。清代京师（北京）的茶馆，其售茶方式，凡茶馆皆“列长案，茶叶与水之资，须分计之。有提壶以往者，可自备茶叶，出钱买水而已”。至茶馆的光顾者，则以旗人居多，而达官贵人以其身份高贵，权势显赫，故不涉足于此。

在江南地区，直至乾隆末年，“江宁始有茶肆。鸿福园、春和园皆在文星阁东首，各据一河之胜，日色亭午，座客常满”。“茶叶则自云雾、龙井，下逮珠兰、梅片、毛尖，随客所欲，亦间佐以酱干生瓜子、小果碟、酥烧饼、春卷、水晶糕、花猪肉、烧卖、饺儿、糖油馒首，叟叟浮浮，咄嗟立办”。

除茶馆之外，清代：

粤人有于杂物肆中兼售茶者，不设座，过客立而饮之。最多者为王大吉凉茶，次之曰正气茅根水，曰浮山云雾茶，曰八宝清润凉茶。又有所谓菊花八宝清润凉茶者，则中有杭菊花、大生地、土桑白、广陈皮、黑元参、干葛粉、小京柿、桂元肉八味，大半为药材也。

由此可知，所售除凉茶和清凉饮料外，后者则属夏日之保健饮料。

此外，清代的一些地方的村野店，亦是“酒帜与茶旗并列”，有为过路行客提供小憩消渴的地方。这样的茶店，多为出家僧道及善男信女的慈善事业，称为“施茶所”，均不收费。这是一项大为方便行人的社会公益事业之举。

酒品酒仪醉仙与酒道

酒是我国古代除茶叶之外的另一种传统饮料。在酿酒方面，我国有着悠久的历史。早在龙山文化遗址的发掘中，就有许多陶器，如尊、斝、㼽、高脚杯、子壶等出土，经考证均系酒具。这就表明，我们的祖先早在五千多年前就已开始了酒的生产。我国是世界最早发明酿酒的文明国度之一。

自古以来，酒便是人们喜爱的饮料之一。适量饮酒，能促进人体血液循环，兴奋神经，祛湿御寒，舒筋活血。特别是黄酒、啤酒、果酒等含酒精度低的低度酒，还能保留原料所含的营养成分，饮用后更有利于人体的健康。至于各类药酒，如虎骨酒、枸杞酒、当归酒、人参酒、三鞭酒、三鞭参茸酒等对人体的保健和治病功效，则更为显著。因此，从古到今，每逢佳节，或宴请宾客，上自宫廷的帝王天子、诸侯、下至庶民百姓，都以酒助其兴。至于古代众多的诗人、画家、书法家、军事家、政治家、新郎、新娘、医生、厨师，甚至行将就刑的囚犯和行将就木的病人，都与酒结下了不解之缘。即使死人也离不开酒，故祭奠、喜庆、飨客、饯别、羁旅、解愁、祈福、禳灾、年节及至医疗养生，酒亦不可或缺。因此，从某种意义上说，中国古代，无论是汉族还是各兄弟民族，无论是从城镇还是到僻远的乡村，从中原到边陲之地，处处都有着酒文化的踪迹可寻；它是构筑中国古代饮食文化辉煌艺术大厦的重要支柱之一。

酒以陈为美，窖藏愈久，酒质愈优，更加醇厚芬芳，故向有“隔年陈酿”、“老窖”等美誉赞词之说。这是由于酒的主要成分是酒精和水，还有少量其他物质，如酸类、酯类、高级醇、甲醇、醛类等。这些微量物质却对酒质影响甚大，其中酯类是一种芳香性物质，能增加酒的香气，储酒时酯类物质增加，所以酒窖藏的年头越长，香味就愈加浓烈芬芳，酒的质量也就愈好，人们饮用时的口感就更香醇无比，诱人嗜饮，使人兴奋不已，进而达到乐意饮酒以助兴的目的。

我国古代劳动人民，在创造中国悠久古老的文明的进程中，以自己独特超人的智慧和丰富的想象力，积累了极其丰富的酿酒经验，从而酿制出品类繁多、色香味各具特色的名酒。中国历朝各代的名酒佳酿，曾引起过无数诗人、文学家的雅兴，谱写出许多优美的诗章及生活的主旋律；众多的文人墨客、骚人名艺、哲人雅士等，更与美酒结下了不解之缘分。他们或以酒会友，或借酒浇愁，或移杯抒怀，或醉而挥毫，留下了诸如李白斗酒诗百篇、张旭嗜饮书狂草、裴曼醉舞剑犹龙等无数脍炙人口的趣闻轶话。无须说《兰亭集序》及王羲之曲水流觞间挥就的不朽珍品；也不必讲《醉翁亭记》属欧阳修山林野宴中写成的传世佳作，倘没有佳酿浇笔，哪来文学家的生花妙笔和千古之作，其诗绪亦不会像醴泉自心田中喷涌而出。无数艺术家正是手托泥壶，以酒代茶，谈吐间挥洒泼墨、毫染丹青，画出了传世之作。凡此种种，足以表明，酒以其特有的方式，早已渗透于文学艺术领域以及人类社会生活广阔的各个角落，并以其神奇的力量、巧妙而无可抗拒的魅力，影响着人们的思想、观念、感情、心态、行为、人际关系，从而创造出一种颇具浪漫色彩的生活意境、文化氛围。

1. 古代的名酒与佳酿

酒的出现，无疑是社会经济文化发展到一定历史阶段的产物。自古以来，中国各民族酿酒的方式便千差万别，各具特色。历代帝王天子及统治者对饮酒的态度也不尽相同：有时禁酒；有时明禁暗弛；有时则身体力行，率先倡导饮酒。故而中国古代文明的结晶之一的“酒”，或因其酿造的时间，或因其酿造的原料，或因酿造的人名，或因酿造的地点、水源，或因其味的浓淡、色之清浊等诸方面的差异，而出现了形形色色的名称。所以，在中国古老悠久的文化中，酒文化犹如一个色彩斑斓的万花筒，随着时代的不同、地域与民族的差别，而不断展现出新的画面，极大地丰富了中国人的饮食文化内容。

掀开中国古代酒与酒文化的历史，不难发现，大禹时期仪狄酿的是旨酒，少唐酿造的是秫酒；商代则又有黍酒、稷酒、酎、醪、醇、醁的出现。西周时，除了旨酒和杜康发明的杜康之外，还有春酒、醽、浆、黄流、秬鬯、醨、醑、醹等酒名，以及最为有名的五齐和三酒之属。五齐是指泛齐、醴齐、盎齐、醍齐、沉齐等酒；三酒则是指事酒、昔酒、清酒。春秋时期，增加了奶酒乳；战国时期，又有了桂酒、椒浆、桂浆等美酒的出现。

两汉时期，政府虽实行禁酒政策，但酿酒者为了迎合世人好酒之习，纷纷潜心酿造美酒佳酿。这既使得古老的、传统的酿酒术得到了长足的进步，又使一些不同风味与特色的名酒，如百末旨酒、南方的洪梁酒、湖北的宜城醪、汉中的麦酒、金浆酒、椒酒以及司湎酒等等，应运而生。

魏晋南北朝是我国酿酒术进一步提高的时期。尤其是道教的产生、玄学的盛行、佛教的传入，均对人们的饮酒之习有一定的影响，如阮籍、嵇康等“竹林七贤”以及他们的“不与世事”、“酣饮为常”的处世哲学、饮酒风尚、审美情趣、精神境界等等，都对隋唐以降的文人阶层产生了较为深远的感化效应。

此时黄河两岸、大江南北，不同地区所酿制的名酒争奇斗艳。据北魏贾思勰著《齐民要术》记载，当时北方所酿制的酒，有用黍（大黄米）为主要原料酿制的神曲黍米酒、黍米法酒、河东颐白酒、桑落酒、黍米耐、清酒、柯梳酒等；用稻米（糯米、粳米）为主要原料酿制的笨曲白醪酒、酴酒、糯米酒、九酝春酒、冬米明酒、夏米明酒等；用高粱（包括秫米）为主要原料酿制的粱米酒、秫米法酒、白醪酒、愈虐酒、酃酒、夏鸡鸣酒等；用穄（即糜子）为主要原料酿制而成的穄米耐；用粟（小米）为主要原料酿制的粟米酒、粟米炉酒等；还有加胡椒、干姜、五加皮等浸泡或酿制而成的胡椒酒、和酒、芴酒等。

众多名酒的出现与制曲的发展是分不开的。这时，在制曲工艺上大有提高，已能制造出神曲、白醪曲、笨曲、白堕曲等。同时，从南朝梁宗懔的《荆楚岁时记》里可知一些在岁时节令时所饮用的酒。如元旦饮用的是椒酒、柏酒、屠苏酒；端午节饮用的是菖蒲酒；重阳节饮用的是菊花酒等等。此外，从这一时期的正史、笔记、野史、诗歌等文献古籍里，还可以寻觅出许多富有特色的美酒佳酿来。

隋唐的统一，农业的持续发展，为酿酒业的发展打下了坚实的基础。唐代的酿酒业分官酿和私酿两种。酤户（酿酒卖酒之家）的独立化和专业化，为酿酒术的不断提高和各类名酒的出现创造了条件。从唐代文献资料看，唐代各阶层人们均喜欢饮酒，饮酒已成为他们文化生活的有机组成部分。各种类型的酒宴名目繁多，如琼林宴、避暑会、暖寒会等。酒禁虽有但较松弛，饮酒之事较之前代更为普及，“谁家无春酒，何处无春鸟?”即是这一情景的生动写照。

尤其值得提及的是，随着诗歌的繁荣普及，酒令（雅令、诗令、绕口令等）以其特有的形式出现在唐代的各类酒宴上，所以唐代酒文化显示出不同于前代的特色。而最为后人称道的“饮中八仙”中的李白、张旭“每大醉，呼叫狂走，乃下笔或以头濡墨而书”的敢于追求个性、“出污泥而不染”的逆潮思想与气概，更为唐代酒文化增添了异彩。

关于隋唐时代的酒，李肇在《唐国史补》卷下便记述了唐长庆以前的十四种名酒。他说：

> 酒则有郢州之富水，乌程之若下，荥阳之土窟春，富平之石冻春，剑南之烧春，河北之乾和蒲萄，岭南之灵溪、博罗，宜城之九酝，浔阳之湓水，京城之西市腔，虾蟆陵之郎官清、阿婆清。又有三勒浆类酒，法出波斯。三勒谓庵摩勒、毗梨勒、诃梨勒。

综合隋唐文献的有关记载，还有玉薤、曲米春、老春、松醪春、梨花春、竹叶酒、桂花醑、宜春酒、抛青春、玄化醇、桑落酒、五云浆、郁金香、乳酒、凝露浆、五酘酒、菖蒲酒、坂醁酒、菊花酒、屠苏酒、郫筒酒、石榴酒、酴醿酒、武陵崔家酒、新丰酒、鲁酒、黄醅酒和女酒等。除桑落酒、屠苏酒、菖蒲酒、菊花酒外，其余均系唐代所有的名酒。唐代酒的特点是：一是名酒多冠以“春”字，反映诗歌繁荣在酒名的印迹；二是酒的门类已基本齐全；三是出名酒的区域范围颇广。今四川、两广、山东、山西、湖北、湖南、陕西、江苏、浙江、贵州等地均是名酒产地、美酿之乡。

宋代各阶层的饮酒之风较前代愈盛，且有关饮酒轶事的记载和传世之作甚多。见于文献的宋代酒类有凤州酒、长生酒、黄藤酒、蜒酒、梅酝、罗浮春、洞庭春色、仁和酒、扶头酒、花露酒、蜜酒、金盘露、椒花酒、思春堂、凤泉、中和堂、皇都春、常酒、雪醅、和酒、皇华酒、爱咨堂、琼花露、六客堂、齐云清露、双瑞、爱山堂、留都青、静治堂、十洲春、海岳春、筹思堂、蓬莱春、玉醅、锦波春、浮玉春、秦淮春、银光、清心堂、丰和春、蒙泉、金斗泉、思政堂、谷溪春、庆远堂、清白堂、蓝桥风月、紫金泉、庆华堂、眉寿堂、万象皆春、济美堂、元勋堂、羔儿法酒、花白酒、银笄酒、瑞露酒、冰堂酒（桂林三花酒）、幸秀才酒、万家春、醇碧酒、金丝酒、凤曲法酒、白羊酒、猥酒、武陵桃源春、冷泉酒、红友酒、苏合香酒、思春堂、雪花肉酒、春红酒、四明碧香酒、双投酒和千日春等多种。值得注意的是，宋代许多名酒以“堂”字命名，这是官酿作坊的代名词，是宋酒的特点之一。还有相当一部分名酒出自文人之手，如苏轼所酿的万家春、蜜酒、罗浮春等；幸思顺酿的幸秀才酒等即是。文人亲自酿酒不但反映了宋代酒禁的松弛，也反映了人们好酒、喜酒的风尚。

元代的酿酒业较前代有了进一步发展，名酒除沿袭前代外，亦有一些新酒出现，且富有时代与民族特色。如艾酒、投脑酒（是和肉豆脯、葱、椒一起煮的米酒）、松花酒、杏花村酒（即今汾酒）、村酪酒（用动物乳汁合曲酿制的酒）、驻色酒（民间立夏日所饮的加李汁的酒）以及各种烧酒等即是。

明代既不征酒税，也无关于饮酒的禁令。因此帝王天子、官绅贵族、富商大贾以及文人、百姓，均以饮酒为乐事快事，酒则成为人们日常生活的必需品。官僚士绅、巨商豪富以及文人等狎妓饮宴已成为时尚习俗，表明酒在明代民俗文化中扮演着十分特殊的角色。从文献记载看，明代的酒明显多于前几代。李时珍《本草纲目》、高濂《遵生八笺》、宋应星《天工开物》、谢肇淛《五杂俎》等书和一些地方志中都记录了大量的明代酒名。另外，明代小说、传奇、诗歌中也有一些明代的酒的资料。据这些记述，明代的酒有金花酒、哑嘛酒、麻姑酒、秋露白、饼子酒、景芝高烧、愈疟酒、逡巡酒、五加皮酒、白杨皮酒、当归酒、枸杞酒、桑葚酒、姜酒、茴香酒、金盆露水、薏苡仁酒、天门冬酒、古井贡酒、绿豆酒、茵藤酒、青蒿酒、术酒、百部酒、仙茆酒、松液酒、竹叶酒、槐枝酒、红曲酒、神曲酒、花蛇酒、紫酒、豆淋酒、霹雳酒、虎骨酒、戊戌酒、羊羔酒、葡萄酒、桃源酒、香雪酒、碧香酒、建昌红酒、五香烧酒、山药酒、三白酒、闽中酒、梨酒、枣酒、马奶酒、红灰酒、双料茉莉花酒、葛歜酒、莲花白、德州罗酒、窝儿酒等多种。

清代是我国古代酒文化集大成的时代，亦是酒的品类空前完备的时期。除由于传统的酿酒术在继往开来的基础上得以发展，致使蒸馏的酒的品种更加丰富外，清末之时，啤酒已在我国酿制，从而使得各种名酒，似繁花在大江南北竞相怒放。据粗略统计，见于文献记载的酒有沧州酒、莲花白酒、惠泉酒、瓷头春、合欢花酒、水白酒、玫瑰酒、茅台酒、泸州老窖、洋河大曲、雪泡梅花酒、双沟大曲酒、即墨老酒、通州酒、丁香酒、京口百花酒、潞酒、百益酒、短水酒、阳乌酒、双头酒、半红酒、韬光酒、庚申酒、苏州福贞酒、镇江苦露酒、羔儿酒、蓼酒、葱根酒、竹叶青、花雕、啤酒、鬼子酒、八桂酒、清白酒、红娘过缸酒、山楂露酒、本瓜酒、广东冬酒、压房酒等等。除此而外，许多边疆少数民族酿制的具有民族风情的羊羔美酒也在清代传入大江南北的一些地区，从而更加丰富了汉族人民的精神与物质文化生活的内容，并在历史上传为佳话。

2. 古人的酒品、酒仪、酒令与酒德

饮酒，不但是古人日常生活与人际交往中的一个重要组成部分，而且还是具体体现社会不同阶层人们心态、礼仪、思想、风尚、行为规范的重要方式。因此，饮酒实际上是一种内涵十分丰富的文化活动。正是基于上述原因，古人极为重视酒品、酒仪、酒令与酒德。

在酒品方面，古人主张对各类酒的品位、酒性，通过“品”尝，辨别其真伪与高下，并主张“存优汰劣”。对此，古代的饮食风俗书籍中有颇多论述。如《清稗类钞》一书中记载，清代嘉庆时浙江钱塘（今杭州）孝廉（即举人）梁晋竹，一生嗜饮，品酒经验丰富，故对各种酒的“品格”习性有极为精当的论述，如：

嘉庆十八年（1813 年），梁晋竹在杭州西湖云林寺“偶憩”。次日，独游弢光寺，遇老僧致虚和尚，二人相谈甚洽。后致虚招待他饮用“本山名泉酿制，并窖藏已达五年之久”的美酒。梁认为，这是他“生平所尝第一次好酒”，此外不得不推山西之汾酒、潞酒以及绍兴之女儿酒等。

道光四年（1824 年），梁晋竹归自京师（今北京），友人注小米拉饮家藏二十年之“庚申酒”，此酒“芳香透脑，胶饬盏底”，此所尝第二次好酒。

梁晋竹还品尝过生平第三次美酒，这就是广东始兴的“冬酒”。饮时，浅绿色的酒“清而极鲜，淡而弥旨，香味之妙，其来皆有远致”。

从以上记述的梁晋竹三次品尝南北美酒的经历与故事，足见古人对酒品的重视和不凡的鉴赏能力。

古人对酒品极为重视的又一表现，则是古代的诸多相关著作中，对各地名酒的特色和酒品品位等，均有精当而又科学的描述和评估。例如绍兴酒，史称“越酿”（浙江古称越）著称于通国，产于绍兴，脍炙人口久矣。故称之者不曰绍兴酒，而曰绍兴。

以春浦之水所酿者为尤佳，其运至京师者，必上品，谓之京庄。至

所谓陈陈者，有年资也。所谓本色者，不加色也。各处之仿绍，赝鼎耳，可乱真者惟楚酒。

再如烧酒，其性烈味香，高粱所制曰高粱烧，麦米糟所制曰麦米烧：

而以各种植物掺入之者，统名之曰药烧，如五茄皮、杨梅、木瓜、玫瑰、茉莉、桂、菊等皆是也。而北人之饮酒，必高粱，且以直隶之梁各庄、奉天之牛庄、山西之汾河所出者为良。其尤佳者，甫入口，即有热气直沁心脾，非大户，不必三蕉，醉矣。

其次，古人在注重酒品的同时，也十分重视酒礼、酒令与酒德。

在古代，酒与礼的密不可分是中国酒文化的重要特色之一，“非酒无以成礼，非酒无以成欢”。饮酒乃是学问之事，故须讲究礼仪规范，讲求酒德。万不可“知己会聚，形骸礼法，一切都忘”，成为好酒贪杯之徒，令观者齿冷。早在西周时期，古人对于饮酒的礼仪，就规定得十分严格和具体。简而言之，这种饮酒礼仪大体可概括为四个字，即：时、序、数、令。“时”，就是严格掌握饮酒的时间，只能在天子、诸侯加冕、成婚、举丧、祭奠或其他喜庆大典之时才能饮酒，违时即违礼；“序”，就是饮酒之时，必须遵循先天、地、鬼（祖）、神，后长、幼、尊、卑的顺序，违序亦违礼；“数”，就是喝时最多不过三爵，三爵之后应“斯斯而退”，过量即违礼；“令”，就是饮酒礼仪过程中，必须服从酒官的统一指挥，不在酒官的指挥下而擅自行动，同样是违礼的表现，为礼所不容。对敬酒与答酒，也有严格的规定，如地位高的尊者，只喝小杯（如“角”）；地位卑微的则喝大杯（如“觚”）。而加冕、婚丧、祭奠等各类饮酒活动，还有具体细致的饮酒规则。这些都表现出统治阶级在饮酒文化活动（包括酒具的陈设罗列）方面的种种繁文缛节。又如明太祖朱元璋洪武十二年（1379 年）就曾下令，“内外官居乡，惟于宗族及外祖妻家，序尊卑如家人礼；若筵宴，则设别席，不许坐于无官者下”。就是说：正式筵宴中，有官爵身份的人，即使在亲属的辈份上较低，在年纪上较轻，也必须坐于长辈、长者的上席。可见，自西周以来，规定的酒礼，完全是为了维护统治阶级的利益和尊严。

与维护饮酒礼制相并行，大约在西周后期，中国古代就有了专门监督饮酒仪节的酒官——“酒监”、“酒史”和“酒令”。他们最初的职责，就是督促饮酒者严格执行酒礼。然而，统治阶级的立法，总是先被他们自己所破坏。在礼崩乐坏的春秋时期，他们所规定的酒礼被他们自己先破坏了。这样，被统治者指令的“酒监”、“酒史”和“酒令”官，也就逐渐由监督酒礼、责人少饮而变成使人尽兴、过量而饮的执行官。他们用来劝人多喝的各种手段，就成为被后世称作“酒令”了。实行酒令，是中国古人对酒礼的变革、丰富和发展，是活跃饮酒气氛、劝人善饮多喝的巧妙手段。这种手段的实施和运用，迄今为止，至少已有二千六百多年的历史。据《左传》记载：文公三年（前634年），晋文公在饮酒时，即席“歌诗”，这恐怕是当时最早的行令了；后来，昭公十二年（前621年），晋襄公、齐昭公饮酒时，穆子又有“投壶”的举动，投时还曾口占“有酒如淮，有肉如坻，寡君中此，为诸侯师”，这也应算作另一种酒令的开始。随着岁月的推移，中国的酒令也越来越丰富，类别越来越多，花样也愈来愈翻新。诗歌、投壶、射箭、跳舞、谜语、对联、笑话、危语、书名、人名、游戏、猜拳、报数、下棋、掷骰子、弹琴等等，都成了酒令。

中国古代丰富多彩的酒令，大致可分成古令、雅令、通令和筹令等四类：

第一类：古令：包括作诗（歌诗、赋诗、即席作歌、唱和、联句等）、奏技（即席奏乐、歌舞、朗诵、射箭、赛棋等）、道名（说古人名、花名、物名、说危言、了语）三种。如汉武帝刘彻，在元鼎三年（前114年）在柏梁台举行宴会，命大臣们即席赋诗，能赋七言者，赐上座饮酒；晋朝时，周馥、裴遐下棋饮酒等即为此例。

第二类：雅令：包括雅说四书内容、人名，雅对诗句和雅道词、曲之名等。如，贯人名，须说“五谷不生——田光”；对古诗时，句中须带干支（“薛王沉醉寿王醒”中，“薛”、“醉”、“醒”字中带有“辛”、“酉”）、须带玉人（“玉楼人醉杏花天”，诗句典雅，又带有“玉”、“人”字）、须提花名（“芙蓉如面柳如眉”）等。

第三类：通令：即一般人都能实行。一般场合下通用的酒令，包括掷骰子、说笑话、猜拳、拍七令和规矩令。规矩令如人人轮流用左手画圆、右手画方，两手同时画，两边人监视，不成则饮酒一杯或一定量。拍七令则是令桌人依次数数到49，每明7须拍桌上一下，每暗7（如14、21、28等）则须拍桌下一次，误拍者罚饮定量即是。

第四类：筹令：有所谓“酒国长春令”、“《红楼》、《西厢》、《水浒》人名令”、“名贤故事令”和“唐诗酒筹令”等。“酒国长春令”须说带“春”字的酒名，如“皇都春”、“金陵春”、“剑南春”、“罗浮春”等，说不出则罚。“唐诗酒筹令”则如：玉颜不及寒鸦色——面黑者饮；人面不知何处去——胡须多者饮；焉能辨我是雌雄——无胡须者饮；相逢应觉声音近——近视者饮；情多恨花无语——不言者饮；令人悔作衣冠客——端坐者饮；癫狂柳絮随风舞——起坐无常者饮。值得指出的是，唐代以后的酒令，除了继续在某些方面进一步典雅、俊俏之外，不少小令变得日益通俗、灵活、大众化，日益为更多的人所掌握运用。可见，喝酒行令，的确是中国古人饮酒的传统艺术、传统文明的表现形式之一。这种形式，表面上虽是助兴取乐，实际上既是古代酒礼酒仪的扩展和延伸，又是中国人好客和敬酒的文明的辅助手段之一。

中国古人有关饮酒时酒仪、酒德的论述甚多，在淳风俗、明教化方面，确实发挥过显著的作用。其中黄九烟的论述颇具代表性。

黄九烟专门著有《酒社刍言》一文，阐释酒仪与酒德。他在文中指出，古云酒以成礼，又云酒以合欢。既以礼为名，则必无伧野之礼。以欢为主，则必无愁苦之叹矣。若角斗纷争，攘臂灌呶，可谓礼乎？虐令苛娆，兢兢救过，可谓欢乎？斯二者，不待智者而辨之矣。而愚更请进一言于君子之前曰：

> 饮酒者，乃学问之事，非饮事之事也。何也？我辈生性好学，作止语默，无非学问。而其中最亲切而有益者，莫过于饮酒之顷。盖知己会聚。形骸礼法，一切都忘，惟有纵横往复，大可畅叙情怀。而钓诗扫愁之具，生趣复触发无穷。不特说书论文也，凡谈及宇宙古今、山川人物，无一非文章，则无一非学问。即下至恒言谑语，如听村讴，观稗史，亦未始不可益意智而广见闻。

这样看来，若饮酒时，不讲求酒仪与酒德，实际上是弃礼而从野、舍欢而觅愁之道。正因如此，他提出饮酒时的“三章之戒”，以成“四美之贤”，作为饮者的戒律和应遵循的行为规范。所谓“三章之戒”是指：“一戒苛令”、“一戒说酒底字”、“一戒拳哄”。充分体现出清人在饮酒活动中强烈的文化意识。

通过饮酒，应检验和表现出饮者的风度、仪礼、雅俗、涵养和学问之道，亦即饮者的文化素养、文化心态与文化价值取向。古人也恰是在切中当时社会上一般饮酒活动中的种种“时弊”基础上，提出在饮酒文化活动中，应遵循新的酒仪与酒德规范，从而使人们通过这一活动，达到更高的文化意境。

3. 宫廷帝王与文人雅士的饮酒活动

饮酒与酒宴活动，自古以来就是帝王宫廷生活中的一个极为重要的组成部分。中国古代的嗜酒天子不乏其人，在历史上，因酒、色过度而丧生或加速自己朝代灭亡的“酒天子”，为数不少。许多帝王因奇特的宴饮方式而闻名于后世。

夏、商两朝的天子，普遍饮酒。夏朝自禹的第五代继承人少康发明“秫酒”之后，每位天子都差不多终日沉湎于饮酒作乐之中。夏桀的“酒池可以运船，糟堤可以望十里”，他日与妹喜宴乐，而朝中“一鼓而牛饮者三千人”。夏桀作为夏朝最大的“酒天子”，是世人公认的。商朝天子的酗酒之风，简直发展到了几不可收拾的地步。商纣王与妲己淫乐，又好“长夜之饮”，有一次竟连饮七天七夜，不但造起糟丘酒池，而且“悬肉以为林，令男女裸而相逐其间，是为醉乐”，这方面，可谓登峰造极了。

帝王天子不但饮酒于宫廷行苑中，而且往往饮于“肆”上和宫外。如光和四年（181 年），东汉灵帝刘宏，觉得宫中饮酒尚不足以为乐，便作列肆于后宫，“使诸采女贩卖，更相盗窃争斗，帝着商贾之服，欢宴为乐”，可谓开了后世“酒天子”追求“肆市”刺激、进一步铺张奢侈、荒唐嬉戏的先河。南朝的宋废帝刘昱、隋朝的炀帝杨广以及唐朝的唐中宗李显等“酒天子”，均是由宫中饮向宫外的典型。刘昱嗜酒如命，就连民间的婚丧事酒也赶去痛饮。他不但与“小儿群聚饮为欢”，而且还曾经跑到新安寺里去偷狗，杀了叫昙度道人“煮以饮酒”，等等。可见古代诸多帝王天子的饮酒习尚真是千姿百态，且各有所好、各有所嗜。

此外，历代各朝因各种不同的政治目的和其他原因而设的各种类型的酒宴，同样是古代宫廷行苑帝王饮酒文化活动的一个重要内容和外在表现形式。由此而设的酒宴一般规模声势较大，礼仪繁多，气氛庄重，一切严格按照“礼”的要求进行，故等级森严，尊卑有序，赴宴者往往拘于礼节的约束而不易也不能开怀畅饮。如鹿鸣宴、常（棠）棣宴、湛露宴、琼林宴、庆功宴等即是。据毛诗序所云，鹿鸣宴是天子宴请群臣和嘉宾的酒宴；棠棣宴是宴请兄弟的酒宴（棠棣花两三朵为一缀，花朵彼此相依，古人以棠棣之花比兄弟。棠棣宴是天子宴请兄弟的酒宴）；湛露宴是王子宴请诸侯的酒宴。另外，琼林宴是朝廷开科取士的宴会；庆功宴是朝廷宴请功臣的宴会；还有宴请使臣的酒宴和招待值日臣僚的廊下宴等。除此，帝王皇后以及皇室成员遇到吉庆喜事时，往往也设酒宴以示欢乐。如《东京梦华录》卷九记载了北宋皇帝寿筵的一个盛大场面；皇亲国戚和文武百官进宫祝寿，教坊司仿百鸟争鸣，届时"止闻半空和鸣，若鸾凤翔集"，百官才开始入席。观察使以上官员和外国使臣坐集英殿里，其他官员坐在两廊里。酒宴用红木桌、黑漆坐凳，每人席面上摆着馓子、油饼、枣塔、果子和味碟，三五个人一桶酒。辽国使者的席面上另加猪、羊、鹅、兔等熟肉。乐队奏乐后依次行酒，向皇帝祝寿。一次行酒，奏乐唱歌，起舞致敬；二次行酒，礼仪如前；三巡酒，演京师百戏，上咸豉、爆肉等四道菜；四巡酒，演杂剧，上糖醋排骨等；第五次行酒，琵琶独奏，两百名儿童献舞，再演杂剧，上群山炙、缕肉羹等菜；第六次行酒，表演蹴球，上两道菜；第七次上酒，四百个女童跳采莲舞，演杂剧，上排炊羊、胡饼和炙金汤；第八次上酒，群舞，上沙鱼、肚羹和馒头；第九次上酒，表演摔跤、上菜饭。如此盛大奢侈的酒宴，不独宋代如此，历代帝王宫廷皆都类似，有些还远远超过了它。

饮酒与酒宴活动，亦是清代宫廷与皇室生活中一个重要的组成部分。清代后期，慈禧太后（孝钦后）平日在宫中喜饮莲花白酒，并且亲自在宫中按"御用秘方"，遣人酿制此酒。然后，再将此酒赏亲信群臣。据清人记载：

> 瀛台种荷万柄，青盘翠盖，一望无涯。孝钦后每令小阉（指宫中太监）采其蕊，加药料，制为佳酿，名莲花白，注于瓷器，上盖黄云缎袱，以赏亲信之臣。

此酒，"其味清醇，玉液琼浆不能过也"。

在清代，宫廷与皇室王公贵族之府，凡遇皇帝大婚、王公婚娶、年节、祭祀时，都要进行一些与酒有关的饮酒文化活动。对此，前面已有所论及，不再重复叙述。

自古以来，在人们的社会生活与文化活动中，酒的确扮演了十分重要而又特殊的角色。酒，给予人们以刺激，使人兴奋、激动，亦使人感伤。古代许多大诗人、艺术家和文人雅士，将自己的命运前程、坎坷经历、郁郁不得志等与酒联系在一起，并借助酒品魔力来抨击时政，宣泄自己的积怨和不满。经过文人墨客无数次的吟咏渲染，加之酒本身的属性从而使得饮酒活动的文化和美学属性大为加强；其文化内涵和层次、外延更为宏富、拓展。如，在有的诗中，酒表现了田园生活的闲适和民风的淳朴。孟浩然的《过故人庄》诗云：

故人具鸡黍，邀我至田家。
绿树村边合，青山郭外斜。
开轩面场圃，把酒话桑麻。
待到重阳日，还来就菊花。

杜牧诗："千里莺啼绿映红，水村山郭酒旗风"；"借问酒家何处有，牧童遥指杏花村"等诗即是如此。酒旗、酒家使诗优美静雅的境界多了一丝酒味，诗昧也随之浓郁了。而在有的诗中，酒则体现了友人之间的情谊："劝君更尽一杯酒，西出阳关无故人"（王维《送元二使安西》）；"长帆欲出仍搔首，更醉君家酒"（陈祖义《祖席醉中》）。再如，有的诗则表达了诗人的一腔爱国热情，如王翰的《凉州词》云：

葡萄美酒夜光杯，欲饮琵琶马上催。
醉卧沙场君莫笑，古来征战几人回？

便是写饮酒场面的一首豪饮之辞。此诗写饮酒时的热烈乐观气氛和豪放旷达的感情。前半写宴饮盛况：美酒、宝杯、动听的乐曲；后半抒逸兴豪情。一番痛饮之后，有人已停杯罢盏，海量者高叫：为何不喝？即使我马上乘醉杀敌，战死沙场，各位也不要见笑；自古以来，为国征战，有几人活着回来？怕什么，喝！诗句何等流利、酣畅，至今仍脍炙人口。此外，李白可谓是诗仙中的集大成者。然而从他的诗中，人们品味出来的却更多的是失意沦落、孤寂愁苦。“五花马，千金裘，呼儿将出换美酒，与尔同销万古愁”；“花间一壶酒，独酌无相亲。举杯邀明月，对影成三人”。

可见，酒在不同场合、不同诗中有不同的韵味，更有不同的社会文化内涵，不同的情感价值取向，以及不同的感与情的分量。正因如此，酒味香醇，是美的，而味外之味、香外之香、醇外之醇，却更美，更醉人，更易使人产生“醉眼中的朦胧”。总之，随着中国古代酒与饮酒文化的不断兴旺发展，古代文人雅士亦多有以酒会友之习，甚至结酒社，呼朋聚饮，以为快事；有专门对某种名酒所独好者；甚至以钱买醉，一醉方休，企求思想与精神解脱者，比比皆是，不胜枚举。有关文人雅士千姿百态饮酒文化活动的故事，情节生动有趣，有关记载文字十分流畅，不难释读。

文人雅士品酒，各有所好　古代地处天南海北的文人雅士，虽善品名酒，对各种酒的色、香、味以及亮、暗、浑、清，辨别极严，然对不同酒类，则各有所好，各有所喜，各有所嗜。例如，古人沈梅村喜饮女儿酒，每逢友人宴请，一遇此酒，他便“饮而甘之”，且赞不绝口。又如，裘文达嗜饮“丁香酒”。古人记述：“江右出丁香酒，甚清冽，裘文达公曰修嗜之，曾致之京邸。”再如，古代一位太守李许斋则喜饮“百益酒”，每有此酒，便甘之，并且作酒诗，题有“仙醴回春”四字。另一太守倪又锄，乃以此四字冠首，和其诗。此外，古代官员刘武慎更好饮汾酒，饮时常独酌，一饮可尽十余斤，真可谓酒量如海。饮酒时，“左手执杯，右手执笔，判公牍，无或讹。或与客会饮，虽不拇战，而殷勤劝盏。宴毕客退，仍揖让如仪”，毫无醉翁之态。

名士醉仙饮酒，千姿百态　中国古代名士文人饮酒，在方式上，真是千姿百态，随心所欲。有呼云月而酬者，有典衣换饮者；有松下独酌、寒夜独饮者；更有呼酒痛饮者。与此相殊，还有所谓“树饮”、“倒饮”、“囚饮”、“巢饮”、“鳖饮”、“鬼饮”、“了饮”、“鹤饮”者，不一而足。

南北朝时，陈人徐俭，为官还算清正，但饮酒方面，其方式却颇“怪异”。《绀珠集》上说他曾在海棠树上搭巢，然后，“引客登木饮酒”。

《神仙传》记述，孔元方在一次会饮时，竟以“杖拄地”，手把着木杖，整个身子倒竖起来，“头下足上”，一手持杯，进行“倒饮”。可真有点玩“杂技”的本领和味道了。

《文昌杂录》载，宋代的石延年，每次与客饮酒，不是“露发跣足着械（枷锁一样的器械）”地进行“囚饮”，就是饮于树梢，进行“巢饮”；要不就是“以槁束”将自己覆住，然后引首出饮，进行“鳖饮”。此外，这位酒怪，还跟苏舜钦等人进行过“鬼饮”（吹灭蜡烛，摸黑饮酒）、“了饮”（突然唱起挽歌，哭泣而饮）、“鹤饮”（饮一杯，复登树，下来再饮）等等。由此看来，在中国古代的酒怪及其怪饮中，宋代这位石延年，恐怕是最为突出的典型之一了。

不过，在中国饮酒文化史上，居然也有比石延年更为怪诞的人。他们不只是饮酒，而且还以酒沐浴或濯足。《古今谭概·怪诞》载述：“石裕造酒数斛，忽解衣入其中，恣沐浴而出，告子弟曰：‘吾平生饮酒，恨毛发未识其味，今日聊以设之，庶无厚薄。’”《朝野佥载·斗酒濯足》则说：马周在旅馆里，见数公子只是饮酒而不理他，便买了一斗酒在他们的席旁洗脚。可见中国古代的“酒怪”及其怪饮。无论是大人或小孩，都不无细细品尝美酒的动机，但是酒怪们那些饮法，毕竟有悖于大多数中国人饮酒的常规，也扫人雅兴，故不值得赞誉。

到了清代，名士文人饮酒的方式更为独特，且呈现出世态百象之图景。其中，如周思南，浙江鄞县人，“性嗜酒”，且喜呼云月而酹，大有苏东坡举杯邀明月的流风余韵。又如，清初，前明遗老钱定林（名朝彦），江苏句容人，亦喜饮酒。每逢客至，必沽买酒食，与客“相与对酌，辄典衣以偿酒券”。倘家人或以晨餐不继，有断炊之虞相告，他仅是“一笑而已”。再如，乾隆初年浙江杭州府仁和诸生姚麟祥，一生好饮酒，常喜于松下独酌，并乘酒兴写诗，诗成，定名为《问松歌》。诗中充分反映出饮者松下独酌，自得其乐的醉仪与心态。

文人嗜酒买醉，以求解脱 在古代的著述中，有不少文人儒士嗜酒买醉，以求解脱，或纵酒高歌，行为放达的故事。这些文人和名士，有生性豪放，不拘小节者；有恃才傲世，洁身自好者；还有仕途坎坷，怀才不遇之辈。他们面对宦海沉浮、渺茫人生，既不愿折腰事权贵、阿谀逢迎，以求升迁，又无力对不平的现实，进行抗争，于是，便大多借酒浇愁，花钱买醉，一醉方休；或邀聚知己友人，聚饮高歌，狂啸山林，以宣泄胸中之积郁与怨愤，所以在中国历史上有许多著名的“酒仙”。这些带有悲剧色彩的历史故事，正是中国古代一部分富有正义感的正直文人、士大夫，在封建专制的高压之下，痛苦与茫然心情的真实写照。

古人所幻想出的超脱尘世、长生不老的“仙”，是根本不存在的。然而，在中国饮酒文化史上，像“仙”一样潇洒脱俗、超出凡庸的人，几乎历代皆有，而且还往往以各种芳名雅号留传在中国历史上。其中最著名的就有“六逸”、“七贤”、“八伯”、“八达”、“八仙”、“酒帝”、“酒龙”、“醉龙”、“睡王”、“醉公”、“醉侯”、“醉尹”、“醉士”、“醉翁”、“醉民”、“醉樵”、“醉吟野老”、“清凉居士”等等。可见从天上的神仙到地上的帝王，从须发飘逸的野老、先生到满腹经纶的贤达学士，几乎是五花八门，应有尽有。而从这些无论是自号或者人封的名字中、名号中，人们不仅可以嗅到某种“仙”气，而且还可以想象他们立身的性格和为人。

在中国饮酒文化史上，较早被人封得雅号的，大概是东汉的蔡邕。蔡邕博学名识，然则在仕途上几经风波，因此，借酒浇愁，酒越饮越厉害。喝醉了，有时竟在马路上横卧竖躺，被人称之为“醉龙”。

魏晋时期，“天下多故，名士少有令者”。因此无论是为官者还是有才华的贤达之士，都“人各惧祸”，不大敢参与政事，而纷纷转而以酣饮为务，企求超脱现实社会，以表示不满。魏晋之际，最有名的酒仙是“竹林七贤”。他们是阮籍、嵇康、山涛、向秀、阮咸、王戎和刘伶。这些名士才子，经常在河南辉县西南七十里的竹林寺中聚饮，并由于不满于司马昭的篡魏，崇尚老庄学说，反抗旧的礼教，被誉称“竹林七贤”。他们饮酒不以“礼”，有时衣服也不穿，帽子也不戴。他们居丧时不一定按礼哭泣，并且儿子都叫父亲的名、号。阮籍嗜酒，能啸，善弹琴，却不愿做那乱世之官。

对唐代酒仙的评价，杜甫有诗云：

知章骑马似乘船，眼花落井水底眠。
汝阳三斗始朝天，道逢曲车口流涎，
恨不移封向酒泉。左相日兴费万钱，
饮如长鲸吸百川，衔杯乐圣称避贤。
宗之潇洒美少年，举觞白眼望青天，
皎如玉树临风前。苏晋长斋绣佛前，

醉中往往爱逃禅。李白一斗诗百篇，
长安市上酒家眠，天子呼来不上船，
自称臣是酒中仙。张旭三杯草圣传，
脱帽露顶王公前，挥毫落纸如云烟。
焦遂五斗方卓然，高谈雄辩惊四筵。

杜甫这首《酒中八仙歌》，有人说它“题目纤小，章法离奇，不足效法。后人津津称之，可谓瞽说矣”，但它毕竟生动而形象地描述了唐代的“酒中八仙”对酒的兴趣和饮酒时的神态，以及他们不拘礼俗，落拓不羁的品格。这八位酒仙是贺知章、李琎、李适之、崔宗之、苏晋、李白、焦遂、张旭。贺知章自号“四明狂客”，并以自己的宅第为“千秋观”；李白在任城（今山东济宁）时，即与孔子的后裔孔巢文、韩准、裴政、张叙明、陶沔五人沉饮于徂徕山中，号为“竹溪六逸”。以酒自号的，在唐代还有“醉吟先生”、“醉士”、“醉民”的皮日休和“醉尹”的白居易。皮日休“非酒不能适”，居襄阳之鹿门山“继日而酿，终年荒醉”，并作《酒箴》云：“酒之所乐，乐其令真。宁能醉我，不醉于人。”可见他的“荒醉”并非没有精神上的寄托。陆龟蒙曾有诗说：“思量北海徐、刘辈，枉向人间号‘酒龙’。”这说明，唐代还有自称酒龙者。

宋代的种放，隐居于终南山豹林的东明峰，种秫自酿，弹琴饮酒自适，自号“云溪醉侯”；文豪欧阳修自号“醉翁”；武将韩世忠则自号“清凉居士”。他们均是“酒仙”加名士之辈。

清代，“酒仙”故事更多。诸多文士嗜酒买醉，以求解脱。如嘉庆、道光年间，浙江诸生高林，家徒四壁，穷愁潦倒，惟嗜饮酒。且每饮必醉，“醉则卧市沟中”。人嘱以诗歌文章，信口而成，率妙丽有逸趣。由此可见，高林虽为诸生，然怀才不遇，郁郁不得志，故借酒痛饮，放浪形骸，醉卧市井，以示其超世脱俗、清高不凡之态。再如，道（光）咸（丰）年间，浙江富阳文人蒋芸轩，生性豪迈，一生嗜酒。一日，大醉而为歌：“彭泽（即陶渊明）我为师，供奉我为友。得鱼且忘筌，一杯时在手。天空地阔何悠悠，人生百年三万六千余春秋。”从诗中可以看出，他自奉陶渊明为师，表现其不为五斗米折腰的意愿。

文人呼朋聚饮，争结“酒社”　古代文人学士，喜以酒会友；亦喜仿晋山涛等“竹林七贤”、光逸等八人闭室酣饮，不舍昼夜的“八达”之流，呼朋聚饮，争结“酒社”。

福建福州府侯官林希村大令聂家居时，与林怡庵、林枳怀、叶与恪、梁开万诸人结酒社。他们“日高睡起，即登酒楼，终日痛饮。醉则歌呼笑骂，必夜深乃扶醉而归。归则寝，明日又往矣”。这些酒社之人，皆能不事事而沉饮，“殆晋七贤、八达之流也”。这是他们以魏晋名士为榜样之举，也是对世事嬉笑怒骂，不愿与浊世合流的清高之途，在古代颇具典型性。

学者观人酣饮，以撰酒书　古代文人学者中，不乏有识之士，他们已将饮酒活动上升到文化现象予以考察、评述和探究，从而得出自己的结论。其中，吴秋渔喜观人饮，以撰成《酒志》一书的故事，便是一个典型事例。吴秋渔曾作过杭州府知府（太守），是一位著名诗人。他一生“素不嗜酒，而喜观人酣饮”。通过长期的观察、体验、总结和探索，他终于提出了自己对酒与饮酒文化的一整套较为科学的见解，并撰著成《酒志》一书，此书共分二十八卷，其下有子目十二个，这些子目是：原始、辨性、述义、备法、详品、稽典、列事、纪言、考器、征令、录乡、识录等。为写成此书，吴秋渔曾“征引书籍多至千余卷”，从卷帙浩繁的典籍中，旁征博引，然后融会贯通，成此专书。

4. 京师酒肆与古人酒食

古代京师，即今北京地区民间，酒肆（酒店、酒馆）共分为三种，其所出售的酒品，则有南酒、京酒、药酒等类；至于佐酒之酒食，更加丰富多样。据古人记载，古代“京师酒肆有三种，酒品亦最繁”。酒肆经营品种与酒食，各不相同，饮者亦各有所好。现分述如下。

一种为南酒店，“所售者女贞、花雕、绍兴及竹叶青，肴核则火腿、糟鱼、蟹、松花蛋、蜜糕之属”。此种酒店经营江南一带酒类，其酒食亦是江南名点、名菜与名食，故光顾者多为江南来京的官员属僚、商人、士人、文人以及喜食喜饮南菜、南酒者。

另一种为京酒店，“则山左人所设，所售之酒为雪酒、冬酒、涞酒、木瓜、干榨，而又各分清浊。清者，郑康成所谓一夕酒也。又有良乡酒，出良乡县，都人亦能造，冬月有之，入春则酸，即煮为干榨矣。其佐酒者，则煮咸栗肉、干落花生、核桃、榛仁、蜜枣、山楂、鸭蛋、酥鱼、兔脯”。这种酒肆，从经营的酒类和佐酒之食来看，完全是地地道道的北方风味、京师风味，故饮者以北人居多。

再一种为药酒店，“则为烧酒以花蒸成，其名极繁，如玫瑰露、茵陈露、苹果露、山楂露、葡萄露、五茄皮、莲花白之属。凡以花果所酿者，皆可名露。售此者无肴核，须自买于市。而凡嗜饮药酒之人，辄频往，向他食肆另买也”。此酒店所售药酒，一类为浸泡中草药之药酒，另一类则实为果木酒、花露酒。这两种酒，饮用后既可疗疾，亦可健身，且酒的度数较低，性味柔和，故深受民间欢迎。

古代，凡在京酒店饮酒，“以半碗为程，而实四两，若一碗，则半斤矣”。这是一般的入酒肆座饮者的酒量，倘若是呼朋引友入肆聚饮，其量多不受此限制。

第五讲

医食同源与养生长寿之道

中国古代有医食同源的说法，最早的药物都是食物，所以中国医学与饮食一开始就结下了不解之缘。最早的医疗方法也就要算饮食疗法了。这表明，中国古代的学者，早就对饮食与医药二者之间，存在着相辅相成、对立统一的辩证关系，有着较为明确和科学的认识。基于此，可以说保健养生之道与食疗之术，不但是中国古代饮食文化中一个不可或缺的组成部分，而且是祖国医学宝库中的珍品。如远在距今三千多年前的西周时期，我国医学分科就已有专司饮食与食品卫生的“食医”；距今两千三四百年前时，祖国“医书之祖”——《黄帝内经素问》就明确提出了“五谷为养，五果为助，五畜为益，五菜为充，气味合而服之，以补精益气”，以及“食饮有节”，“无使过之”的养生饮食原则。由于我们的祖先很早就认识到膳食模式在人们生活中的重要地位和饮食与人体健康的密切关系，故从未放弃过对如何科学饮食等问题的研讨。因此，纵观中国饮食文化发展的历程，可知古人对于饮食的观念一是重视饮食；二是注意科学饮食；三是提倡节制饮食；四是注意科学的饮食实践活动；五是注意饮食卫生。而这又同人们的养生与长寿之道紧密相关，结为一体。所以在古代中国，随着饮食文化的发展与繁荣，古人的食疗之术、养生之道，从理论到实践，均日趋丰富与完善。

五谷为养与食疗养生

中国古代汉民族的食物结构主要是谷物蔬菜和少量的肉类。长期的饮食文化实践活动，使人们了解到何种食物对人体某方面有益，哪些可以去病。因此，在以食物作为治疗手段方面，中医实为首创，并积累了异常丰富的经验方法，这就是所谓的“医食同源”、“五谷为养”的食疗理论。若将这些理论的核心归结为一点，那就是提倡科学饮食，方能延年益寿，有益于人体健康和整个人类社会的文明进步。

1. 医食同源与食疗

中国古代的“医食同源”的学说和理论，反映了药物的发现和使用、医学的起源和形成，均与人类饮食活动有着密切的关系。同时，也表明饮食疗法是人类最古老的治病强身的手段和方法。人类在原始社会时，饮食生活水平极其低下，不知道贮藏食物，“饥即求食，饱即弃余”（《白虎通义》）。故人类的食品不可能像现在这样固定，在可食与不可食之间既无界线也没有一定的认识。他们常在饥饿难耐之时，为了生存和繁衍，不得不在自然界里到处寻找充饥之品，却很难经常吃到如愿的食物。在这漫长的饥不择食的生活过程中，往往会因吃了不当的东西，而发生呕吐、腹泻等不应有的现象。后来，人们逐渐取得了经验，积累为知识，知道某些动植物可以常吃多吃，某些动植物则不可妄食乱吃。如其遇到有催吐促泻必要时，便想到这些不能常吃的东西可拿来试用，这就是药物的起源。就此而言，可见药物原本也是食物。我国诸多古籍如《淮南子》、《史记·补三皇本纪》、《通鉴外纪》等均记有“神农尝百草，始有医药”的传说。将医药的发创归功于某位圣贤能人，虽不可信，但可将此看做是上述漫长历史过程的一个缩影。同时，将医药之发明归功于被人们尊为农业始祖的神农，并是神“尝”（实即饮食生活）出来的。由此，传说本身亦能反映出药食之间的密切关系。

从中国古代药物学的渊源看，药物的发现源于饮食，同时，药物的使用方法亦系从饮食生活中总结出来。如中药炮制就是在人类熟食出现之后才有的。炮制，古称“炮炙”。就字义而言，“炮”，据《说文》云：“炮毛炙肉也。”意即火烧去其毛；《广韵》曰：“裹物烧也。”即裹物烧之使熟。炙，《说文》称：“炮肉也，从肉在火上。”实际上就是加物与火上而使熟之。所以，“炮炙”二字，最初就是用于叙述食物烹调的。在远古时代，自从人类开始知道用火，首先就是用火加热处理食物。因为熟食不但可使食物更加香美，还可消除食物腥气恶味，使之易于消化，减少胃肠疾患。如肉类生食腥臭，熟食鲜美；油脂类生食腹泻，熟食补益；芋类生食有毒，熟食甘美；蒜韭类生食辛辣，熟食醇香等等。古人积累了这些熟食知识，因药源于食，药食难分，故也试用于药物，并收到同样的效果。特别是受饮食烹调时调味的启示，故药物炮制亦相应地加入辅料，如酒、醋、盐、蜜、姜、桂等，以起到引药归经、缓和药性的作用，从而扩大应用范围。有趣的是，这些辅料，多数至今仍是饮食烹调时的常用调味品。诸多实践证明，众多具体的药物炮制方法就是从食物烹调法而来的。

中药剂型多种多样，有汤、丹、散、丸、膏、酒、饮、露等。而这些剂型的相继出现和使用，亦是随食物烹调技术的发展而进步的。迄今仍是中药使用最普通的剂型——汤液，就是从饮食烹调中产生出来的。相传汤液为商汤宰相伊尹所制所创，晋代皇甫谧说：“伊尹以亚圣之才，撰用神农本草以为汤液。”然伊尹又称烹饪之圣。史书载称，伊尹出身厨师，精于烹饪之术，《吕氏春秋·本味篇》引伊尹和商汤讨论许多烹饪问题的内容可为佐证。伊尹既精医药，亦善烹饪，纵然伊尹未必是如此圣人，但以此推论，药物汤液乃出于饮食汤液。事实上，早先称为汤液并非专指药物剂型，《素问·汤液醪醴论》云：“为五谷汤液及醪醴奈何？岐伯对曰：必以稻米，炊以稻薪。”可见汤液早先为五谷蒸煮而成，后医者受此启示，才用作药物剂型。

中药汤剂的出现，为中药复方的应用和发展创造了有利条件。而实际上复方的使用也是源于食物烹调。如东汉末年成书的《伤寒杂病论》的第一方——桂枝汤，被后世医家誉为“群方之冠”，而组成桂枝汤的五味药物：桂枝、芍药、甘草、生姜、大枣，则又是厨房里常备的调味品。早在《吕氏春秋·本味篇》中便有“和之美者，阳补之姜，招摇之桂”的记载；《七发》中有“芍药之酱”之说。这些事例均可揭示出食物烹调与中药复方间的微妙关系。

食药同出一源，皆属天然产品，性能相通。现存最早的医学理论著作《内经》，在讨论寒、热、温、凉四性，辛、甘、苦、酸、咸五味以及升降浮沉等药性理论时，经常采用饮食之物作为例证，在实际治病养生过程中，食物与药物一样，都必须在中医学整体观、辨证论治思想指导下具体运用。这说明药食是同性的。所以，中医单纯使用食物或与药物结合，进行营养保健、食疗的情况是极普遍的，且古人治病首重食疗。《内经》所载13方，有食物参与组成的方剂就有10个；长沙马王堆三号汉墓出土的古医书《五十二病方》有1/4，方剂为食物组成；《伤寒论》一书112个方剂中，含食物成分的方剂占1/2以上。在这些古方中，应用日常食用之品有姜、桂、枣、葱、酒、醋、盐、椒、扁豆、薏米、赤小豆、白木耳、鸡蛋以及动物胶膏脂肪肉骨、内脏等等。我国古代医家认为，机体对食物要比对药物更为适应，如果食物能够治病，则是机体最容易接受的好药物。故此，历代医家十分注重食疗。如唐代医家孙思邈在《千金要方》的“食治”篇首，曾引扁鹊之言以训后世：

夫为医者，当须先洞晓病源，知其所犯，以食治之，食疗不愈，然后命药。

孙思邈的弟子孟诜受其影响，在“食治”篇基础上，撰写了我国古代第一部食物专用本草——《食疗本草》一书，此后食物类本草专著代有所出，影响所及，以致所有综合性本草著作，均十分重视并收入“谷肉果菜”之类的食物。而且医家们为使食物治病养生之理论进一步推广，则撰写食经、食谱，寓医于食。如元代忽思慧的《饮膳正要》、清代王孟英的《随息居饮食谱》等，即为今日人们通常所称的营养保健食谱。另一方面，历代人们所称道的许多烹饪学家还通晓医理，这可从现存的一些烹饪古籍中看出，如元代韩奕著的《易牙遗意》虽为食谱，却记载了许多药膳；清代袁枚的《随园食单》所载的“二十须知”、“十四戒单”均符合养生之道，如“上菜须知”云：

上菜之法：咸者宜先，淡者宜后；浓者宜先，薄者宜后；无汤者宜先，有汤者宜后。且天下原有五味，不可以咸之一味概之。度客食饱则脾困矣，须用辛辣以振动之；虑客酒多则胃疲矣，须用酸甘以提醒之。

这也为现代科学所肯定。

因为古代的食书亦是医书，故历代编著的历史，在收录各种图书的艺文志、经籍志中，也总是把食书列入医书项下，说明医食相通的传统已渗入到各个领域。值得注意的是，这种医食合一、厨医相通的传统，早在我国周代就已体现在医食制度上了。《周礼·天官冢宰》记载宫中君主和贵族的烹饪之事，有“膳夫”总管，“食医”参与。“膳夫，掌王之食饮膳羞，以养王及后世子”。“庖人，掌共六畜、六兽、六禽”。“食医，掌和王之六食、六饮、六膳、百羞、百酱、八珍之齐”。郑玄和贾公彦在注疏时认为，烹饪之事，膳夫主烹，食医主和。这种宫廷饮食医食相通的管理制度，一直传承到元代。这一制度，其本因虽为统治阶级服务而设，但对沟通医食两门学科，起到了一定的促进作用。同时，也说明我国古代医食同源是客观存在；食疗历史是悠久的，应用范围是广泛的，它是中国古代优秀灿烂的饮食文化内涵的重要方面和体现。

在清代档案中，有数量可观的清代宫廷医案及宫中常用配方，其中包括皇帝、皇后、妃嫔、太监、宫女及部分王公大臣的原始诊治记录。在这部分珍贵的历史档案中，多有宫中使用饮食疗法（食疗）却病去疾、健身益寿的记载，而现存的宫中御医所开的慈禧太后“代茶饮方”、“药酒方”，即是其中的精华所在，如：

宫廷代茶饮方

清热理气代茶饮方 光绪？年二月十六日，姚宝生谨拟：老佛爷清热理气代茶饮。甘菊三钱、霜桑叶三钱、桔红一钱五分（老树）、鲜芦根二枝（切碎）、建曲二钱炒、炒枳壳一钱五分、羚羊五分、炒谷芽三钱。水煎，温服。

此方中，菊花桑叶清热明目，桔红、枳壳理气和中，芦根清肺热胃热，羚羊清肝胆之火。全方清热以头目上焦为主，理气则以脾胃为要，符合西方太后素有目疾及脾胃违和的病情。作为茶饮，亦御医巧法，这种剂型之广为应用，既无煎剂荡涤攻逐难食之弊，又有治病卫生之效，故深受宫中欢迎。

清热理气代茶饮又方 光绪？年二月二十六日，姚宝生谨拟：老佛爷清热理气代茶饮。甘菊三钱、霜桑叶三钱、羚羊五分、带心麦冬三钱、云苓四钱、炒枳壳一钱五分、泽泻一钱五分、炒谷芽三钱。水煎，温服。

本方较前方略减健脾和胃之药，而增清心利湿之品。麦冬带心，能入心经，既清心热而生津，又散心中秽浊之结气，且性味甘淡，与余药相配，用作茶饮甚宜。

宫廷药酒方

泡酒方 光绪三十二年九月初十日，老佛爷泡酒方当日用十剂，减去牛夕。石菖蒲鲜一窝计六钱、鲜木瓜六钱、桑寄生一两、小茴香二钱、九月菊根一窝计六钱。如腿疼加川牛夕（膝）二钱，当日牛夕未用。烧酒三斤，泡七日，早服一杯。

据光绪三十二年九月脉案载，“皇太后脉息左部沉弦而细，右寸关沉滑，肾元素羽，脾不化水，郁遏阳气”，以致有“眩晕、阳虚恶风、谷食消化不快、步履无力、耳鸣”等见症。御医张仲之等曾拟理脾化饮之法调理。除汤剂外，辅以药酒方，清心柔肝补肾，以冀对西太后病情有所裨益。

夜合枝酒 光绪三十四年六月初二日，夜合枝酒。夜合枝五两生柏、柏枝五两生剉、槐枝五两生剉、桑枝五两生柏、石榴枝五两生柏、糯米五升、黑豆五升、△△二两、△△五钱、细曲七年半。先以水五斗煎△枝，取二斗五升，浸米、豆蒸熟，入曲，与△△、△△如常酿酒法封三七日，压汁，每饮五合，勿过醉致吐，常令有酒气也。治中风挛缩。

据《本草图经》载：“合欢，夜合也。”夜合枝即合欢树枝。其叶似皂角，极细繁密，叶则夜合故名。《本草衍义补遗》称，“合欢，补阴有捷功，长肌肉，续筋骨”，但其治打扑伤损的功用，常为一般人忽略。《子母秘录》治跌打磕损疼痛，取夜合花末，酒调服二钱七。《圣惠方》治腰足疼痛久不瘥，有夜合花丸，皆取其长肉生肌续筋接骨之功。本方取△种树叶作酒，功能活络通经，故可治中风挛缩之症。

值得注意的是，以上御医给慈禧太后所开的“代茶饮方”、“药酒方”中，除常见药材之外，还有许多直接可食的食品入药，诸如糯米、黑豆、鲜青果、桔红等，以增食疗之效。在饮服方式上，亦采用饮与食的方式，如代茶饮用、饮用药酒等。这样，使患者在心理上、精神上能较之服用汤药更易于接受，从而使疗效更为理想。

2. 五谷为养与延年益寿

古人云："养生之道，莫先于饮食。"人类生活虽然离不开食，但食多食少，食好食坏，可食与不可食等等，都直接关系到人类健康。因此，科学饮食始终是人类探索的重要课题，我国先民在这方面有着丰富的经验和自己的实践活动。首先，古人认识到日常生活中影响身体健康最大的因素便是饮食，所以很早就提出了"病从口入"的论断，以期引起人们的警惕。其次，我们的祖先很早就认识到，哪些食物能吃，哪些食物不能吃。远在西周，人们就认为有六种肉因有腥、臊、膻等气味而不可食。春秋战国以后，由于社会的不断进步，人们对于如何科学卫生地饮食以及延年益寿更为注意，认识到凡是食物变了味或变了色，都不宜吃。所以孔子说："食饐而餲，鱼馁而肉败，不食。色恶，不食。臭恶，不食。失饪，不食。"这并非孔子个人的看法，而是我们祖先早就形成的讲究饮食卫生的优良传统。汉代名医张仲景在《伤寒论》中说，"秽饭、馁肉、臭鱼，食之皆伤人。六畜自死，则有毒，不可食。"可见，不吃变质变味的食物，是具有一定科学根据的，它是我国古代人民科学饮食以及延续生命、繁衍后代的经验总结。饮食是为了生存，但注意饮食卫生则是为了生存得更加健康。再次，古人在总结经验的基础上，在理论和实践上提出了药补不如食补，五谷为养，五果为助，五畜为益，五菜为充，气味合而服之，以补益精气的配餐与饮食原则。认为药物的作用多宜于攻邪，而对于补益精气扶正之类的事，还得让位于五谷、五果、五畜、五菜等日常生活所必需的饮食。这一理论在我国传统养生发展的历史长河中，几乎成了一条铁的规律，被古人奉为圣典而加以运用发展。现对其核心内容及其意义，分述如下。

五谷宜为养，失豆则不良　古人所谓五谷，从一些有关文献的记载中可以知道，它并非单纯地指某几种谷类食品，而是泛指整个谷类与豆类食品。如《管子》以黍、秫、菽、麦、稻为五谷；《周礼》郑玄注以稻、黍、稷、麦、菽为五谷；《内经》王冰注以粳米、小豆、麦、大豆、黄黍为五谷。因而，强调五谷为养，也就是强调谷类的食品和豆类的食品，同为人类养生长寿所必需的最主要的食品，是人类的主食，亦即强调人体所必需的、最主要的养分，主要应由谷类和豆类食品共同提供。

近代营养学研究表明，在通常情况下，饮食中所含有的、多达数十种为人体所必需的养分及其他生物活性物质之中，对机体代谢、生理功能、健康状况等所起作用最大、最为主要的，乃是能量和蛋白质。能量是一切生命活动所需动力的来源，蛋白质是所有生命细胞最基本的组成成分；能量和蛋白质营养，则是当代所有营养问题中最基本和最重要的一个问题。主张五谷为养，也就是主张人们日常所必需的能量和蛋白质，主要应由谷类和豆类食品来供给。从现有的认识来看，这不仅是最经济、最实惠，而且也是最合乎营养原则的主张。

五畜适为益，过则害非浅 五畜为益，这是《内经》所奉行的配餐及饮食原则的又一要点。从《内经》王冰注及《本草纲目》卷四八—五〇等有关记载来看，古人所谓“五畜”，乃是泛指肉乳蛋类荤食品而言。适量食之，对人有很大补益；而近代营养学的研究亦证明，其营养价值确实很大，不仅含有较高的能量、较多的优良蛋白质、丰富的脂类物质、B 族维生素和微量元素，而且味道好、饱腹作用大、可利用率高。若将此类食品中任何一种蛋白质的氨基酸组成及含量，与人体氨基酸需要的 FNB 模式相比，其氨基酸得分均为 100，而任何一种单一的肉类蛋白则均不大于 80（40—80）；若以乳蛋白为代表和基准而与谷类蛋白作对比时，则可发现各种必需氨基酸在此类蛋白中具有良好的平衡，而在谷类蛋白中就相当欠缺。同时，此类食品中还含有多种为一般素食品中所不含有的养分和其他生物活性物质，如维生素 B_{12}、维生素 D 和胆固醇等。其中维生素 B_{12} 与机体核酸合成有关，维生素 D 与钙、磷代谢有关；而胆固醇，不仅是维生素 D_3、肾上腺皮质激素、性激素、胆酸等的前体，并为脂肪在体内运转及同化时所必需，而且还参与细胞膜的构成，为血红细胞维护正常脆性和渗透性、为 T 淋巴细胞维护杀灭作用等所不可缺少。因此，这类食品适量食之，以辅助五谷之为养，这对机体健康、特别是对于生长期之机体来说，确实会有很大的裨益。另外还必须看到，对于人体来说，一般素食中所缺少的某些养分及其他生物活性物质，事实上只需很有限量的荤食品即可得以补偿。而过犹不及，过量肉乳蛋类的摄食，势必造成能量、动物性蛋白、饱和脂肪酸和胆固醇的供过于求的状态。由此可见，古人提出五畜为益的见解，具有十分科学的道理。

五菜为充与益寿之道　五菜为充，这是《内经》继五谷为养、五畜为益之后，进一步强调的维系人类有机体生存和益寿之道的重要原则之一。这里所谓的"五菜"，系指各式各样的蔬菜；而五菜为充的含义，也就是说，倘若人们日常仅仅只是按照五谷为养、五畜为益的要求摄入饮食，那么在营养上还不可能是很完善的，而必须在此基础上再积极选食一些各式各样的蔬菜，这才有可能使机体所必需的各种养分得以充实、完善起来。在这种认识的影响之下，上千年来，蔬菜也就成了我国民间传统的、最为主要和最为常吃的一类副食品，对调剂人们日常生活和保障机体健康发挥了极为重要的作用。这也是中国古代饮食文化较之其他国家而言，相异的个性与显著特征之一。

按照人们现有的认识，五菜为充的积极意义乃是多方面的。首先，蔬菜是人们日常所必需的几种重要维生素和矿物质的主要来源或重要来源。而蔬菜所提供的大量钾、镁、钙、铁、钼、铜、锰等金属性矿物质，则对机体酸碱平衡、水平衡、某些酶活性以及心血管健康等的维护，有着极为重要的作用。同时，蔬菜中含有较多的纤维素、半纤维素、果胶、木质素、某些特殊的酶、叶绿素、花色甙、芳香性挥发油和其他对机体有益的活性物质，能促进胃肠蠕动、刺激腺体分泌、有助于对三大营养素的消化；能延缓糖的吸收、减少机体对胰岛素的需要，对抑制肠道厌氧菌的活动、络合胆固醇及一些有害物质，阻断亚硝胺的胃内合成并消除亚硝胺突变有着积极作用；能增加粪的体积、有利于大便的排泄；能增强机体的抗病力，提高免疫力，可预防多种疾病，特别是一些衰退性疾病的发生。再加上蔬菜中既含有一定量的能源资源，可含量又不多，但体积则较大，吃下去容易使人得到吃饱了的满足感，故日常能量供过于求的人，可依靠它来减少能量的摄入，以利于减肥；而日常能量供不应求的人，则又可依靠它（包括各种野菜）来获得一定的能量补偿，并免除过于受饥挨饿。可见，五菜为充，对维护人体健康有着特殊意义和作用。

五果为助与防病健体　如同五谷、五畜、五菜一样，古人所谓五果，也并非专指某五种果子，而是泛指整个果类食品。其中，可包括各种水果、干果和坚（硬）果。但通常主要系指各种水果。据近代营养学研究表明：坚果之成分，基本上与豆类相似，而干果，除维生素在脱水加工过程中有严重损失外，其他成分均与水果类似，只是较之更为浓集而已。至于水果，固然在胡萝卜素、核黄素等维生素及一些重要微量元素之含量方面，比不上新鲜绿色叶菜，可是在糊精、单糖、柠檬酸、草果酸等含量方面，却为一切蔬菜所不及；而其所含之钾、抗坏血酸、纤维素和果胶等成分及其对机体的基本功用，则与一般新鲜蔬菜相似。据此，人们也就习惯于将之与蔬菜一起统称为果蔬。同时，水果不属菜肴，通常都作生食，其抗坏血酸等也就不会像一般蔬菜那样有较大的烹调损失；再加上其色香味俱美，不仅平时为人们所喜爱，而且在晕船、晕车等对一般食物普遍厌倦的情况下，依然较受人们欢迎，并可在一定程度上改善因晕车、晕船等所引起的食欲低下。而近年来国内外有关调查显示，在盛产各种蔬菜和柑桔等水果的地区以及多食鲜菜、柑桔等的人群中，胃癌、食管癌等发病率也明显偏低。由此可见，尽管人们切实贯彻五谷为养、五畜为益、五菜为充之后，机体所需之养分及其他生物活性物质大致都已齐备，但若能再经常吃上一点水果，对机体正常健康的维护以及防病于未然，确实会有莫大的帮助。故《内经》对五果为助的提倡，无疑是非常科学的。

气味合而服与补精益气　中国医药学历来就认为，饮食有温、热、寒、凉、平、酸、苦、辛、咸、甘，以及补、泻（散、解）等气（性）味之分。《内经》则要求“气味合而服之，以补精益气”，强调“谨和五味”。提倡饮食多样化，而反对偏食，认为：

> 阴之所生，本在五味；阴之五官，伤在五味。是故味过于酸，肝气以津，脾气乃绝；味过于咸，大骨气劳，短肌，心气抑；味过于甘，心气喘满，色黑，肾气不衡；味过于苦，脾气不濡，胃气乃厚；味过于辛，筋脉沮驰，精神乃央。是故谨和五味，骨正筋柔，气血以流，腠理以密，如是则骨气以精。谨道如法，长有天命。

这就是说，由于各种食物所含营养物质不尽相同，因此平时进食不宜偏嗜，而应泛尝。偏嗜则失却各种营养物质彼此互补的机会，而泛尝则博收广采，为我所用。综上所述，可知《内经》所载的配餐与饮食的原则，乃是维护人体健康与长寿的原则。远在距今两千三四百年以前，《内经》对于这一原则的提出，确是世界营养学史上一项富有远见卓识的科学创举，直至当前仍有普遍的指导意义。

由于饮食的品类多而且广，并各有各的宜忌，因此，清代的陆以湉在总结前人经验的基础上，从损益的角度，对古代养生健体诸食物的特性作了概括性的论述。他说：

医家谓枣百益一损，梨百损一益，韭与茶亦然。余谓人所常食之物，凡和平之品，如参、苓、莲子、龙眼等，皆百益一损也；凡峻削之品，如槟榔、豆蔻仁、烟草、酒等，皆百损一益也。有益无损者惟五谷。

在古代的饮食养生之道中，除以上所论外，吃粥和服乳也多为养生家所重视。

饮食有节与长寿秘诀

现代科学认为，节制饮食属于科学饮食的一个方面。其引导人们目的不外乎引导人们科学地生活，实现和达到延年益寿的境界。但是在古代，节制饮食却有着更为丰富的科学与文化内涵。所谓食饮当有节、无使过之；主张薄滋味，反对追求厚味与美味；饮食须定时、定餐、定量；对酒茶以少饮为宜等等，即是这一内涵的具体体现。

1. 饮食有节与养生之道

中国古代思想家和医学家，基于长期丰富的社会实践经验，一方面，充分认识到人们日常饮食，对于机体的生存、代谢有着无比的重要性；另一方面，又深刻地体察到，日常饮食过量，是导致某些衰退性疾病的发生和短寿的祸根之一。因而他们几乎都极力提倡节制饮食，认为饮食不要过量，要保持一定的限制。孔子说："君子食无求饱。"墨子也说："古者圣王制为饮食之法，曰：足以充虚继气，强股肱，耳目聪明，则止。不极五味之调，芳香之和，不致远国珍怪异物。"墨子这里指出饮食的第一个目的，就是强健身体，吸取营养。然而，饮食还有一个目的，就是享受，吃起来爽口，特别是上层贵族统治阶级，往往过多地追求后者。大量的山珍海味、美馔佳肴，吃了以后，使胃部负担过重，不易消化，反而影响健康。正如管子所说："凡食之道，大充（过于饱），伤而形不藏；大摄（过于饥），骨枯而血沍。充摄之间，此谓和成。"《吕氏春秋·尽数》更明确指出："食能以时，身必无灾。凡食之道，无饥无饱，是之谓五藏之葆。"这也就是《内经》所云"饮食以时，饥饱得中"思想的核心内容。这些饮食文化思想，非常符合人体健康的要求，是延年益寿的良药秘方，故对后世影响甚大。

唐代大医学家孙思邈便在《千金要方》中说，"安生之本，必资于食。不知食宜者，不足以生存也"；进而认为"故食能排邪而安脏腑，悦神爽志，以资血气"，但饮食又不能贪多，"饱食过多则结积聚，渴饮过多则成痰澼"。主张食不宜过饱，饮不宜过多。他还举例说："北地俗好俭啬，厨膳肴羞，不宜菹酱而已，其人少病而寿；江南岭表，其处饶足，海陆鲑肴，无所不备，土俗多疾而人早夭。"因此，他认为"厨膳勿使脯肉丰盈，常令俭约为佳"。针对老年人消化及吸收养料较差，能量及物质代谢能力较低的实情，他认为老年人要达到延年益寿的目的，必须做到食量要有节制，不宜贪食。他在《千金·养老食疗篇》中论述说：

> 养老之道，虽有水陆百品珍馐，每食必忌于杂，杂则五味相扰。食之不已，为人作患，是以食取鲜肴，务令简少。饮食当令节俭，若贪味伤多，老人肠胃皮薄，多则不消，彭亨短气，必致霍乱。

这一分析，颇为精辟。宋代苏轼在《东坡志林》中也主张"已饥方食，未饱先止"，这样才能诸病自除。元代的朱丹溪在《饮食签》中则认为"卷彼眯者，因纵口味，五味过之，疾病蜂起……以野贫贱，淡薄是谱，动作不衰，此身亦安"，就是这个道理。明代的龙遵叙更直接指出了多食的害处，他说："多食之人有五苦患：一者大便数，二者小便数，三者饶睡眠，四者身重不堪修业，五者多患食不消化，自滞苦际。"所以养生家们说：

> 善养生者养内，不善养生者养外。养内者以恬脏腑，调顺血脉，使一身之流行冲和，百病不作。养外者恣口腹之欲，极滋味之美，穷饮食

之乐，虽肌体充腴，容色悦泽，而酷烈之气，内蚀脏腑，精神虚矣，安能保合太和，以臻遐龄……人之可畏者，任席饮食之间，而不为之戒，过也。

清人也认为：

人情多偏于贪，世之贪口腹而致病，甚有因之致死者，比比皆是，第习而不察耳。当珍羞在前，则努力加餐，不问其肠胃胜任与否，而惟快一时之食饮，此大忌也。人本恃食以生，乃竟以生殉食，可不悲哉！人身所需之滋养料，亦甚有限，如其量以予之，斯为适当。若过多，徒积滞于肠胃之间，必至腐蚀而后已。故食宜有一定限制，适可而止者，天然之限制也。

近代营养学的研究亦显示：生命早期过度进餐，会促进成熟；成熟后的营养过剩，则可增加某些衰退性疾病的发生，从而可导致机体寿命的缩短。对国内外一些著名长寿之乡和长寿者的调查表明，定时、定量、有节制、低能量，乃是所有长寿老人在饮食习尚上的共同特点。这与《内经》所提倡的饮食以时，饥饿得中，饮食有节，无使过之的理论，以及古代众多思想家、医学家节制饮食以延年益寿的主张，是完全吻合的。这里需要指出的是，古人所创导的食欲有节、无使过之，不仅对日常饮食供过于求的人，而且对于供求基本相当或供不应求，甚至严重供不应求的人，都有实际指导意义。"饮食自倍，肠胃乃伤"；"食欲数而少，不欲顿而多"；"若要小儿安，常保三分饥和寒"；"大渴不大饮，大饥不大食，恐血气失常，卒然不救也；荒年饿季，饱食即死"等，都是有关这方面经验教训和实践的概括。

2. 主张薄滋味，崇尚淡味

中国古代的思想家、医药学家和养生家在提倡节制饮食的同时，还反对追求厚味和美味，主张薄滋味，崇尚淡味饮食。《黄帝内经》说："膏粱之变，足生大疔，受如持虚。"意思就是长期进食鱼肉荤腥、膏粱厚味的人，足以在他们身上发出大的疔疮来。对于这种受病的可能，就好比拿着空的容器去接受东西一样容易。所以养生家普遍倾向清淡的素食，反对追求厚味。《吕氏春秋·尽数》也说：“凡食，无强厚味，无以烈味重酒。是以谓之疾首。”“疾首”，清人毕沅释为“犹言致疾之端”，即导致疾病的根源。这如同任何事物一样，都有一定的限度，超过限度就会走向事物的反面。饮食也是如此，滋味太厚，反而会使口无味，不能达到饮食口爽的目的。这正如《老子·道经》所云：“五味令人口爽。”《广雅释诂》说：“爽，败也。”我国古代医学也认为：

味过于酸，肝气以津，脾气乃绝；味过于咸，大骨气劳，短饥，心气抑；味过于甘，心气喘满，色黑，肾气不衡；味过于苦，脾气不濡，胃气乃厚；味过于辛，筋脉沮驰，精神乃央。

针对饮食中的厚味现象，有些思想家与养生家就崇尚淡味，追求食物中的本味。如老子就有独到的见解，他说：“为无为，事无事，味无味。”他还认为饮食中的淡味是百味之首，这是他崇尚自然、返朴归真的表现，反映了他无为的处世哲学。老子的崇淡饮食观对后世的饮食文化活动产生了一定的影响，形成了一种特殊的审美风格与审美趣味。如在饮食环境、宴席设计、饮食器具、食品调味等方面，至今仍有很多人追求淡雅的风格与趣味，从而扩大了“淡”的范围。特别是在菜肴方面，崇淡的饮食观更有其一定的道理。《说文解字》说：“淡，薄味也。”亦即清淡之味。素菜皆属清淡之物，它能醒脾胃去浊气，清代杨宫建在为《养小录》作序时说：

烹饪燔炙，毕聚辛酸，已失本然之味矣。本然者，淡也，淡则真。昔人偶断肴羞，食淡饭，曰：今日方知其味，向者几为舌本所瞒。

李渔在《闲情偶寄·饮馔部》谈及“饮馔之道”时说，当于俭约中求饮食的精美，在平淡处得生活的乐趣。他的制膳原则也可以二十四字诀概括，即重蔬食、崇俭约、尚真味、主清淡、忌油腻、讲洁美、慎杀生、求食益八项。而又以重蔬食、主清淡、求食益等为精髓。①重蔬食：李渔认为上古之人食蔬蕨而甘之，后世生齿日繁，所食的品种越来越广泛，于是“作伪奸险之事出矣”。首重蔬菜，意似复古，实际在于崇俭节用。再者蔬菜天地所生，食近自然。比如音乐，“丝不如竹，竹不如肉”，歌声之美，既优于箫笛，更超乎琴瑟。饮食之道，则是“脍不如肉，肉不如蔬”。惟歌声与蔬食最接近天然，故云。②主清淡：他说，馔之美，在清淡。清则近醇，淡则存真，然后藉烹调之术而发挥尽致。味浓则真味为他物所夺，失其本味了。他引《礼记》“甘受和，白受采”，在于说明食物之美在于味甘。鲜而微甜为“甘”，味甘者既能自陈其美，又易夺他物之鲜，更可助他物之鲜。如给以重调厚味，就会使甘味尽失，谈不上鲜美了。蕈之鲜在于乃山林之气，莼之美因是水泽清虚之物，所以李渔极誉称之。而他一生不食葱、蒜、韭诸物，因其味浓近秽，有伤食物清淡的缘故。这说明古人已认识到，有些食物，本身就具有很好的滋味。如果放了五味，或者五味过厚，调料过多，反而会掩盖其自身的味道。

对于清淡饮食的好处，近代革命先驱孙中山先生曾在《中国人应保守中国饮食法》一文中，有过很好的发挥阐述。他说：

> 中国不独食品发明之多，烹调方法之美，为各国所不及，而中国人之饮食习尚，暗合于科学卫生，尤为各国一般人所望尘不及也。中国人常所饮者为清茶，所食者为淡饭，而加以蔬菜豆腐。此等食料，为今日卫生家所考及为最有益于养生者，故中国穷乡僻壤之人，饮食不及酒肉者，常多上寿。

孙中山先生把长寿和清淡饮食间的因果关系阐述得十分清楚。接着，他把笔锋转向素食中的豆腐：

> 夫豆腐者，实植物中之肉料也。此物有肉料之功，而无肉料之毒，故中国全国皆素食，已习惯为常，而不待学者之提倡矣。

豆腐的发明创造，的确是中国人民对世界饮食文化宝库的巨大贡献。最为有趣的是，孙中山先生在比较中西饮食习惯优劣后云：

欧美之人所饮者浊酒，所食者腥味，亦相习成风，故虽在前有科学之提倡，在后有重法厉禁，如近代时俄美等国之厉行酒禁，而一时亦不能转移也。单就饮食一道论之，中国之习尚，当超乎各国之上，此人生最重之事，而中国人已无待于利诱势迫，而能习之成自然，实为一大幸事。

因而谆谆告诫："吾人当保守之勿失，以为世界人类之导师也可。"

另外，古人还主张少吃酒茶肉。《论语》描述孔子平日的生活是"肉虽多，不使胜食气"。并"不为酒困"，此均为节制饮食的要求。《吕氏春秋·本生》篇还郑重提出，认为"肥肉厚酒，务以自强，命之曰烂肠之食"。事实确也证明，喝酒吃肉过多，有损健康，甚至可以带来不幸的后果。如对酒，古籍《养生要集》总结实践经验后说，酒能益人，亦能损人。

节其分剂而饮之，宣和百脉，消邪却冷也。若升量转之，饮之失度，体气使弱，精神侵昏。宜慎，无失节度。

李时珍《本草纲目》也告诫说：

面曲之酒，少饮则和血行气，壮神御寒。若夫沉湎无度，醉以为常者，轻则致疾败行，甚则丧躯殒命，其害不可胜言哉。

现代医学也证实，长期过量饮酒，还会造成肝硬化、胰腺炎、慢性胃炎、心脏病、动脉硬化，甚或引起肝癌、胃癌、食管癌，后果十分严重，故为中国古代的养生家所绝对不取，不是没有道理的。再如清人力主对酒类、茶类饮料，以少饮为宜，多则伤身致害。

酒类，如米酒、麦酒、葡萄酒等之仅由发酵所成者，烧酒等之由蒸馏法而得者，要皆含有酒精。惟成于发酵之酒，其酒精较蒸馏者所

含为少。饮酒能兴奋神经，常饮则受害非浅，以其能妨害食物之消化与吸收，而渐发胃、肠、心肾等病，且能使神经迟钝也，故以少饮为宜。

又曰茶类为茶、咖啡、可可这些饮料“少用之可兴奋神经，使忘疲劳，多则有害心脏之作用。入夜饮之，易致不眠”。再如清朝的慈禧太后患有胃肠疾病，时有气滞、食积、溏泻等症。原来，慈禧平时进膳，喜食油腻厚味之品，尤爱吃肥鸭，恣意口食，胃肠必然受伤。宋代史学家郑樵在《食鉴》中指出：“食品无务于淆杂，其要在于专简；食味无务于浓酽，其要在于淳和；食料无务于丰赢，其要在于从俭。”可见这些见解是极合饮食原则以及养生长寿之道的，亦具有很强的医学科学性。

第六讲

饮食智道与天人美韵

饮食文化活动的过程，包括参与者的烹饪食艺（创造美）与饮宴（审美）两个有机组成部分，是古人进行全方位美学实践的过程。通过这种实践，既能使参与者亲身感悟独具东方特色的中国饮食智道的包容性、唯美性、精粹性，又可体察蕴含在食色食香中的自然情趣，蕴含在食味食声中的人生美韵，蕴含在食享食用中的宴乐怡情，蕴含在食形食器中的时空艺境。它不仅使天人美韵、人与自然的和谐关系得以生动再现，而且使中国饮食文化与自然美学、社会美学、伦理美学、工艺美学的内容更加丰富多彩。

如果再从审美的角度考察的话，那么，中国古代饮食美学追求的最高境界是——和。“和”是中华民族传统文化的核心，也是中国古代人们所追求的审美理想的最高境界，是饮食智道（创造美）与天人美韵（自然美）二者的艺术结晶与集大成者。然而，中国古代饮食美学所追求的最高美景——“和”的境界，则有不同的层次：基本的是美食的色、香、味、形、声、感的“和”，此为生理审美层次；高一层的是美食与美器的“和”，此为艺术审美层次；再往上一层是美食、美器、美境与养生之“和”，此为身心审美层次；最高境界超脱于饮食活动之外，达到一种纯精神的“和”，此为一种真正的精神审美境界。

食色食香与自然情趣

在源远流长、内涵丰富的中国饮食智道体系中，人们对饮食本身以及对饮食文化内涵、环境与氛围的美的追求，是饮食文化科学得以不断发展、创新、进步、弘扬的重要动机。其中，通过食色、食香，达到人与自然情趣的和谐统一，则是饮食美学中自然美学特质的生动显现。具体而言，它是由如下四种方式、途径获得的：

1. 顺乎自然之时宜

自古以来，饮食烹饪加工的原料，皆取之于自然。因此，饮食美学中，自然美特点的显示，首先强调的是饮食文化活动的全过程，必须顺乎自然之时宜。饮食活动中"时序论"的提出和建立，便是将人的饮食调和与天、地、自然界、自然情趣联系起来，加以统筹安排，最终达到自然美的具体体现。如《黄帝内经》一书，按阴阳理论，根据人体体内机制和生理节律以四季自然的交替变化出现的应节反应，指出春季应在饮食上省酸增甘，以养脾气；夏季应在饮食上省苦增辛，以养肺气；长夏饮食应省甘增咸，以养肾气；秋季应在饮食上省辛增酸，以养肝气；冬季应在饮食上省咸增苦，以养心气。认为只有这样，食色与食香才真正符合自然美的特质。

2. 保持自然之本真

中国饮食文化中的传统烹饪加工技艺和方法，经过历代的不断继承、发展、创新，形成了一个科学而严密的体系，内涵十分丰富。中国传统烹饪方法的三十二字诀：煎炒烹炸，爆烤熘扒；蒸烧煮炖，炝拌烩焖；腌氽煸腊，煨烤酱熏；酿塌糟涮，风卤贴淋，就充满科学性与艺术性。它是人们将取之自然之物（各种食品原料），通过烹与调的诸种加工手段，使食物的色、香、味释放出来，供人们享用。在这种"加工自然"的活动中，传统的烹饪方法特别强调要保持食色、食香的本色、本香，而非其他。如中国古代在味精出现以前，有经验的厨师进行调味，则采用传统的吊汤的办法予以解决。再如，清代孔府菜中活吃明虾菜的制作，就是先将这种小明虾从古泮池打捞起来，再用事先早已调配好的一种特殊的自然调料，将小明虾拌和后，用碗盖上，过一会儿食用。食用时，必须活吃这种通体透明、气味喷香的小明虾，方能体悟菜的味道鲜美而别有滋味。这是通过烹调加工，使食色、食香保持自然之本真的又一典型。

3. 感受自然之情趣

人们通过美食、美肴、美馔，除享受自然之美味外，还通过饮食文化氛围的烘托、茶道酒道活动的实践，来达到感受自然之情趣——即高层次美化自然、美化人生的目的。如古代的儒士文人，在进行茶道活动时，借助茶之刺激，作诗唱赋，挥毫泼墨，大发雅兴；或自视清高，退隐山林，烹茗饮茶，以求超脱；或邀友相聚，文火青烟，细品名茶，推杯移盏，以吐胸中积郁。至于名士文人在践行酒道方式上，更是千姿百态，随心所欲，有呼云月而酹者，有典衣换饮者；亦有松下独酌，寒夜独饮者；更有呼酒痛饮者。从而呈现出通过饮与食感受自然各种情趣、领悟人生各种真谛的世态百象图。

4. 求其天人之共济

诸多文献记载表明，先贤古人还力图通过饮食文化活动的实践，以达到体现与天相通的理想，求其天人之共济的目的。他们将宴饮中的人、物及文化行为方式，与属于本体的天地、日月、三光、四时类比、贯通和比附，进而幻化超出现象进达本体境界，使之浑然一体，息息相通，这就是归真自然的天人合一。

食味食声与人生美韵

中国饮食文明，若从文明形态上而论，它是物质文明，又是精神文明。这种物质与精神文明兼具的特点，处处贯穿于饮食文化活动的全过程。具体而言，人们通过各色各式、各种各样、礼仪繁多、层次分明、内蕴丰富的饮食文化活动，不仅进行美德、美育、美仪的实践，而且，这些社会群体性的文化活动，归根结底，目的还在于实现更高的意境与人生价值，即以饮德食和之途，求达修身立业；以食味调和之径，趋符养性之本；以食声美韵之乐，以企感悟天人；以精肴细馔之趣，体察人生真谛。

1. 饮德食和，求达修身立业

在中国饮食文化中，“和”是烹饪美学的最高标准——它是健康与生存的本能追求，又是人们享受与陶冶性情的需要。因此，在古人的眼光里，所谓饮德，即饮食文化的社会美学功能，恰恰表现在：饮食不仅仅是延续生命的需要，而且是赠送、赐予或共享融洽感情的有效良方。同时，在中国文化和社会美学背景下，饮食更是一种在严肃的气氛和严格的规则支配下，为求得修身立业而进行的郑重的社会活动。正如周代诗人在《诗经·小雅·楚茨》中所描述的：“献酬交错，礼仪卒度，笑语卒获。”而且，在进餐时，餐具和菜肴均有一定规则，用餐更要遵循一定规则和礼仪。从《周礼》、《礼记》的有关记述看，王公贵族和不同阶级、阶层在饮食的种类、菜肴的食用上、陈设餐具、用饭等过程中，都有严格的规制和一整套繁文缛节。

2. 食味调和，以符养性之本

“味”是菜肴的灵魂，也是其个性所在。然而，如果从饮食文化角度来考察的话，那么当人们进行以共享性、认同感为其文化心态的实践时，品尝的就不仅是菜肴的美味，而且还有社会美学意义上的人生滋味的品评。所以古人云：“饮食所以合欢也。”其真正的文化蕴意就在于此。聚餐和宴饮往往是中国历代年节活动的高潮。除夕、元旦、元宵要吃“团圆”饭，端午吃粽子，冬至吃饺子，用吃来纪念先人、感谢神灵，用吃来调和人际关系、敦睦亲友邻里。“夫礼之初始于饮食”的用意在于通过食味的调和、气氛的追求，去推行社会教化。“技之精者近乎道”，可见饮食调和之技，真是近乎人生之道、养性之本的楷模和缩影。小可收提高人生性灵格调社会美学之功，大可显社会美学树纲立纪之效。

3. 食声美韵，以企感悟天人

古人认为，在食味的调和与食声美韵的谐和之间，存在着辨析相通、相辅相成的哲理关系。所以，晏子以“济五味”与“和五声”并提，他说：以水济水，单调无味，无心去吃，就像琴瑟都是一个调儿，毫无韵味，也没有人去听一样。声和味、饮食与音乐一样，也需要多方面显示具有社会美学属性的“和”，所谓“清浊、大小、短长、疾徐、哀乐、刚柔、迟速、高下、出入、周疏，以相济也”。故“和”之食物，“君子食之，以平其心”；达“和”标准的音乐，“君子听之，以平其心”。心平则气和，和味与和声，既可使人感悟天人（人与自然）之相通，更可陶冶心性（见《左传·昭公二十年》）。

4. 精肴细馔，以察人生真谛

古代中国厨师烹制的诸多精肴细馔，既是烹饪技艺的艺术杰作，亦是社会美学价值——人类征服自然的创造美的物化与生动再现。同时，艺术而科学地体现利用自然、开发自然而具备民族特质的饮食文化，更直接反映着中华民族在广阔领域里的生产状况、文化素养和创造才能。因此，通过对精肴细馔、饮食礼仪的亲身体验，确可明察人生真谛和社会审美情趣所在：即贵于创造，富于创造，勇于创造。

食享食用与宴乐怡情

在世界各国饮食文化中，中国的饮食文明，以它的博大精深、内涵宏富、体系严谨而享有盛誉。沿流溯源，中国古代的饮食文化，更以其食道饮德之宏阔、宴道食艺之精深与玄妙、医道之独特和高明而著称于世。这一独特饮食智道，不但是中国传统的伦理美学教育——“礼教”文化思想在人类自身物质文化生活方面的实践，而且还是中国思想文化的核心——“礼”在物质与精神生活方面的物化与外在表现。

历史和现实表明，美与善、食与德、食与礼、食与乐、饮食文化与伦理美学之间，似乎存在着某种天然的“血缘关系”。所以古代的先哲圣贤与统治者从很早起，便将上自帝王、下至平民百姓的各色各式的饮食文化活动，纳入礼仪、伦理教化的轨道；且将它作为达到具有中国古代特色的伦理美学目标——即求达成人合天、真善之境；净化心性伦常、以序人伦天理的重要通途。其目的在于以下几点：

1. 食享食用，以求成人合天

通观中国五千年文明发展的历程，光辉灿烂的中国饮食文化，不仅有着自身的物质性、实践性与实用性的特质，而且还有着文化的超越性功能。这种文化的超越性功能的生动显现之一，则是中国历代先哲、圣贤主张，将人们的食享食用等具体、生动、多样的饮食文化活动，作为学礼、施礼，进而达到成人、合天的一种重要手段。具体而言，也即是要通过学与施等方式，将伦理美学的原则，直接渗透植根于饮食文化活动中去，进而达到这一美学的最高意境。因此，上自宫廷、下至民间，人们在进行这一实践活动时，都要奉行和遵守严格的伦理美学原则、礼仪规范。正因如此，所以荀子说："礼者，养也。"《礼记·乡饮酒义》中关于"是席之正，非专为饮食也，为行礼也"的画龙点睛之论，表明古人是想从日常生活食享食用行为的饮食文化活动中进行超越，以寻求超出物质享受、人体感官之外的更高层次的境界和伦理美学的精神目标。

2. 寓教于食智，以达真善之境

中国古代饮食文化活动的另一个显著特点，在于寓礼教、伦理美学之教于食智，食中有教，进而在饮食文化实践之中，使伦理美学深入人心。诸如古代各种饮宴中的饮德、饮仪；在筵席的座次、方位上，对尊者、贤者、长者的礼仪和揖让、谦举；各种菜肴的排列、拼合、组成；各种食具、饮器、食器的档次、规格；以及在筵宴活动之前、之中、之后的各种礼仪之举，既是用食文化活动及饮食智道进行教化的生动体现，又是藉此以达中国古代伦理美学的真善途径之一。

3. 品茗宴乐，以净心性伦常

品茗宴乐，是中国古代饮食文化活动中不可或缺的重要组成部分。此乐，既指品宴时的礼乐，也指由此而衍化的人生乐趣。譬如，每逢闲暇之时，古代人们为了陶冶心性、情操，怡神自得和消闲遣暇，于是，便烹茶饮茗，或自煎自饮，或邀客举杯共品，均自得其乐。因此，它是品饮和净化心性伦常之间的有机结合，亦是一种饱含文化意识与伦理美学丰富内容的一种艺术实践活动。同时，也是伦理美学通过品宴乐感，进而净化心灵的重要手段之一。

4. 食宴道谐，以序人伦天理

中国古代饮食文化活动的内涵特质表明，饮食文化食道与政治文化宴道之间，通过伦理美学这座金桥，确有相互激发，相辅相成，同谐共振，互为因果源流，互为弘扬光大的特殊共生关系。以中国历代饮宴活动为例，它们不仅是官场交往、维护人际关系和谐的重要手段，而且通过这些场面盛大、觥筹交错的隆重气氛体现出的食道，也正是以序人伦天理、维护官场森严、权威性的最佳场合。而宴道与食道之间，在高层次的饮食文化活动中，正是通过礼仪、伦理美学的桥梁，得以相通、互化和多重再现。

食形食器与时空艺境

中国饮食文化，融文化科学与艺术一体，故与工艺美学结下了不解之缘。大小宴会上，各种造型生动的食品雕刻、典雅庄重的食器、食形多样色泽自然的菜肴，既显示出高超的烹饪制作艺术，又是美韵独具风格高雅的食品工艺杰作。通过带有强烈工艺美学色彩的各种食形食器，二者巧妙的配合、再创造、交相辉映与归真艺术，进而激发衍化出新的饮食智道的时空艺境。这一文化效应的呈示与工艺美学特色的展现，是通过如下方式实现的：

1. 食器媲美，以求美的和谐统一

自古以来，中国历代的帝王、王公贵族等，在平日与年节的饮膳、饮宴活动中，既注重美食、美味、美肴，又讲究美器。而美食家们则从文化、艺术和工艺美学的角度出发，力主美食与美器二者之间，须和谐统一。伴随着社会经济、文化的发展而来的，则是食具的发展与演变。从最早的陶钵、陶盆、陶豆、陶碗，到商周时期专门盛饭用的簋、簠、祓；盛肉用的豆；盛放整牛、整羊用的俎；吃肉揀菜用的匕、箸，均用金属、玉石、牙骨、漆木制作而成。统治者多用象箸、

玉碗、铜簋、漆豆，到后来金银、瓷器食器酒具茶具的使用，都充分体现出各个不同历史阶段饮食文化与工艺美学之间内在的必然联系与不可分割性。

2. 食形韵化，以达再创美效应

中国饮食文化活动中，通过多种食形韵化手段，以达再创美的工艺美学效应，则是由饮食、菜肴的不同味道，多层次、全方位、辐射状式显现的。具体而言，从宏观上说，饮食的形，实际上是一种感觉的“味”。通过对食物原料进行切、割、雕、刻、片、剐、刮、剔等处理，加之烹饪方法的加工，从而使食形既源于本形、本味，又大大高于本形、本味，产生出新的、立体的再创美的工艺美学效应。如“全羊席”的各种美味菜肴、“满汉全席”中的各种蒸、煮、烧、烤、烹、煎、炒、涮食品的色彩、色泽、亮度、食形；又如名菜“芙蓉鸡片”中的鸡片较之原形、原味而论，均显现出高、雅、谐、和等新的美韵。这种美韵又通过工艺美学活动，在饮食文化中得以生动再现。

3. 器形调和，以企达时空艺境

对于中国历代美食与美器的结合、食物的器形之间的调配，思想家、美食家曾有一整套理论构想，其核心是要体现出一个符合“礼”的规范的“美”字。从食器的质地、造型、使用，到各种筵宴的规格、座次、食具的安排，均有明确而严格的规定，从而体现出森严的等级性和伦理规范。除此之外，为了达到美食与美器二者之间真正的和谐与统一，为器形的有机调和，使之成为一个工艺美学整体，且由此以企达时空艺境交映，他们又提出“美食不如美器”的理论，强调其重要性。

4. 食艺同律，以成工雅归真

音乐、舞蹈以及包括工艺在内的艺术与饮食，从文化角度考察，它们不仅同律、共韵，而且犹如孪生兄弟与姐妹：音乐、歌舞、工艺将美韵化在旋律、舞姿、器物之中；而饮食则将美蕴含在美食美器的形、味里。尽管它们的表现形式各异，但却又有着追寻新、美的韵律共同点：工雅与归真。前者系指工艺和雅尚；后者则求其归真于生活，归真于人生，归真于艺术，归真于自然。然而，最能集中体现此点和诸种艺术“群体功能”的，莫过于如前所述的古代宴会。

后　记

中国古代饮食文化是古代文明与传统文化的重要组成部分，也是世界文化宝库中的珍品。近年来，随着中国文化史研究的不断深入，中国饮食文化史的研讨也开始被许多学者瞩目。但与其他专题或断代文化史的研究相比较，中国饮食文化史的研究却显得十分不够，尚处于起步阶段，很有必要加强这方面的研讨。有感于此，笔者本着科学、认真、求实的精神，力图从文化史的角度着手，对饮食文化所蕴含的丰富的智道，作鸟瞰式的描述、探讨，从而勾勒出中国古代饮食文化发展的历史轨迹和脉络。由于笔者水平有限，难免有不详尽和舛误之处，敬请同仁指正。

作　者

2012 年 5 月修订于北京